"十三五"普通高等教育实验实训规划教材

GIS 简明实习教程

主 编 邵月红 刘永和

中国水利水电出版社
www.waterpub.com.cn
·北京·

内 容 提 要

本书以 ArcGIS10.2 for Desktop 为软件平台,以地理信息系统的概念和数据处理过程为主线,按照循序渐进的原则将全书分为 7 章。主要内容包括:ArcGIS 入门,空间数据的采集与处理,空间数据的查询与统计,地理数据的空间分析,数字高程模型的建立和应用,专题地图制图和综合应用。本书的实践性强,兼顾理论课教材、实验指导和工具书三者的优点,突出操作过程和方法,培养学生的创新精神和实践能力。

本书可作为高等学校水文气象、生态环境等相关专业的本科生教材,也可供相关专业的技术人员、管理人员参考使用。同时,本书中的英文软件界面配有中文,对界面的菜单命令等进行注释和说明,便于初学者、自学者及广大读者使用。

图书在版编目(CIP)数据

GIS简明实习教程 / 邵月红,刘永和主编. -- 北京：中国水利水电出版社,2016.12(2024.1重印)
"十三五"普通高等教育实验实训规划教材
ISBN 978-7-5170-5064-3

Ⅰ.①G… Ⅱ.①邵… ②刘… Ⅲ.①地理信息系统—高等学校—教材 Ⅳ.①P208.2

中国版本图书馆CIP数据核字(2017)第058676号

书　　名	"十三五"普通高等教育实验实训规划教材 **GIS简明实习教程** GIS JIANMING SHIXI JIAOCHENG
作　　者	主编　邵月红　刘永和
出版发行	中国水利水电出版社 (北京市海淀区玉渊潭南路1号D座　100038) 网址：www.waterpub.com.cn E-mail：sales@mwr.gov.cn 电话：(010) 68545888 (营销中心)
经　　售	北京科水图书销售有限公司 电话：(010) 68545874、63202643 全国各地新华书店和相关出版物销售网点
排　　版	中国水利水电出版社微机排版中心
印　　刷	天津嘉恒印务有限公司
规　　格	184mm×260mm　16开本　10印张　238千字
版　　次	2016年12月第1版　2024年1月第2次印刷
印　　数	2001—3000 册
定　　价	30.00 元

凡购买我社图书,如有缺页、倒页、脱页的,本社营销中心负责调换

版权所有·侵权必究

前言

地理信息系统（geographical information system，GIS）是在地球系统科学、计算机科学与技术和空间科学与技术体系之上进行交叉渗透所形成的一门交叉学科和高技术学科，具有实践性和操作性强的特点。它广泛应用于资源管理、城乡规划、灾害监测、环境保护、精细农业、电子商务、宏观决策等各个领域。

掌握 GIS 软件的基本操作是地理信息系统教学的基本要求。作为全球市场占有率最高的 GIS 软件之一，ArcGIS 已经深入到众多领域。ESRI 推出的 ArcGIS10，实现了五大质的飞跃，成为 GIS 专业和非专业人员使用的最流行版本。本书旨在通过 GIS 软件的基本操作，更好地理解课程中的相关理论，加深和巩固课堂讲授的内容。考虑到本科 GIS 教学实习课时的限制，在多年实践教学的基础上，从体系庞大、功能繁多的 ArcGIS 软件中筛选出适合水文气象及相关专业的最基本的内容编制成教材，以方便和满足普通本科 GIS 实习的需要。

本书共分 7 章，第 1 章是 ArcGIS 入门（ArcGIS 简介和桌面应用基础）；第 2 章是空间数据的采集与处理（采集处理的简要概述、空间数据采集、空间数据的编辑和空间数据的格式转换）；第 3 章是空间数据的查询与统计（属性查询、空间关系查询和统计报告与制图）；第 4 章是地理数据的空间分析（矢量数据的缓冲区分析、叠加分析和网络分析，栅格数据的距离分析、统计分析、重分类、条件分析与栅格运算）；第 5 章是数字高程模型的建立和应用（DEM 的建立、基于 DEM 的基本坡面因子和地形特征因子提取、基于 DEM 的流域提取和可视性分析）；第 6 章是专题地图制图（地图页面布局、数据符号化、专题地图编制和专题地图输出）；第 7 章是综合应用（洪水淹没损失分析、河网沟壑密度和地形指数的计算、土壤稳定性综合评价和土壤类型专题图制作）。其中，第 2 章至第 6 章由邵月红编写，第 1 章和第 7 章由刘永和编写，最后由邵月红统稿。全书以地理信息系统的概念和数据处理过程为主线，理论和实例相结合，突出操作过程与方法，使读者在练习的过程中加深对基本理论的理解，达到理论和实际应用的有机融合。

在本书编写过程中，广泛参阅并引用了国内外有关文献资料，得到了许多教师和基金的支持，主要项目资助包括南京信息工程大学教材建设基金项目、国家自然科学基金青年基金项目、江苏省科技计划项目。在此一并表示衷心的感谢！

由于编者水平有限和时间仓促，本书编写过程中难免存在一些错误和不当之处，恳请广大读者批评指正。

作 者

2016 年 11 月于南京信息工程大学

目 录

前言

第1章 ArcGIS 入门 ... 1
1.1 ArcGIS 简介 ... 1
1.1.1 ArcGIS 的发展历史 ... 1
1.1.2 ArcGIS 的功能特点 ... 2
1.1.3 ArcGIS 的结构体系 ... 3
1.2 ArcGIS 桌面应用基础 ... 4
1.2.1 ArcMap 应用基础 ... 4
1.2.2 ArcCatalog 应用基础 ... 12
1.2.3 ArcToolbox 应用基础 ... 15

第2章 空间数据的采集与处理 ... 17
2.1 空间数据采集与处理概述 ... 17
2.2 空间数据采集 ... 18
2.2.1 投影变换 ... 18
2.2.2 地理配准 ... 21
2.2.3 空间校正 ... 22
2.3 空间数据的编辑 ... 26
2.3.1 ArcMap 编辑简介 ... 26
2.3.2 点、线、面要素的输入和编辑 ... 27
2.3.3 借助拓扑关系编辑要素 ... 33
2.4 空间数据的结构与格式转换 ... 34
2.4.1 数据结构转换 ... 34
2.4.2 数据格式转换 ... 36

第3章 空间数据的查询与统计 ... 39
3.1 属性查询 ... 39
3.1.1 简单的属性查询 ... 39
3.1.2 SQL 查询 ... 40
3.2 空间关系查询 ... 41
3.2.1 邻接关系查询 ... 41
3.2.2 相交关系查询 ... 43

  3.2.3 包含关系查询 ··· 43
 3.3 统计报告与制图 ·· 44
  3.3.1 统计报告的生成 ·· 45
  3.3.2 统计图的制作与输出 ··· 46

第 4 章 地理数据的空间分析 ·· 50
 4.1 缓冲区分析 ·· 50
  4.1.1 基本概念 ·· 50
  4.1.2 缓冲区的建立 ··· 51
  4.1.3 区域分析 ·· 54
 4.2 叠加分析 ·· 56
  4.2.1 点与多边形的叠加分析 ·· 57
  4.2.2 线与多边形的叠加分析 ·· 57
  4.2.3 多边形的叠加分析 ··· 58
 4.3 网络构建及应用 ·· 61
  4.3.1 网络简介 ·· 62
  4.3.2 网络的建立 ·· 62
  4.3.3 网络分析及应用 ·· 63
 4.4 栅格数据的空间分析 ·· 65
  4.4.1 设置数据分析环境 ··· 66
  4.4.2 距离分析 ·· 67
  4.4.3 统计分析 ·· 69
  4.4.4 重分类 ··· 73
  4.4.5 条件分析与栅格计算 ··· 75

第 5 章 数字高程模型的建立和应用 ·· 77
 5.1 DEM 的建立 ··· 78
  5.1.1 DEM 建立的一般步骤 ·· 78
  5.1.2 DEM 空间插值 ·· 78
  5.1.3 TIN 和 DEM 的生成 ·· 84
 5.2 基于 DEM 的基本坡面因子和特征因子提取 ···································· 86
  5.2.1 基本坡面因子提取 ··· 87
  5.2.2 地形特征因子提取 ··· 89
 5.3 基于 DEM 的流域提取 ·· 99
  5.3.1 DEM 洼地填充 ·· 99
  5.3.2 汇流累积量 ·· 104
  5.3.3 水流长度 ··· 105
  5.3.4 河网提取 ··· 106
  5.3.5 流域生成 ··· 109

5.4 可视性分析 ·· 110
    5.4.1 通视性分析 ·· 110
    5.4.2 可视域分析 ·· 111

第6章 专题地图制图 ·· 113
6.1 地图页面布局 ·· 113
    6.1.1 制图版面设置 ··· 113
    6.1.2 辅助要素设置 ··· 115
6.2 数据符号化 ··· 115
    6.2.1 符号的选择与修改 ·· 115
    6.2.2 矢量数据符号化 ··· 115
    6.2.3 栅格数据符号化 ··· 120
6.3 专题地图编制 ·· 123
    6.3.1 地图数据操作 ··· 123
    6.3.2 地图标注 ·· 126
    6.3.3 制图元素设置 ··· 128
6.4 专题地图输出 ·· 133
    6.4.1 地图打印输出 ··· 133
    6.4.2 地图转换输出 ··· 133

第7章 综合应用 ··· 135
7.1 洪水淹没损失分析 ··· 135
7.2 河网沟壑密度及地形指数的计算 ·· 139
7.3 土壤稳定性综合评价 ··· 143
7.4 土壤类型专题图制作 ··· 148

参考文献 ·· 152

第1章 ArcGIS 入门

地理信息系统（GIS）是在计算机软硬件支持下，对整个或者部分地球表层空间中的有关地理分布数据进行采集、存储、管理、运算、分析、显示和描述的技术系统。计算机软硬件的飞速发展促使 GIS 朝着实用化方向快速发展，商业化的 GIS 软件不断推出。作为全球市场占有率最高的 GIS 软件之一，ArcGIS 已经深入到众多领域。无论是桌面端、服务器端，还是互联网，都可通过 ArcGIS 构建地理信息系统。ESRI 推出的 ArcGIS10，实现了协同 GIS、三维 GIS、时空 GIS、一体化 GIS 和云 GIS 等五大飞跃，成为 GIS 专业和非专业人员使用的最流行版本。本章主要从 ArcGIS 的发展历史、功能特点和结构体系进行简单介绍，使读者对 ArcGIS 有一个基本了解；在此基础上，给读者进一步介绍该桌面软件平台的三大核心模块的窗口组成、菜单及功能、标准工具栏等按钮的功能，并配以基本的操作练习，使读者对该软件有一个基本的认识。

1.1 ArcGIS 简介

ArcGIS 是一个全面、完善、可伸缩的 GIS 软件，主要用于创建和使用地图、编辑和管理地理数据、分析和显示地理信息，并在应用中使用地图和地理信息，为用户提供丰富的地图、应用程序和服务等资源。这里主要从它的发展历史、功能特点和结构体系三个方面对 ArcGIS 做一个简单介绍。本节内容参阅了文献［1-15］中的一些介绍。

1.1.1 ArcGIS 的发展历史

ArcGIS 是美国环境系统研究所（Environmental Systems Research Institute，ESRI）开发的新一代 GIS 软件，全面整合了 GIS 与数据库、软件工程、人工智能、网络技术及多方面的计算机主流技术而形成的软件平台，为用户提供完整的解决方案。

1981 年 ESRI 发布了它的第一套商业 GIS 软件——ARC/INFO 软件。软件可以在计算机上显示诸如点、线、面等地理特征，并通过数据库管理工具将描述这些地理特征的属性数据结合起来。

1986 年，个人机 ARC/INFO 的出现是 ESRI 软件发展史上的又一个里程碑，它是为基于个人机的 GIS 站设计的。

1992 年，ESRI 推出了 ArcView 软件，使人们用更少的投资就可以获得一套简单易用的桌面制图工具。同一年 ESRI 还发布了 ArcCAD，使用户可以在 CAD 环境下使用 GIS 工具。

1995 年，ESRI 推出了空间数据库引擎（Spatial database engine，SDE），利用空间索引机制来提高查询速度，利用特殊的表结构实现空间数据和属性数据的无缝集成等，来解决存储在关系性数据库中的空间数据与应用程序之间的数据接口问题。20 世纪 90 年代中期，

ESRI 公司的产品线继续增长，推出了基于 Windows NT 的 ArcInfo 产品等，可以为用户的 GIS 和制图需求提供多样的选择。

1999 年，ESRI 发布了 ArcInfo 8，它是基于 COM 组件技术将已有的 GIS 产品进行重组形成的成果。2001 年，ESRI 开始推出 ArcGIS 8.1，它是一套基于工业标准的 GIS 软件家族产品，提供了功能强大的，并且简单易用的完整的 GIS 解决方案。在此基础上，ESRI 公司相继在 2002 年、2003 年推出了 ArcGIS 8.2 和 ArcGIS 8.3。

2004 年，ESRI 推出了新一代 9 版本 ArcGIS 软件，为构建完善的 GIS 系统，提供了一套完整的软件产品。9 版本中包含了两个主要的新产品：创建定制的 GIS 桌面应用程序的 ArcGIS Engine 和为企业级 GIS 应用服务的 ArcGIS Server。在 2006—2009 年，相继推出了 ArcGIS 9.2 和 ArcGIS 9.3。

2010 年，ESRI 推出 ArcGIS 10，实现了协同 GIS、三维 GIS、时空 GIS、一体化 GIS 和云 GIS 等五大飞跃，成为 ESRI 产品史上新的里程碑。在此之后，相继推出了 ArcGIS 10.2、ArcGIS 10.2 和 ArcGIS 10.4。产品具有简单易用、内容更丰富、功能更强大、入口更广泛和平台更稳健等特性。用户可以更加轻松地部署自己的 Web GIS 应用，大大简化地理信息探索、访问、分享和协作的过程，感受新一代 Web GIS 所带来的高效与便捷。

1.1.2 ArcGIS 的功能特点

（1）制图编辑的高度一体化。在 ArcGIS 中，ArcMap 提供了一体化的完整地图绘制、显示、编辑和输出的集成环境。不仅可以按照要素属性编辑和表现图形，也可直接绘制和生成要素数据；可以在数据视图按照特定的符号浏览地理要素，也可同时在版面视图生成打印输出地图；有全面的地图符号、线形、填充和字体库，支持多种输出格式；可自动生成坐标格网或经纬网，能够进行多种方式的地图标注，具有强大的制图编辑功能。

ArcGIS 在前期 ArcInfo 版本的基础上，增强了提供给制图人员的工具，并且支持以前版本的所有功能，还提供了一个艺术化的地图编辑环境、可以完成任意地图要素的绘制和编辑。

（2）便捷的元数据管理。元数据是对数据进行描述和定义的数据，包括与空间数据相关的很多有用的信息。ArcGIS 不仅可以管理其支持的所有数据类型的元数据，而且可以建立自身支持的数据类型和元数据，同时也可以建立用户定义数据的元数据，并对元数据进行编辑和浏览。

ArcCatalog 用以组织和管理所有的 GIS 信息，如地图、数据集、模型、元数据、服务等，支持多种常用的元数据，提供了元数据编辑器及用来浏览的特性页，元数据的存储采用了 XML 标准，对这些数据可以使用所有的管理操作。ArcCatalog 也支持多种特性页，它提供了查看 XML 的不同方法。

（3）灵活的定制与开发。ArcGIS 的 Desktop 部分通过一系列可视化应用操作界面，满足了大多数终端用户的需求，同时，也为更高级的用户和开发人员提供了全面的客户化定制功能。

1）使用非常容易共享和部署的插件模式或 Python 来扩展桌面应用程序，其中 ArcPy 是集成了 Python 2.6 及命令行特性的应用窗口，以达到自动化工作流处理。

2）ArcObjects 包含了大量的可编程组件，为开发者集成了全面的 GIS 功能。每一个使用 ArcObjects 建成的 ArcGIS 产品都为开发者提供了一个应用开发的容器，包括桌面 GIS（ArcGIS Desktop）、嵌入式 GIS（ArcGIS Engine）以及服务端 GIS（ArcGIS Server）。

3）ArcGIS 10 为桌面的定制开发提供了一种全新的选择方式-Add-In，它能够快速扩展桌面应用程序功能，具有容易创建、更易共享、更加安全和安装管理等特点。

（4）ArcGIS 10 的新特色。相比于以前的版本，ArcGIS10 实现了协同 GIS、三维 GIS、时空 GIS、一体化 GIS 和云 GIS 五大飞跃。

1）协同 GIS。ArcGIS10 是一个强大的地理协同平台，实现由共享向协同的飞跃。这种协同可以是政府部门间的协同工作、政府与企业间的协同合作、政府与公众间的协同互动和公众完全自发的协同共享。ArcGIS10 为地理协同提供从信息来源、数据内容、技术手段到应用搭建的完整支撑环境。

2）三维 GIS。ArcGIS10 是一个真正的三维 GIS 平台，实现三维建模、编辑及分析能力的飞跃，提供可视化、管理、分析和共享等完整的三维 GIS 系统。

ArcGIS10 实现了海量三维数据模型的创建、编辑和管理（支持标准的编辑功能和三维场景下的编辑功能），轻松搭建"虚拟城市"；简单易用的三维可视化操作（自动纹理管理技术和标注冲突监测等），获得流畅出众的浏览效果；强大的三维空间分析功能（通视性分析、日照分析、天际线分析等），体现真正的 GIS 价值。

3）时空 GIS。在 ArcGIS10 中，时间维伴随着空间数据采集、存储、管理、显示、分析，以及信息共享发布的全生命周期，实现三维空间向四维时空的飞跃。

ArcGIS10 跨越桌面和服务器产品，通过桌面端生成时间感知数据，展现事物的变化轨迹（事物的动态位移、事件的离散发生、台站监测和变化迁移等），揭示内在的发展规律；通过服务器发布含有时间感知数据的地图，为决策者提供动态直观的决策辅助支持环境。

4）一体化 GIS。ArcGIS10 实现了影像与矢量数据的一体化，通过扩展统一的数据模型，实现了海量影像数据的快速发布与管理，增强了遥感影像与 ArcGIS 的一体化分析；通过数据一体化管理与共享、平台一体化分析和系统一体化集成开发，将专业遥感软件 ENVI 与 ArcGIS 工作流无缝链接，影像处理与分析成果共享到 GIS 工作流中，实现遥感 GIS 一体化集成开发。

5）云 GIS。ArcGIS 10 是目前全球唯一支持云架构的 GIS 平台，它可直接部署在 Amazon 云计算平台上，把对空间数据的管理、分析和处理功能送上云端。Arcgis.com 是 ESRI 的云资源共享平台，提供了由 ESRI 统一维护的在线地图服务，分析功能服务、在线应用及共享环境。

1.1.3 ArcGIS 的结构体系

ArcGIS10 是 ESRI 开发的新一代 GIS 软件，是一个统一的地理信息系统平台。主要包括：桌面 GIS、服务端 GIS、嵌入式 GIS 和移动 GIS 四个基础框架、数据服务器 ArcSDE 和 ArcGIS 在线。

桌面 GIS 主要包括 ArcMap、ArcCatalog、ArcToolbox 三个用户界面组件，由 ArcView、ArcEditor 和 ArcInfo 三个功能依次增强的桌面软件系统组成。三级桌面系统共用通用的结构、通用的编码基数、通用的扩展模块和统一的开发环境。

服务端 GIS 包含三种服务端产品：ArcSDE、ArcIMS 和 ArcGIS Server。ArcSDE 是管理

地理信息的高级空间数据服务器；ArcIMS 则是一个可伸缩的，通过开放的 Internet 协议进行 GIS 地图、数据和元数据发布的地图服务器；ArcGIS Server 是应用服务器，用于构建集中式的企业 GIS 应用，包含在企业和 Web 框架上建设服务端 GIS 应用的共享 GIS 软件对象库。

嵌入式 GIS 支持方面是桌面 GIS 应用框架之外的嵌入式 ArcGIS 组件。ArcGIS10 提供了 ArcGIS Engine，开发者可在 C++、COM、.NET 和 Java 环境中使用简单的接口获取任意 GIS 功能的组合来构建专门的 GIS 应用解决方案。

在移动 GIS 方面，ArcGIS10 提供了 ArcPad（简单 GIS 操作）和移动 GIS 桌面系统（高级 GIS 复杂操作）。ArcPad 是为实现简单的移动 GIS 和野外计算提供解决方案；移动 GIS 桌面系统一般在高端平板电脑上执行 GIS 分析和决策分析的野外工作任务。

地图数据库是一种在专题图层和空间表达中组织 GIS 数据的核心地理信息模型，是一套获取和管理 GIS 数据的全面的应用逻辑和工具。不管是客户端的应用（如 ArcGIS Desktop）、服务器配置（如 ArcGIS Server)，还是嵌入式的定制开发（ArcGIS Engine），都可以运用 Geodatabase 的应用逻辑。Geodatabase 还是一个基于 GIS 和 DBMS 标准的物理数据存储库，可以应用于多用户访问、个人 DBMS 及 XML 等情形。Geodatabase 被设计成一个开放的、简单几何图形的存储模型。Geodatabase 对众多的存储机制开放，如 DBMS 存储、文件型存储或者 XML 方法存储之类，并不局限于某个 DBMS 的供应商。

ArcGIS Online 是全球唯一的"云架构"GIS 平台，集中了所有 ArcGIS 的在线资源。它的资源主要有四个。

ArcGIS Online 地图服务：各种类型的底图、专题图。

ArcGIS Online 任务服务：网络上发布的 Geoprocessing（GP）服务。

ArcGIS 网络制图：支持 Flex、Javascript、Microsoft Silverlight 的开发环境。

地图社区：用户的协同工作平台。

这些资源通过 ArcGIS.com 获得，它是实现用户间协同工作的网络门户，是 Online 资源对外的展示窗口。

1.2 ArcGIS 桌面应用基础

ArcGIS Desktop 是一套完整的专业 GIS 应用软件，主要包括 ArcMap、ArcCatalog、ArcToolbox、ArcScene 和 Model Builder 等模块。通过对空间数据的采集、编辑与处理、存储与组织、查询与空间分析、可视化表达与输出，解决读者和用户的问题，完成 GIS 的任务。这里针对 ArcGIS 初学者，让读者对桌面产品有一个基本的了解，掌握 ArcGIS 的基本操作，本节重点介绍 ArcGIS 桌面软件常用的 ArcMap、ArcCatalog、ArcToolbox 三大核心模块，配以简单练习，熟悉三大模块的窗口组成、菜单功能和基本工具栏按钮等。

1.2.1 ArcMap 应用基础

ArcMap 是桌面应用软件系统的一个核心模块，用于数据的编辑、显示、查询和分析，具有地图制图的所有功能，在此环境中可以完成一系列复杂、高级的 GIS 任务。

1.2.1.1 ArcMap 窗口组成

ArcMap 窗口主要由主菜单、标准工具栏、内容列表、地图显示窗口和快捷菜单五部分组成，如图 1.1 所示。

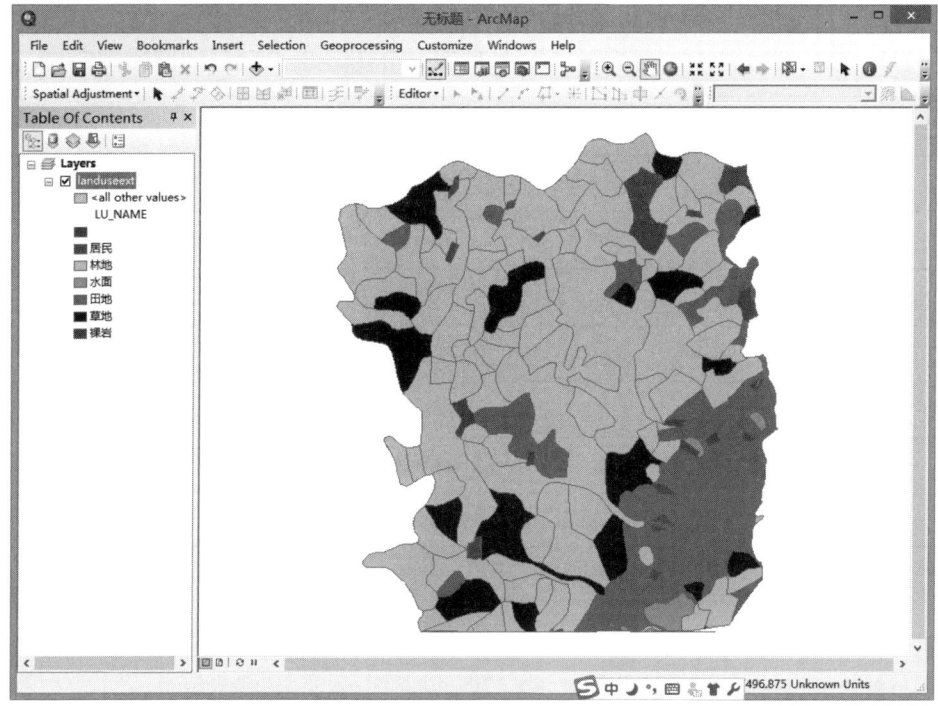

图 1.1　ArcMap 窗口

（1）主菜单。主菜单主要包括文件、编辑、视图等 10 个子菜单。各子菜单及其功能见表 1.1。

表 1.1　　　　　　　　　　　　各子菜单及其功能

名　称		功　能
中文	英文	
文件	File	文件（新建/打开/保存/打印/导出/退出等）操作
编辑	Edit	文本的编辑（复制/粘贴/删除/选择/取消等）操作
视图	View	数据/布局视图、图、报表、状态栏等显示操作
书签	Bookmarks	书签创建和管理相关操作
插入	Insert	插入要素（文本、图例、比例尺、图片等）
选择	Selection	选择要素（按属性/位置/图形等选择）
地理处理	Geoprocessing	空间分析中相关地理要素的操作
自定义	Customize	根据自己需求自定义工具条、扩展模块、模式等操作
窗口	Windows	窗口操作
帮助	Help	联机帮助

（2）标准工具栏。标准工具栏有 20 个按钮，其功能详解见表 1.2。

表 1.2 标准工具栏及其功能

图标	名称	功能
	新建	新建一个地图文档
	打开	打开一个已存在的地图文档
	保存	保存当前的地图文档
	打印	打印地图文档
	剪切	剪切选择要素
	复制	复制选择要素
	粘贴	粘贴选择要素
	删除	删除选择要素
	撤销	取消前一步操作
	恢复	恢复前一步操作
	加载数据	添加数据
1:7,235	比例尺	显示/设置地图比例尺
	编辑工具条	单击打开编辑工具条
	内容列表窗口	单击打开内容列表窗口
	ArcCatalog 窗口	单击打开 ArcCatalog 窗口
	搜索窗口	单击打开搜索窗口
	ArcToolbox 窗口	单击打开 ArcToolbox 窗口
	Python 窗口	单击打开 Python 窗口
	模型构建器窗口	单击打开模型构建器窗口
	帮助	调用实时帮助

（3）内容列表。内容列表（Table of contents）用来显示地图文档所包含的数据框（Data frame）、图层（layer）、地理要素及其符号、数据源等。可以控制上述内容的显示与否、表示方法等。一个地图文档至少要包含一个数据框；当包含多个数据框时，只能对加粗方式的当前数据框进行操作。每个数据框由若干个数据层组成。数据框的图层主要有四种显示方式：按绘制顺序列出 、按源列出 、按可见性列出 和按选择与否列出 。具体如图 1.2 所示。

1.2 ArcGIS 桌面应用基础

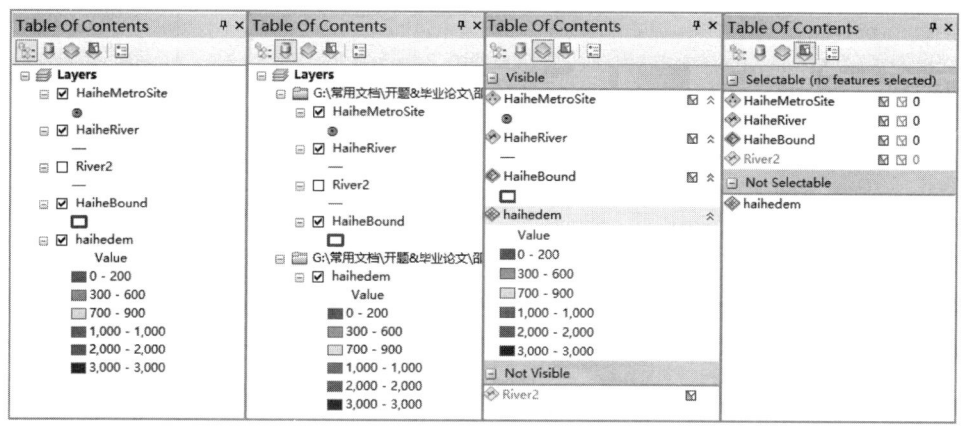

图 1.2 内容列表的四种显示方式

（4）地图显示窗口。地图显示窗口用于显示地图包括的所有地理要素，有数据视图和布局视图两种显示方式，两种视图分别对应着"工具"工具条和"布局"工具条，具体如图 1.3 所示。数据视图可以对数据进行查询、检索、编辑和分析等操作，布局视图可以将图名、图例、比例尺等地图辅助要素加载在地图中。

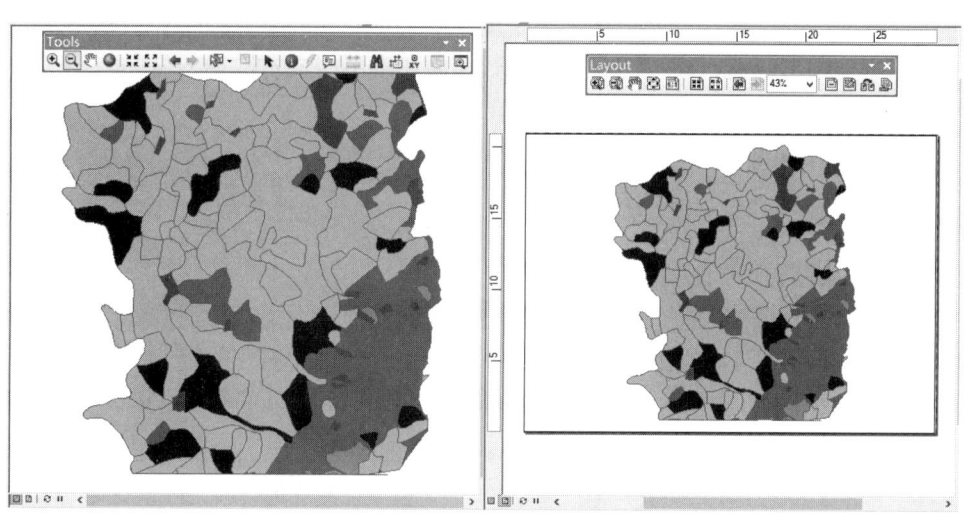

图 1.3 数据视图和布局视图两种地图显示窗口

（5）快捷菜单。ArcMap 窗口的不同部位有不同的快捷菜单，通过鼠标右击常用的主要包括以下四种：数据框操作快捷菜单、数据层操作快捷菜单、地图输出操作快捷菜单和工具设置快捷菜单，具体对话框显示如图 1.4 所示。

1.2.1.2 ArcMap 基本操作

（1）加载数据。加载数据主要有以下四种方式：

1）在 ArcMap 中，单击主菜单"文件（File）"→"添加数据（Add data）"→"添加数据"→打开"添加数据"对话框，添加数据。

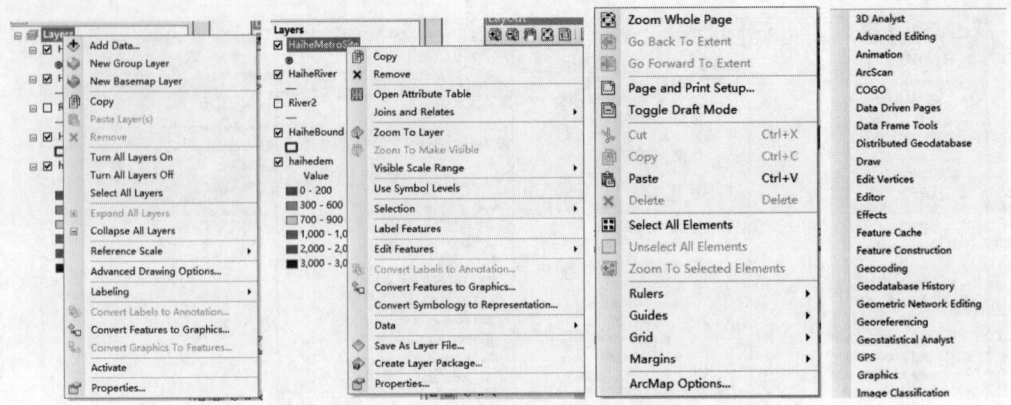

图 1.4 数据框、数据层、地图输出和工具设置操作快捷菜单

2）在 ArcMap 中，单击"标准"工具条里的"✚添加数据"→添加数据。

3）在 ArcMap 中，"内容列表"中右击"数据框"→弹出菜单中单击"✚添加数据"→添加数据。

4）在 ArcCatalog 中，在目录树窗口中选择要加载的数据图层→拖动数据到 ArcMap 窗口中来添加数据。

可以从本地、ArcGIS Server 服务器、底图、ArcGIS Online 中添加数据，这里主要介绍最常用的从本地添加数据，即加载已存在的数据层和常用的文本数据。

从本地添加数据的基本步骤：

第一步，启动 ArcMap，打开地图文档 Haihe.mxd。

第二步，在"标准"工具条里的"✚添加数据"，打开"添加数据"对话框。

第三步，在"查找范围（Look in）"下拉框中浏览数据层的位置，选择需要加载的数据层，比如 HaiheRiver 和 HaiheBound 数据层。

第四步，单击"添加"按钮，两个图层被加载到当前地图文档中。

加载文本数据的基本步骤：

第一步，单击主菜单"文件（File）"→"添加数据（Add Data）"→"添加 XY 数据（Add XY Data）"→弹出对话框。

第二步，选择包含 X、Y 坐标数据的文本文件（Choose a table from the map or browse for another table）。

第三步，指定含有 X、Y 坐标的列（X Field，Y Field），选择性得标识含有 Z 坐标的列（Z Field）。

第四步，指定坐标系（通过"编辑（edit）"定义坐标系：Coordinate system of input coordinates）。具体如图 1.5 所示。

（2）ArcMap 中图层的基本操作。

1）更改名称。图层名称的更改常用的有两种方式：①在内容列表的数据框中，单击左键选中图层，再次单击左键进入编辑状态，进行输入图层的新名称；②双击图层打开"图层属性（Layer Properties）"对话框，在"常规（General）"选项卡下的"图层名称（Layer name)"文本框中进行名称的更改。

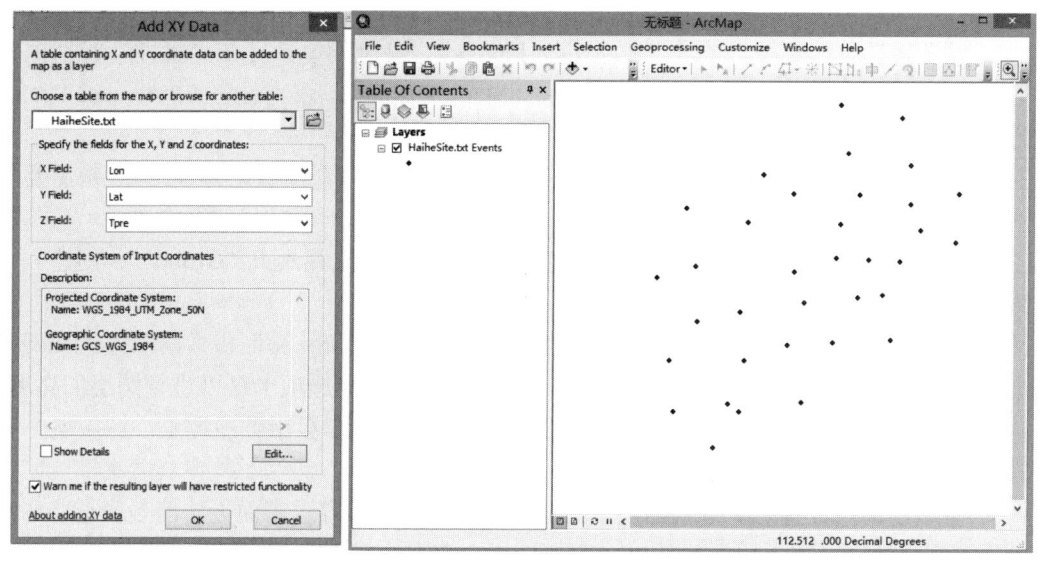

图1.5 添加XY数据对话框和加载点要素后的界面窗口

2)更改图层显示顺序。内容列表中的数据层的排序直接影响着输出地图中的效果表达。因此,图层的排列顺序需要遵循以下基本原则:① 按照点、线、面要素类型依次由上至下排列;② 按照要素重要程度的高低依次由上至下排列;③ 按照要素线划的粗细依次由下至上排列;④ 按照色彩的浓淡程度依次由下至上排列。

如需调整数据层顺序,只需将鼠标放在数据层上,按住左键拖动到需要的位置顺序上即可。

3)图层的复制与删除。在地图文档中,同一个数据文件可以被一个数据框的多个图层引用,也可以被多个数据框引用。图层的复制通过右击快捷菜单的复制粘贴命令来完成,也可以直接从一个数据框中拖动图层到另一个数据框中来完成。

图层的删除通过选中图层,右击快捷菜单的移除(Remove)来完成。

4)图层的坐标定义。ArcMap中图层大多是具有地理坐标系统的空间数据,第一个被加载的图层的坐标系统被作为该数据框的默认坐标系统,随后加载的图层,都按照要求自动转换为默认坐标系统,但不会影响图层所对应数据本身的坐标系统。如果没有提供坐标信息,ArcMap会按默认的方法来处理,满足X坐标(-180~180)和Y坐标(-90~90),则按大地坐标来处理,不满足则认为是简单的平面坐标系统。坐标定义主要包括以下几个内容:

a. 查阅数据框坐标。单击"视图(View)菜单"下的"数据框属性(Data Frame Properties)"命令→进入"坐标系(Coordinate System)"选项卡,显示该数据框的坐标信息。

b. 修改数据框坐标。右击"数据框(Layers)"快捷菜单,打开"属性"对话框→单击"坐标系"选项卡→单击"预定义(Favorites)"文件夹下的"地理坐标系(Geographic Coordinate Systems)"和"投影坐标系(Projected Coordinate Systems)"来定义坐标信息;

也可以通过 ● ▼ "导入（Import）"按钮来给当前数据框加载其他数据源的坐标信息；或者通过"转换（Transformation）"按钮来变换数据框坐标。

c. 设置地图显示参数。右击"数据框（Layers）"快捷菜单，打开"属性"对话框→点击"常规"选项卡→可以进行地图显示单位（Map，Display）、参考比例（Reference Scale）等的设置，以保证符号大小随着比例尺的变换而变换。

5）图层的分组。有时需要将多个相同类别的图层当做一个图层来处理，这是需要组成一个图层组，具体操作如下：

第一步，在内容列表中选中多个数据层，右击快捷菜单选择"组（Group）"，创建一个新图层组。

第二步，在组的对话框中有"常规（General）""组合（Group）"和"显示（Display）"三个选项卡，常规选项卡可以进行图层组名称的修改等，显示选项卡可以进行图层的亮度、透明度等显示设置，组合选项卡可以进行图层的添加、删除、显示顺序调整，图层属性的设置等操作。

6）图层比例尺设置。如果地图比例尺非常小，会造成内容过多而无法清楚表达；如果考虑小比例尺地图，放大比例尺的时候可能造成内容太少或要素线划不够精细等缺点。为了克服这个缺点，可以通过设置显示比例尺的范围这一功能来实现合适显示。主要有两种设置方式：

a. 设置绝对比例尺。启动 ArcMap，打开地图文档 Haihe.mxd，选择需要设置绝对比例尺的图层（例如 HaiheRiver）→双击打开"图层属性"对话框→单击"常规"选项卡→在比例尺范围（Scale Range）框中选中"缩放超过下限时不显示图层（Don't show layer when zoomed）"按钮→输入"缩小超过（Out beyond）"和"放大超过（In beyond）"的比例来设置绝对比例尺。

b. 设置相对比例尺。在内容列表中选中需设置比例尺的图层，右击快捷菜单单击"可见比例尺范围（Visible Scale Range）"→选择不同的按钮来设置不同的内容，比如"设置最小比例尺（Set Minimum Scale）""最大比例尺（Set Maximum Scale）"和"清除比例尺（Clear Scale Range）"。

（3）要素选择与转出。

1）要素的选择。要素的选择是进行空间分析的重要前提，ArcMap 主要通过属性、位置和图形三种方式来选择要素。

a. 按属性选择。单击"选择（Selection）"菜单下的"按属性选择（Select By Attributes）"，打开其对话框→选择图层（Layer）、方法（Method）、通过 SQL 设置表达式→查询选择满足条件的要素，如图 1.6（a）所示。

b. 按位置选择。单击"选择（Selection）"菜单下的"按位置选择（Select By Location）"，打开其对话框→选择方法（Method）、目标图层（Target layers）、源图层（Source layer）、空间方法选择（Spatial selection method for the source layer feature）和缓冲区距离设置→单击"确定"按钮，选择满足位置要求的要素，如图 1.6（b）所示。

c. 按图形选择。在菜单空白处右击快捷菜单，加载"画图（Draw）"工具条→用工具条中矩形、圆等工具选择感兴趣的区域→单击"选择（Selection）"菜单下的"按图形选择

（Select By Graphics）"命令→将该区域所覆盖的点、线、面要素一并选择出来，完成提取。

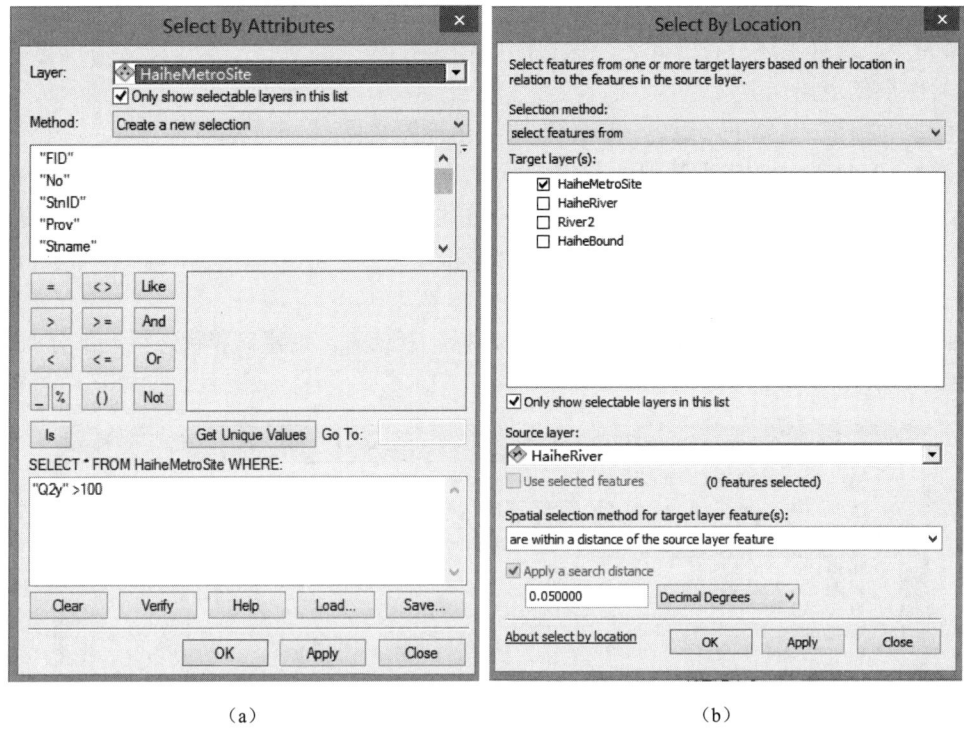

图1.6 按属性选择对话框和位置选择对话框

2）要素的转出。要素按照上述任何一种方式选择后，会以高亮度显示在视图中，可以通过以下两种方式将选中的要素以新图层导出：

第一种，在内容列表中选择图层，右击快捷菜单单击"选择（Selection）"→单击"根据选择要素创建图层（Create Layer From Selected Features）"，导出新图层。

第二种，在内容列表中选择图层，右击快捷菜单"数据（Data）"→单击"导出数据（Export Data）"，打开对话框→指定导出的类型为所选要素，并输出路径，即可导出新图层。

（4）图层的保存与退出。

1）图层的保存。图层的保存常用的有以下三种方式：

a. 通过"标准"工具栏的"保存"按钮或者"文件"菜单下"保存（Save）"来完成。

b. 通过"文件"菜单下"另存为（Save As）"来保存地图文档，保存的文档将无法在较早的ArcGIS版本打开。

c. 通过"文件"菜单下"另存为（Save A Copy）"来保存，可以选择保存为ArcGIS较早的版本，但在ArcGIS10使用的一些新功能将丢失。

注意：上面三种方式的保存都是默认绝对路径的保存，如果地图文档对应的数据文件的路径被改变，那么地图中将无法显示数据层的信息，为了解决这个问题，通常采用相对路径来保存地图文档。主要步骤为：

第一步，选择"文件"菜单下"地图文档属性（Map Document Properties）"，打开对话框→勾选"存储数据源的相对路径名（Store relative pathnames to data sources）"→点击"确定"。

第二步，选择上述三种方式之一保存即可。

2）图层的退出。

通过"文件"菜单下"退出（Exit）"来退出地图文档。

1.2.2 ArcCatalog 应用基础

ArcCatalog 是一个空间数据资源管理器。它以数据为核心，用于定位、浏览、搜索、组织和管理空间数据，还可以管理和维护数据库。

1.2.2.1 ArcCatalog 窗口组成

ArcCatalog 窗口主要由菜单栏、标准工具栏、目录树、主窗口和状态栏五部分组成。如图 1.7 所示。

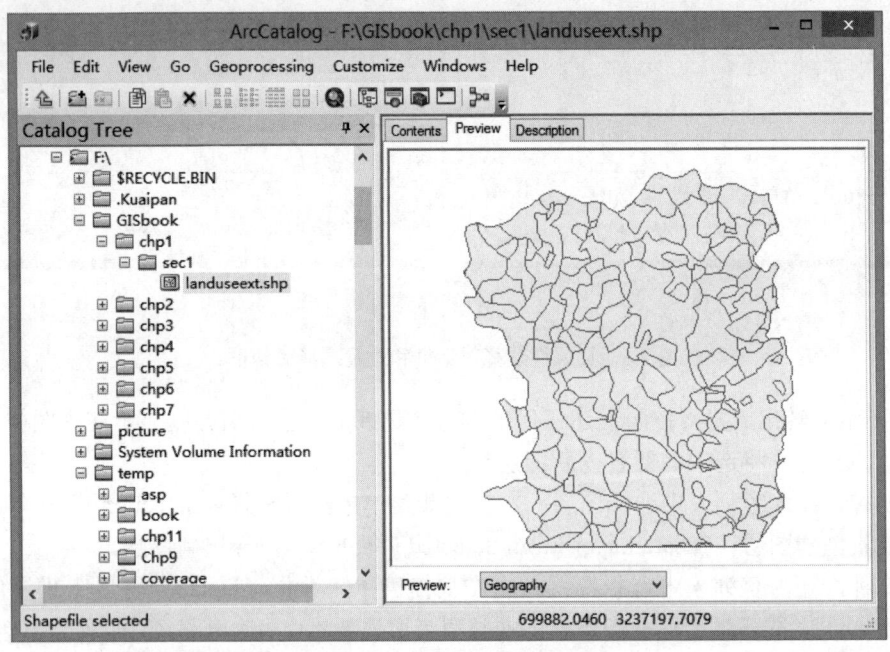

图 1.7 ArcCatalog 窗口界面

（1）菜单栏。菜单栏主要由文件（File）、编辑（Edit）、视图（View）、转到（Go）、地理处理（Geoprocessing）、自定义（Customize）、窗口（Windows）和帮助（Help）8 个菜单组成。

（2）标准工具栏。标准工具栏由向上一级、连接到文件夹、断开与文件夹的链接、启动 ArcMap 等 17 个按钮组成。其中大图标、列表、详细信息和缩略图分别表示文件夹中的内容在主窗口以大图标、列表、详细信息和缩略图样式显示；其中复制、粘贴、删除、搜索窗口、ArcToolbox 窗口、Python 窗口、模型构建器窗口、这是什么按钮的图标和功能与 ArcMap 中的标准工具栏一致，这里不再重复介绍。

（3）目录树。目录树是地理数据的树状视图，用来显示不同来源的地理数据，通过它可以查看本地或网络上的文件和文件夹。目录树中的内容项主要包括：文件夹、地图与数据层、Sahpefile 等各种文件、地理数据库及其内容、dBASE 表格数据等。

（4）主窗口。主窗口包括"内容"、"预览"和"描述"三个选项卡。

1)"内容"选项卡。在目录树中选择一个条目时，比如文件夹或者文件，主窗口的"内容"选项卡就列出了该文件夹包含的文件，文件的名称、类型等信息。

2)"预览"选项卡。可以通过"地理图形（Geography）"或者"表格（Table）"形式查看地图。

3)"描述"选项卡。可以查看所选图层数据的有关元数据信息。

（5）状态栏。状态栏是包含文本输出窗格或"指示器"的控制条，显示当前窗口或软件的状态。例如图 1.7 中的状态栏包含了打开文件的类型、坐标等信息。

1.2.2.2 ArcCatalog 基本操作

（1）ArcCatalog 的启动与关闭。ArcCatalog 的启动主要有两种方式。第一是双击 ArcCatalog 桌面快捷图标 启动；第二是单击桌面任务栏"开始"→"所有程序"→"ArcGIS"→"ArcCatalog"启动。

ArcCatalog 的关闭可通过单击"文件"菜单→"退出（Exit）"。ArcCatalog 会记住关闭前目录树选择的数据项，连接的文件夹，可见的工具条和主窗口中元素的位置。

（2）文件夹链接。在 ArcCatalog 中，可以通过定制连接到文件夹来访问本地磁盘的地理数据。其操作步骤如下：

第一步，单击"文件"菜单下的"连接文件夹（Connect To Folder）"，或者单击"标准"工具条上的连接文件夹按钮 →打开其对话框，选择要访问的地理数据所在的文件夹→单击"确定"按钮，建立连接，并在目录树中显示。

第二步，若要删除连接，在需删除连接的文件夹上右击快捷菜单，单击"断开文件夹连接（Disconnect Folder）"即可完成。

第三步，如果连接的文件夹内容发生变化，可以右击快捷菜单→单击"刷新（Refresh）"实现数据视图的更新。

（3）文件类型的添加和移除。根据需要添加或者移除数据文件的类型，使得除标准数据类型以外的文件类型可以在目录树窗口中显示和打开。具体操作步骤如下：

第一步，单击"自定义（Customize）"菜单下的"ArcCatalog 选项（ArcCatalog Options）"，打开其对话框。

第二步，单击"文件类型（File Types）"选项卡→单击"新类型（New Type）"按钮→打开对话框，输入文件后缀名（File extension）和类型描述（Description of type），单击更改图标（Change Icon）为该文件类型指定图标→单击"确定（OK）"按钮，完成文件类型的添加。

第三步，单击"文件类型"选项卡→单击"移除（Remove）"按钮，选中需要移除的文件类型进行移除。还可以→单击"编辑（Edit）"按钮，进行文件类型的修改设置。

（4）文件特性的显示设置。设置文件特性的显示项，具体操作步骤如下：

第一步，单击"自定义（Customize）"菜单下的"ArcCatalog 选项（ArcCatalog Options）"，打开其对话框。

第二步，单击"内容（Contents）"选项卡→在"在详细视图中显示哪些标准列？（Which standard columns do you want to show in Details view？）"单击选中想要显示文件特性的复选框；在"在详细视图中显示哪些元数据列？（Which Metadata columns do you want to show in Details view？）"单击选中想要显示元数据内容信息的复选框。

第三步，单击"确定"按钮，完成设置，在"内容"选项卡中将增加自定义的显示项。

（5）导出数据。用户可以实现地理数据库中的地理要素数据和 Shapefile 文件、Coverage 文件、地理数据库要素类、CAD 等相互导出，也可以将相应的属性表格数据导出为数据库（dBASE）或者地理数据库（Geodatabase）的数据文件。以导出为 Coverage 为例，其操作步骤如下：

第一步，选中需要导出的数据文件，右击"导出（Export）"命令，打开对话框。

第二步，在其对话框中，指定要导出数据的位置、名称和 XY 容差等，单击"确定"按钮，完成操作。

（6）查看数据。通过 ArcCatalog 可以查看图层数据的名称、类型，图形、投影、比例、分辨率、采集方式、时间、地点等元数据信息。具体操作如下：

第一步，在目录树窗口选择要素类。

第二步，在主窗口中单击"内容（Contents）"选项卡，查看数据的名称和类型。

第三步，在主窗口中单击"预览（Preview）"选项卡，选择以"地理图形（Geography）"或者"表格（Table）"形式查看地图。

第四步，在主窗口中单击"描述（Description）"选项卡，可以查看关于数据的元数据相关信息。

（7）ArcCatalog 中图层的操作。ArcCatalog 可以帮助用户找到地图和定位想添加到地图上的数据。在 ArcCatalog 中主要通过以下三种方式创建图层文件。

1）直接创建图层文件。

第一步，在目录树窗口中，选择需要创建新图层的文件夹，单击"文件"菜单下的"新建"，或者在选中的文件夹上右击"新建"→"图层（Layer）"→打开"创建新图层（Create New Layer）"对话框。

第二步，在文本框中输入"图层文件的名称（Specify a name for the layer）"，单击浏览数据按钮，输入图层要使用的数据源（Choose the data source you want the layer to use）。

第三步，单击选中"创建缩略图（Create thumbnail）"和"存储相对路径名（Store relative path name）"复选框。

第四步，单击"确定"按钮，完成操作。

2）通过数据创建图层。

第一步，在目录树窗口中，在需要创建图层文件的数据源上，右击"创建图层"命令→打开"将图层另存为"对话框。

第二步，在其对话框中，指定要保存图层的文件夹，输入图层文件名→单击"保存"按钮，保存图层文件。

3）创建组合图层。

第一步，在目录树窗口中，选择需要创建新图层的文件夹，单击"文件"菜单下的"新建"，或者在选中的文件夹上右击"新建"→单击"图层组（Group Layer）"，这时会在目录树中出现一个图层组。

第二步，右击该图层组，双击打开"图层属性"对话框→单击"组合"选项卡，通过单击"添加"按钮来添加新图层；单击"删除"按钮可删除选中的图层；单击"属性"按钮，可以设置图层的名称、符号、字段等属性。

第三步，单击"确定"按钮，完成图层组的创建。

1.2.3 ArcToolbox 应用基础

ArcToolbox 是具有强大的空间数据处理和分析的工具箱模块。包括数据转换、数据管理、叠加处理、投影变换、矢量分析、统计分析、地形分析等多种复杂的地理处理工具。

1.2.3.1 ArcToolbox 基础

（1）启动 ArcToolbox。ArcToolbox 内嵌在 ArcMap、ArcCatalog、ArcScene 和 ArcGlobe 模块中，只需在这些模块界面上，单击 ArcToolbox 窗口按钮，就可以打开 ArcToolbox 窗口。

（2）激活扩展工具。ArcToolbox 中的工具首先要被激活才可以运行。通过选择"自定义（Customize）"菜单下的"扩展模块（Extensions）"命令→打开对话框，勾选需要激活的工具即可。

（3）创建自定义工具集。为了满足一些专业特殊应用需求，用户可能需要创建自定义工具集来存放工具，具体操作如下：

第一步，启动 ArcCatalog，在目录树窗口中选择"工具箱（Toolboxes）"下的"我的工具箱（My Toolboxes）"→右击"新建"下的"工具箱（Toolbox）"创建自定义工具箱→右击该工具箱，单击"新建"下的"工具集（Toolset）"，创建自定义工具集。

第二步，在 ArcToolbox 窗口中，右击快捷菜单，单击"添加工具箱（Add Toolbox）"→打开对话框，找到刚才建立的自定义工具箱添加到 ArcToolbox 窗口即可。

（4）管理工具。在任何一个工具箱上双击或者右击快捷菜单，提供工具箱常用的复制、粘贴、移除、重命名、新建、添加和另存为 7 种功能。

1.2.3.2 ArcToolbox 内容简介

（1）工具箱简介。ArcToolbox10 窗口提供了 18 种工具箱，分别为：3D 分析工具箱（3D Analyst Tools）、分析工具箱（Analysis Tools）、制图工具箱（Cartography Tools）、转换工具箱（Conversion Tools）、数据互操作工具箱（Data Interoperability Tools）、数据管理工具箱（Data Management Tools）、编辑工具箱（Editing Tools）、地理编码工具箱（Geocoding Tools）、地统计分析工具箱（Geostatistical Analyst Tools）、线性参考工具箱（Linear Referencing Tools）、多维工具箱（Multidimension Tools）、网络分析工具箱（Network Analyst Tools）、宗地结构工具箱（Parcel Fabric Tools）、逻辑示意图工具箱（Schematics Tools）、服务器工具箱（Server Tools）、空间分析工具箱（Spatial Analyst Tools）、空间统计工具箱（Spatial Statistics Tools）、追踪分析工具箱（Tracking Analyst Tools）。表 1.3 主要介绍与本专业有关的常用的 10 种工具箱的工具。

（2）环境设置。ArcToolbox 提供了一系列环境设置来满足一些专业模型或者特殊要求的计算。比如：工作空间（Workspace）、输出坐标系（Output Coordinates）、处理范围（Processing Extent）、XY 分辨率及容差（XY Resolution and Tolerance）、Z 值（Z Values）、

地理数据库（Geodatabase）、栅格分析（Raster Analysis）、地统计分析（Geostatistical Analysis）、地形数据集（Terrain Dataset）及不规则三角网（TIN）等 17 种设置。在 ArcToolbox 窗口空白处右击快捷菜单→点击环境按钮，打开对话框进行相应的设置。

表 1.3　　　　　　　　　　　常用工具箱的功能简介

工具箱名称	功　　能
3D 分析工具箱	可以创建、修改 TIN 和栅格表面，并从中抽象出相关信息和属性；还可以实现表面分析、三维要素分析和三维数据的转换等各种功能
分析工具箱	提供了一整套方法（选择、裁剪、相交、联合、判别、拆分、缓冲区、近邻、点距离，频度、汇总统计数据等）来处理所有类型的矢量数据
制图工具箱	根据特定的制图标准来设计的，还包括了 Cul-De-Sac 掩模、要素轮廓线掩模、相交图层掩模三种掩模工具
转换工具箱	包含了一系列不同数据格式的转换工具，主要有栅格数据、shapefile、Coverage、Geodatabase、表、CAD 等
数据管理工具箱	提供了种类繁多的工具来管理和维护要素类、数据集、图层及栅格数据结构
地理编码工具箱	是一个建立地理位置坐标与给定地址一致性的过程。使用该工具可以给各个地理要素进行编码操作、建立索引等
地统计分析工具箱	可以使用各种函数方法创建连续的表面，并对表面或地图进行可视化分析和评价
网络分析工具箱	可以维护用于构建运输网模型的网络数据集；还可以对运输网执行路径、最近设施点、服务区、多路径派发和位置分配等方面进行网络分析
空间分析工具箱	提供了丰富全面的工具来实现基于栅格的分析。主要包括：条件、密度、距离、提取、地下水、水文、地图代数、多元多变量、栅格创建等工具
空间统计工具箱	包含了分析地理要素分布状态的一系列统计工具，实现多种适用于地理数据的统计分析

第 2 章 空间数据的采集与处理

空间数据的采集与处理是指通过各种数据采集设备来获取现实世界的描述数据，并输入 GIS，将这些数据进行图形编辑、格式转换、数据重构、拓扑建立、图形与属性关联等处理，使之成为 GIS 软件能够识别和分析的数据形式。整个 GIS 就是围绕着空间数据的采集、处理、存储、分析和表达而展开的，GIS 数据的采集和处理是第一步也是非常关键的一步，它的质量直接影响到 GIS 应用的潜力和效率。本章首先介绍空间数据采集和处理的基本流程，在此基础上，分别介绍空间数据采集（投影变换、地理配准和空间校正）、空间数据的编辑（点、线和面不同要素的输入编辑及借助拓扑关系进行要素编辑）、空间数据的格式转换（数据结构和数据格式转换）；在基本理论和方法介绍的同时配有数据练习，使读者体验 GIS 的采集和处理功能，同时加强对该原理的理解和认识。

2.1 空间数据采集与处理概述

空间数据准确、高效的获取是 GIS 平稳运行的基础。空间数据采集与处理的主要内容包括：数据源的特征及选择、采集方法的确定、数据的编辑与处理、数据质量控制与评价和数据入库五部分，其基本流程如图 2.1 所示。本章重点介绍数据采集、编辑和处理。

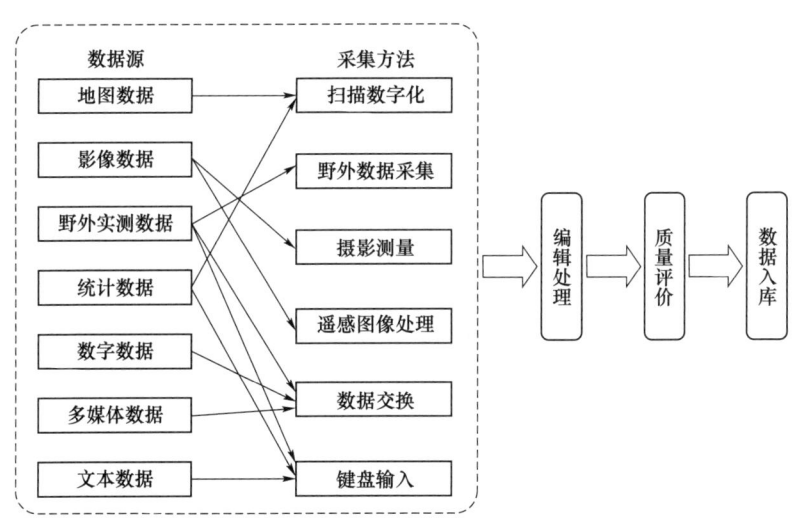

图 2.1 空间数据采集处理基本流程（引自参考文献［9］）

（1）数据源特征及选择。根据数据获取方式将数据分为地图数据、遥感影像数据、实测数据、共享数据和其他数据。地图是 GIS 最常见的数据源，它是传统的空间数据存储和表达的方式,将具有共同参考坐标系统的点、线和面以二维平面的形式表示,其表达的内容丰富且精度高;遥感影像数据也是 GIS 中一个极其重要的数据源,通过遥感影像可以快速、准确地获得大面积、综合的各种专题信息;实测数据主要指各种野外测验、实地测量所得数据,它具有精度高、现势性强等优点,可以根据系统需要灵活补充;随着各种专题图的制作、各种 GIS 系统的建立、通信网络技术的高度发达,共享数据已成为 GIS 获取数据的重要来源之一,它可实现数据的高效利用、节约成本,但使用时要注意数据格式的转换和数据精度的问题;统计、文本、多媒体等其他数据通过其他方式获取。

(2) 采集方法确定。根据数据源的特征来选择合适的采集方法。地图数据通常采用矢量化的方法;遥感数据通常采用完整的摄影测量、遥感图像处理的理论和方法;实测数据主要通过野外数据采集(平板仪测量、一体化野外数字测图、GPS 等);统计数据可通过扫描仪或键盘输入来采集;数字化及多媒体数据主要通过数据交换的形式进入系统。

数字化主要有手扶跟踪数字化和扫描跟踪矢量化。手扶跟踪是最早采用的纸质地图矢量化的方式,主要利用电磁原理记录数字化仪面板上点的平面坐标来获取矢量数据。它具有对复杂地图的处理能力较弱、精度和效率较低、操作人员劳动强度大等缺陷,目前已基本淘汰。扫描跟踪数字化是目前最常用的采集方法,特别是半自动屏幕鼠标跟踪矢量化兼顾了人工对地物的判断和软件的自动化,矢量化速度较快,编辑工作量较小,精度较高。

(3) 数据编辑处理。通过各种方法采集的原始空间数据,不可避免地存在一些误差或错误,因此对数据的检查和编辑是必要的;同时不同系统对图形的数据结构、坐标参考等要求会有所不同。数据的编辑处理主要包括:误差和错误消除、数学基础变换、数据重构、图形拼接、拓扑关系建立、数据压缩等,保证采集的各类数据符合数据入库及空间分析需求。

(4) 数据质量控制与评价。数据在采集和编辑处理的过程中,不可避免地存在各种系统误差和随机误差,并且误差在各个环节之中进行累加和传播。因此,数据的质量控制和评价是系统有效运行的重要保障和系统分析可靠结果的前提条件之一。

(5) 数据入库。根据空间数据管理的要求,把采集和处理的空间数据统一导入空间数据库,进行有效存储和组织,以便后续的空间查询和分析利用。

2.2 空间数据采集

GIS 空间数据源比较丰富,类型多种多样,通常不同来源的空间数据其采集方法、空间参考系也各不相同。对研究区进行分析时,每个 GIS 所包含的空间数据都应该具有同样的坐标系统和地图投影等。因此,统一的数学基础是运用分析各种分析方法的前提。本节从投影变换、地理配准和空间校正三个方面进行介绍。

2.2.1 投影变换

地图是一个平面,在实际工作中经常需要对长度和面积进行量算,因此需要将球面坐标系统投影到二维平面上,即地图投影。在完成本身有投影信息的数据采集时,为了保证数据的完整性和易交换性,需要定义数据投影。同样,当数据的空间坐标系统与用户的需求不一致时,就需要对数据进行投影转换。

2.2 空间数据采集

（1）定义投影。在对未知坐标系的数据进行投影时，需要使用定义投影工具为其添加正确的坐标信息。定义投影的具体操作如下：

第一步，启动 ArcToolbox，双击"数据管理工具（Data Management Tools）"→"投影和转换（Projections and Transformations）"→"定义投影（Define Projection）"，打开"定义投影"对话框，如图 2.2（a）所示。

第二步，在"输入数据集或要素类（Input Dataset or Feature Class）"下拉框中输入数据；在"坐标系（Coordinate System）"文本框中显示为"Unkown"，即原始数据没有定义坐标系统，点击坐标系右侧的"空间参考属性"按钮，打开其对话框，定义投影，如图 2.2（b）所示。

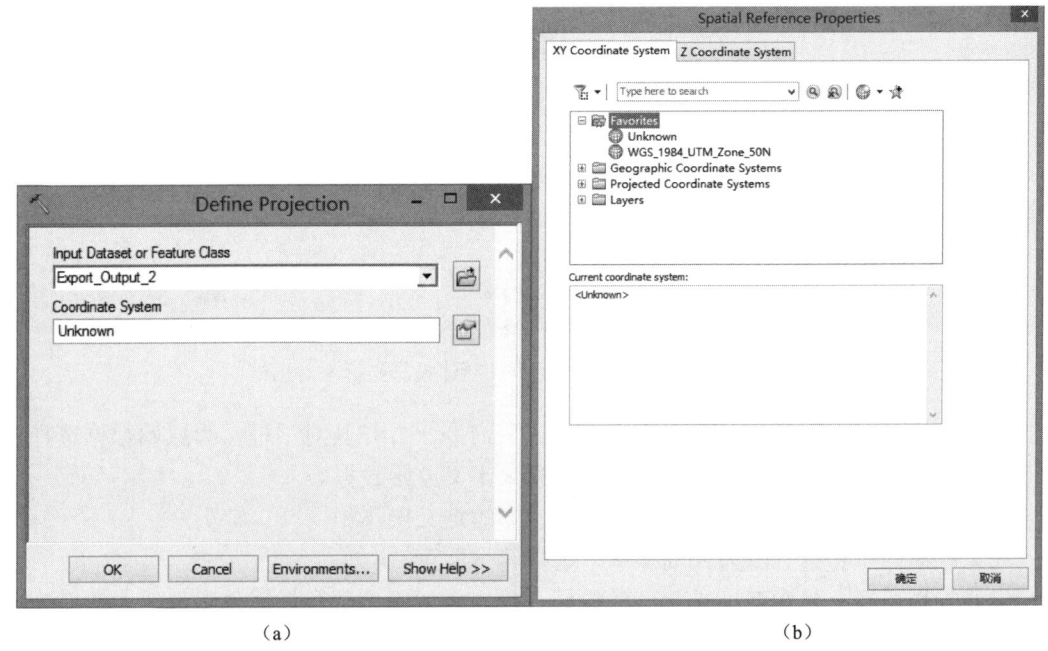

图 2.2　定义投影对话框和空间参考属性对话框

第三步，切换到"XY 坐标系（XY Coordinate System）"选项卡，点击"添加坐标系（Add Coordinate System）"图标按钮，可以通过选择"新建（New）"和"导入（Import）"来定义投影；新建按钮下提供了"地理坐标系统（Geographic Coordinate System）"和"投影坐标系统（Projected Coordinate System）"两种已知的坐标系统，其中地理坐标系统使用地球表面的经度和纬度来表示，投影坐标系统是利用数学变换将球面的经纬度坐标转换到二维平面上。

第四步，以地理坐标为例，点击"新建"下的"地理坐标系统"，打开"新建地理坐标系"对话框，如图 2.3 所示。在其对话框中，定义新建坐标系的"名称（Name）"；在"基准面（Datum）"区域中定义"长半轴（Semimajor）""短半轴（Semiminor）"；在"角度单位（Angular Unit）"区域中定义"名称""每单位弧度"；在"本初子午线（Prime Meridian）"区域定义"名称"及"经度"。

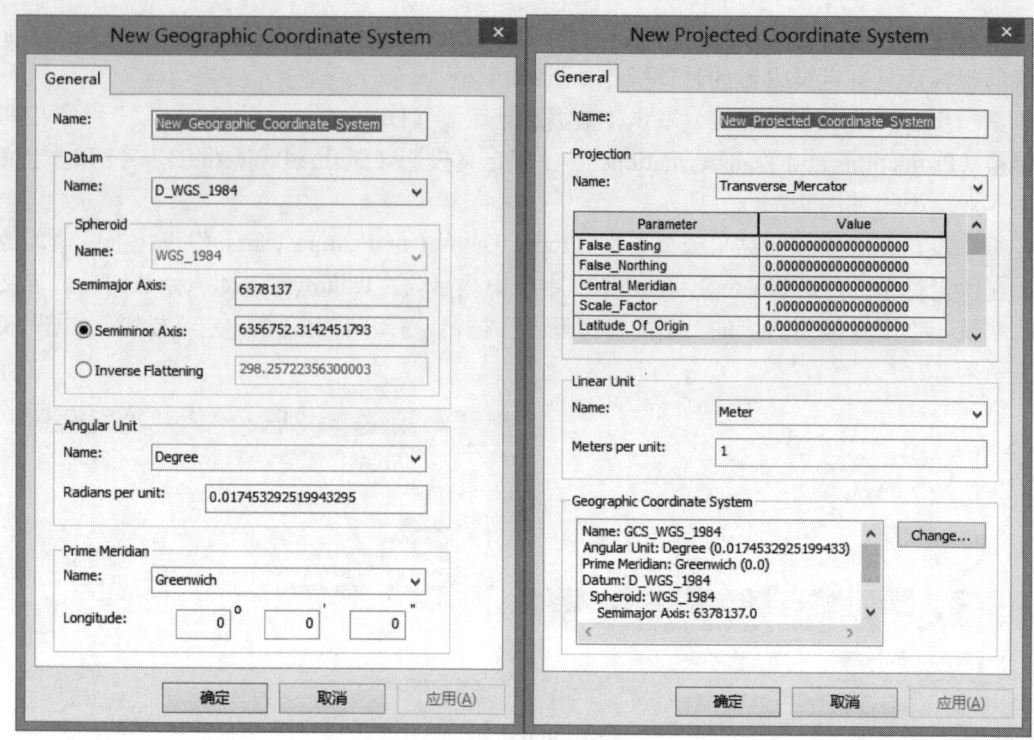

图 2.3　新建地理坐标系对话框和新建投影坐标系对话框

第五步，单击"添加坐标系统"→"导入"命令，打开其对话框，为原始数据选择与某一数据层相同的投影，用该数据的投影信息来定义原始数据。

第六步，单击"完成"按钮，完成地图投影的定义操作。

注意：第四步和第五步为并列操作，选择其一即可。

（2）投影变换。投影变换是将一种投影（投影类型、参数和椭球体参数等）转换为另一种地图投影。在投影和转换工具集下主要有矢量和栅格两种类型的数据变换。矢量数据和栅格数据投影变换的操作如下：

第一步，启动 ArcToolbox，打开"数据管理工具"→"投影和转换"，矢量数据投影转换选择"要素（Feature）"→"投影（Project）"，打开"投影"对话框，如图 2.4（a）所示；栅格数据投影转换选择"栅格（Raster）"→"投影栅格（Project Raster）"，打开"投影栅格"对话框。如图 2.4（b）所示。

第二步，分别在"输入数据集或要素类"和"输入栅格"下拉框中输入数据图层；分别在"输出矢量/栅格数据集"下拉框中指定输出数据图层的路径和名称；在"输出坐标系（Output Coordinate System）"文本框中指定输出图层的坐标系；在"地理（坐标）变换（Geographic Transformation）"文本框中实现两个地理坐标系或者基准面之间的变换，当输入和输出图层的基准面不同时，必须指定地理（坐标）变换；在投影栅格对话框中还可设置"重采样技术（Resampling Technique）"、"输出像元大小（Output Cell Size）"和"配准点（Registration Point）"，重采样提供了最邻近分配法、双线性插值法、三次卷积插值法和多数重采样法四种方法，配准点用于确定对齐像素时使用的 X、Y 坐标。

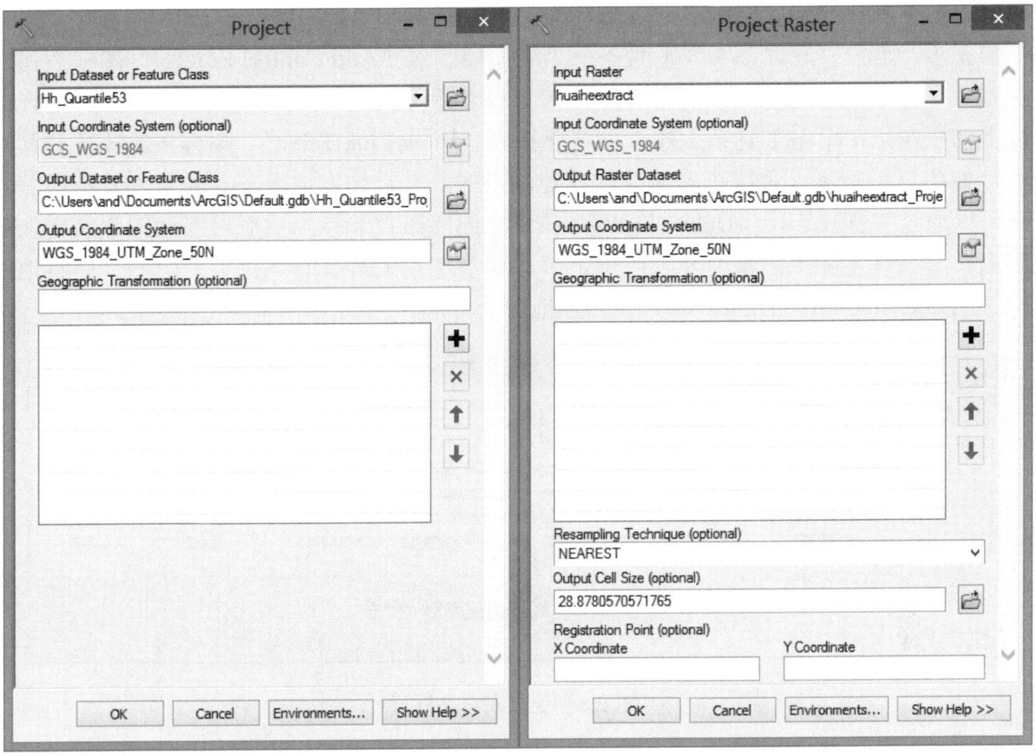

(a)

(b)

图 2.4 矢量数据和栅格数据转换投影对话框

第三步，点击"确定"按钮，完成矢量数据和栅格数据投影转换。

注意：使用该工具之前必须先使用定义投影为其定义坐标系。

2.2.2 地理配准

扫描得到的地图数据通常不包含空间参考信息，需要通过较高精度的控制点将这些数据匹配到用户指定的地理坐标系中，即将地图坐标系统赋予图像数据的过程，这个过程为地理配准。控制点的选取应遵循一定的原则：控制点的个数最少为$(n+1)(n+2)/2$，n 为多项式的次数；控制点应选取精度高、易分辨、不易变动、均匀分布在整幅图像中；图像的边缘处要尽量选点、地形起伏特征变化大的地方要多选点。地理配准的具体操作如下：

第一步，启动 ArcMap，加载需要地理配准的扫描地图数据（datong.tif），（地图数据来自参考文献［5］）在主菜单空白处右击快捷菜单，加载"地理参考（Georeferencing）"工具条，如图 2.5 所示。

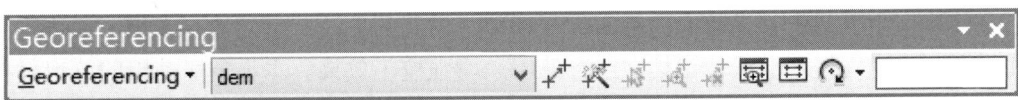

图 2.5 地理参考工具条

第二步，在数据框的图层上右击快捷菜单，打开"数据框属性"对话框→切换到

“General”选项卡下。在“单位（Units）”区域中，“地图（Map）”和“显示（Display）”下拉框中单位都选择米（Meter），点击“确定”按钮。

第三步，点击“地理参考”工具条→“添加控制点（Add Control Points）”图标按钮加载控制点，在地图上先左击，再右击“输入 XY 坐标（Input X and Y）”，依次至少选择四个以上的控制点；单击工具条上的“浏览连接表（View Link Table）”图标按钮，打开其对话框，如图 2.6 所示。可以查看加载的各控制点的残差及均方根误差，如果残差及误差较大，可以通过“删除连接（Delete Link）”按钮来删除该控制点，然后再在地图中重新加载控制点，直到满足配准的精度要求；单击“地理参考”工具条的下拉菜单中的“更新地理配准（Update Georeferencing）”，完成扫描地图的配准。

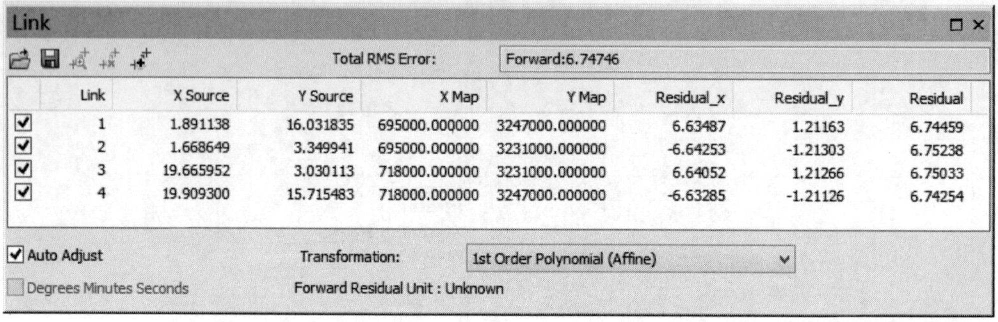
Link
Total RMS Error:
Forward:6.74746
Link X Source Y Source X Map Y Map Residual_x Residual_y Residual
1 1.891138 16.031835 695000.000000 3247000.000000 6.63487 1.21163 6.74459
2 1.668649 3.349941 695000.000000 3231000.000000 -6.64253 -1.21303 6.75238
3 19.665952 3.030113 718000.000000 3231000.000000 6.64052 1.21266 6.75033
4 19.909300 15.715483 718000.000000 3247000.000000 -6.63285 -1.21126 6.74254
Auto Adjust
Transformation:
1st Order Polynomial (Affine)
Degrees Minutes Seconds
Forward Residual Unit : Unknown

图 2.6　连接表对话框

注意：在加载控制点时，先取消勾选“Georeferencing”下拉菜单中的“自动校正（Auto adjust）”，可以保持图像在输入控制点过程中不发生变化，所有控制点加载完成后，可单击“地理配准工具条”下拉菜单中的“更新地理配准”来完成操作；本实验的地图数据比例尺是 1:5 万，投影为高斯-克里格，在输入控制点坐标时，注意不要连通带号一起输入，同时注意公里网坐标的公里要换算成米。

第四步，定义投影。有两种方式，①打开“数据框属性”对话框→切换到“坐标系统（Coordinate System）”选项卡下，来定义地图投影；②利用 ArcToolbox 中的“数据管理工具集”→“定义投影”选项来定义投影。在文本框中选择“投影坐标系统”→“高斯-克里格（Gauss Kruger）”→“Beijing 1954 GK Zone 20N”，注意坐标系统与投影带号要与地图上的坐标系统和投影号保持一致，这样就完整地建立了地图的坐标与投影系统。

第五步，单击“地理配准”工具条的下拉菜单→“纠正（Rectify）”，打开“另存为（Save As）”对话框，如图 2.7 所示。根据设定的“变换公式（1st Order Polynomial）”对配准影像重新采样，生成一个新的栅格影像文件。

2.2.3　空间校正

空间校正主要用于矢量数据的空间位置匹配，常用的方法有空间校正变换、橡皮页变换和边匹配。空间校正和编辑工具常结合使用来增强校正效果。本小节所使用的练习数据来自参考文献［8］。

（1）空间校正变换。空间变换主要用于坐标系内移动、平移数据或转换单位。常用的有仿射变换、相似变换和射影变换。仿射变换可以不同程度地对数据进行缩放、旋转、平移和倾斜变换；相似变换要求保持变换前后形状不变，故不可进行倾斜变换；射影变换主要对从航片中采集的数据进行变换，变换前后共点、共线、交比、相切、拐点及切线的不连续性保持不变。本节以仿射变换为例进行说明，主要步骤如下：

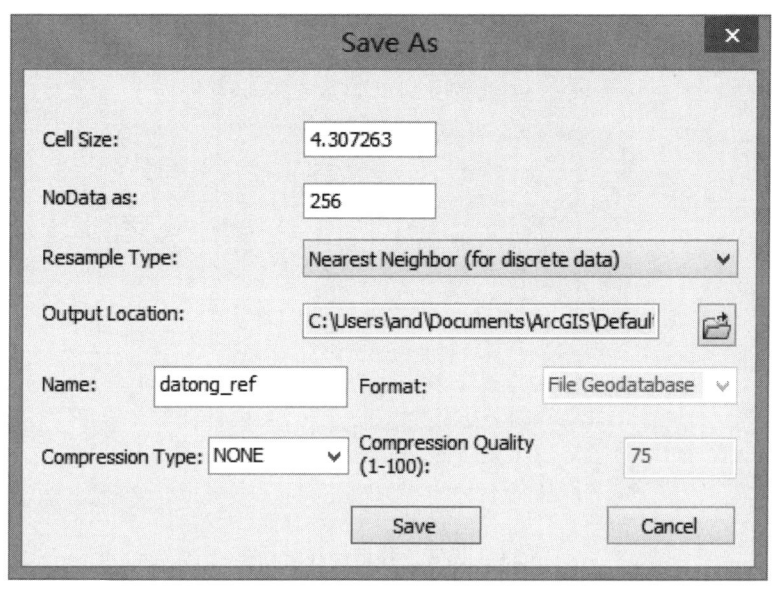

图 2.7　另存为对话框

第一步，启动 ArcMap，加载数据图层（roadcenter.shp，design.shp，plan.shp），在主菜单空白处右击快捷菜单，加载"空间校正（Spatial Adjustment）"工具条和"编辑（Editor）"工具条，如图 2.8 所示。

图 2.8　空间纠正工具条和编辑工具条

第二步，在"空间校正"工具条中，点击"空间校正"下拉菜单中的"设置校正数据（Set Adjust Data）"→打开"选择输入校正图层（Choose Input For Adjustment）"对话框。在其对话框中，勾选"以下图层中的所有要素（All features in these layers）"，在文本框中只选择需要校正的图层（design），点击"确定"按钮。

第三步，①在"编辑"工具条中，选择"编辑"下拉菜单中的"扑捉（Snapping）"→"扑捉工具条（Snapping Toolbar）"，点击点、端点、折点和边四个图标按钮，使图标的黑框消失，再选择"扑捉"→"属性（Options）"，打开"扑捉属性"对话框→在"general"区域中，设定"容差（Tolerance）"像素，一般为 10 个像素；②在"空间校正"工具条中，点击"新建位移链接工具（New Displacement Link Tool）"图标按钮，先在需要校正的图层（design）上左击一特征点（一般为交叉点或中心线），然后在标准图层（roadcenter）上左击同样位置的特征点,绘出一条位移链接线;同样方法至少添加3对位移链接点。如图2.9所示。

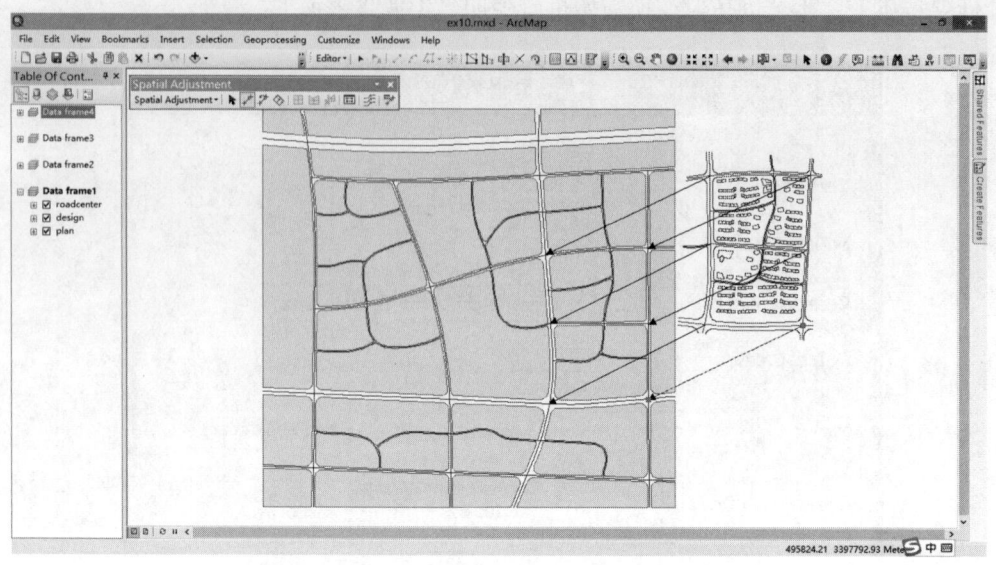

图 2.9　设置位移链接线对话框

第四步,在"空间校正"工具条的"空间校正"下拉菜单中:① 选择"空间校正方法"→"变换(Transformation)"→"仿射(Affine)";② 选择"校正预览(Adjustment Preview)",预览校正后的效果;如果未达预期效果,可返回上一步,继续删除、增设和调整位移链接线(选中位移线,点击"调整链接-Modify Link"图标进行);③ 选择"校正(Adjust)",design 图层中的要素经仿射变换计算、调整位置,实现校正。如图2.10所示。

(2)橡皮页变换。橡皮页变换主要用于纠正几何变形,通常是使要素与更为准确的信息对齐。在橡皮页变换中,表面被逐渐拉伸,并使用保留直线的分段变换方法来移动要素。在校正方法选择"橡皮页变换(Rubbersheet)",其他步骤与空间校正"仿射变换"类似,这里不再赘述。

(3)边匹配。边匹配主要将某一图层的边要素与邻接图层的要素对齐。通常将高精度的要素图层作为目标层,对低精度的要素图层进行调整。具体操作如下:

第一步,启动 ArcMap,加载数据图层(road1.shp,road2.shp),在主菜单空白处右击快捷菜单,加载"空间校正"工具条和"编辑"工具条。

第二步,同空间校正变换,勾选需要校正的图层 road2。

第三步,在"空间校正"工具条的"空间校正"下拉菜单中:① 选择"空间校正方法"→"边扑捉(Edge Snap)";② 打开"属性"对话框,切换到"常规"选项卡→在"校正方法(Adjustment methods)"区域中,点击"Options"按钮,选择"平滑(Smooth)"方法;然后再切换到"边匹配(Edge match)"选项卡→"校正图层(Source Layer)"选 road2,"目标图层(Target Layer)"选 road1,勾选"每一个目标点设一个连接(One link for each destination point)"和"防止重复连接(Prevent duplicate links)";③ 点击"确定"

按钮返回。

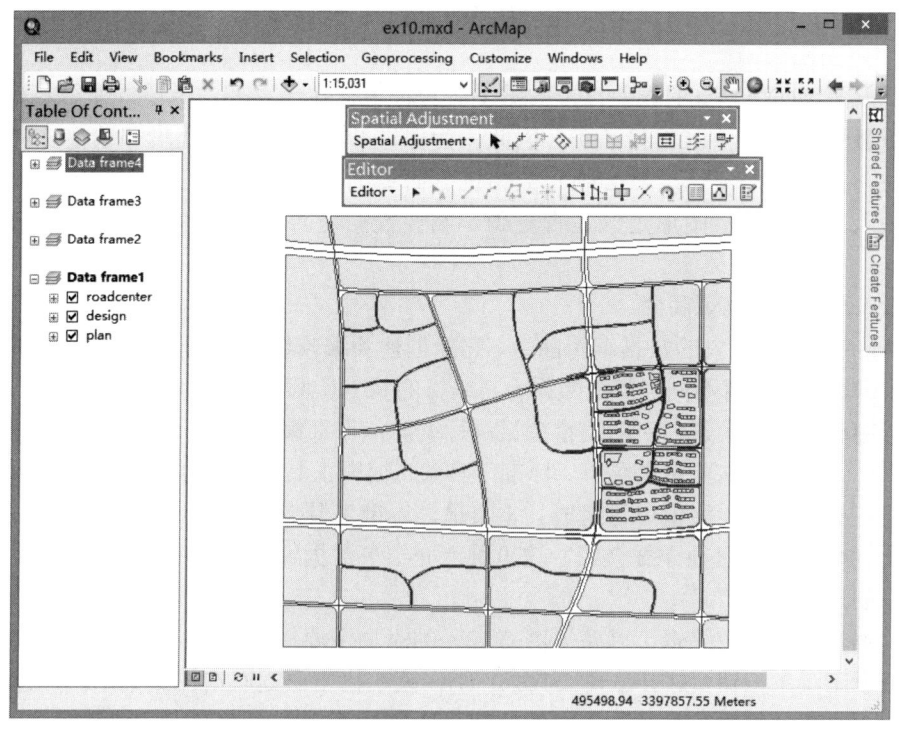

图 2.10　经过仿射变换空间校正后的图层窗口

第四步，接边处理。在"编辑"工具条中，① 点击"编辑器"下拉菜单→"属性"→"扑捉"→"容差"设为默认的 20 个像素；② 选择"边匹配工具（Edge match Tool）"图标按钮，用光标在屏幕上拉出一个选择框，各拼接点被纳入选择框，有 3 处需要做拼接处理，并自动生成位移链接线；③ 在"空间校正"工具条中，选择"空间校正"下拉菜单中的"校正"，完成两个图层的拼接，其结果如图 2.11 所示。

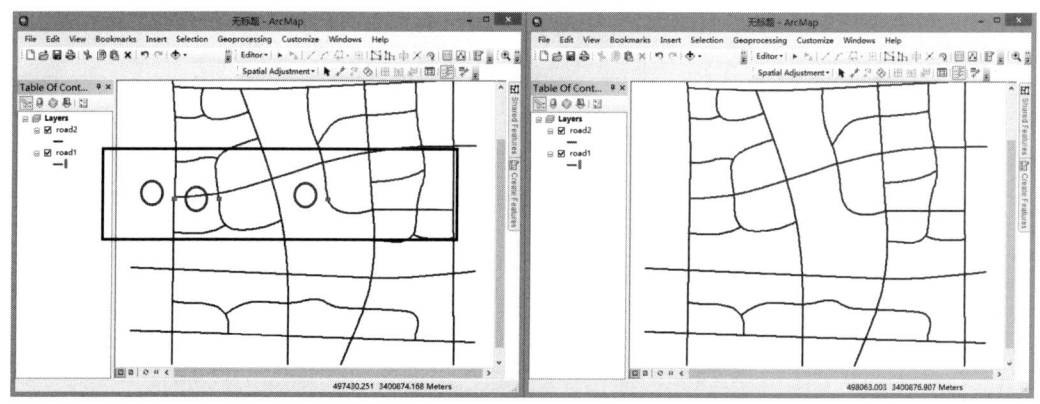

图 2.11　经过边匹配校正前后的图层窗口

2.3 空间数据的编辑

由于各种数据源本身的误差以及数据采集过程中存在的误差、错误,使得获得的空间数据不可避免存在各种误差和错误。因此,为保证数据在内容、逻辑和数值上的一致性和完整性,在数据采集完之后必须对数据进行必要的检查,比如空间实体是否遗漏、是否重复录入某些实体、图形定位是否正确、属性数据是否准确及图形与属性的关联是否正确等。

2.3.1 ArcMap 编辑简介

ArcMap 提供了强大的数据编辑能力,它能创建和编辑要素数据、表格数据、拓扑和几何网络数据等,能编辑不同类型的数据。其编辑的基本步骤为:启动 ArcMap,加载要编辑的数据,加载编辑工具条,启动编辑会话进行编辑,保存编辑并关闭会话。

编辑会话窗口的主要由主菜单、标准工具条、编辑工具条、内容列表、地图显示窗口、组织要素模板、创建要素窗口等组成。主菜单、标准工具条、内容列表、地图显示窗口的组成和功能在第 1 章已经详细介绍,这里重点介绍与数据编辑有关的编辑工具条、组织要素模板和创建要素窗口。

(1)编辑工具条。编辑工具条(图 2.12)的添加主要通过两种方式:①在标准工具条中点击编辑工具条按钮,打开编辑工具条;②在菜单栏空白处右击快捷菜单,勾选编辑器,打开编辑工具条。编辑工具条的各按钮的功能详解见表 2.1。

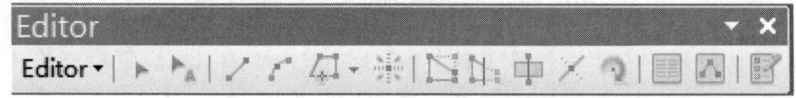

图 2.12 编辑工具条

表 2.1 编辑工具条及其功能

图 标	名 称	功 能
Editor ▼	编辑器	编辑命令菜单
▶	编辑工具	选择要编辑的要素
▶	编辑注记工具	选择要编辑的注记要素
╱	直线段	创建直线
⌒	弧段	创建弧段工具
◁▼	追踪	追踪线或面要素的边,创建线要素
⊹	点工具	创建点要素
▱	编辑折点	编辑折点

2.3 空间数据的编辑

续表

图 标	名 称	功 能
	整形要素工具	修改选择的要素
	裁剪面工具	用线要素来裁剪面要素
	分割工具	分割选择的线要素
	旋转工具	旋转选择的要素
	属性	打开属性窗口
	草图属性	打开编辑草图属性窗口
	创建要素	打开创建要素窗口

其中编辑器下拉菜单提供了7个功能区域，分别为：编辑会话区（对编辑会话的启动和停止管理）、保存编辑区（保存编辑的数据）、常用命令区（提供常用的编辑命令，比如移动、分割、复制、合并、缓冲、联合、裁剪等）、验证要素区（验证要素的有效性）、扑捉设置区（提供扑捉工具条和扑捉设置选项）、窗口管理区（更多编辑工具、编辑窗口）和选项（提供拓扑、版本管理等选项的设置功能）。

（2）组织要素模板。组织要素模板创建功能可以极大缩减编辑的工作量，提高编辑的质量。它为每一个图层创建了一个默认的要素模板，编辑时只要选择要素模板即可自动完成默认属性的填充。用户也可以根据自己需要自定义模板。组织模板窗口如图2.13（a）所示。

（3）创建要素窗口。创建要素窗口主要用于创建和管理模板，用户可以选择一个要素模板进行要素编辑，当点击需要编辑的要素图层时，下方会出现一个构造工具（Construction Tools）区域，提供了创建要素所使用的相应的工具，用户根据需要选择相应工具。创建要素窗口如图2.13（b）所示。

2.3.2 点、线、面要素的输入和编辑

要素编辑就是矢量数据的编辑。矢量数据主要表达点、线和面等地理实体。因此，本节主要从点、线和面要素的输入和编辑进行介绍。

2.3.2.1 点要素的输入和编辑

点要素的输入和编辑比较简单。具体操作如下：

第一步，在ArcMap中加载"编辑"工具条，启动编辑。有两种方式开启编辑。一是在"编辑"工具条的"编辑器"下拉菜单中，点击"开始编辑（Start Editing）"；二是在要编辑的点要素图层上右击快捷菜单，点击"编辑要素（Edit Featuers）"→"开始编辑"命令。

第二步，在"创建要素"窗口中选择要编辑的点要素图层，在下方的"构造工具"区域有"点（Point）"和"线末端的点（Point at end of line）"。选择"点"，就开始输入点要素，右击快捷菜单选择"绝对XY（Absolute XY）"选项，按绝对坐标输入点要素；也可以使用"扑捉要素（Snap to Features）"来输入点要素。

第三步，完成点要素的输入和编辑后，点击"编辑器"下拉菜单中的"停止编辑（Stop Editing）"，根据提示是否保存编辑结果，退出编辑状态。

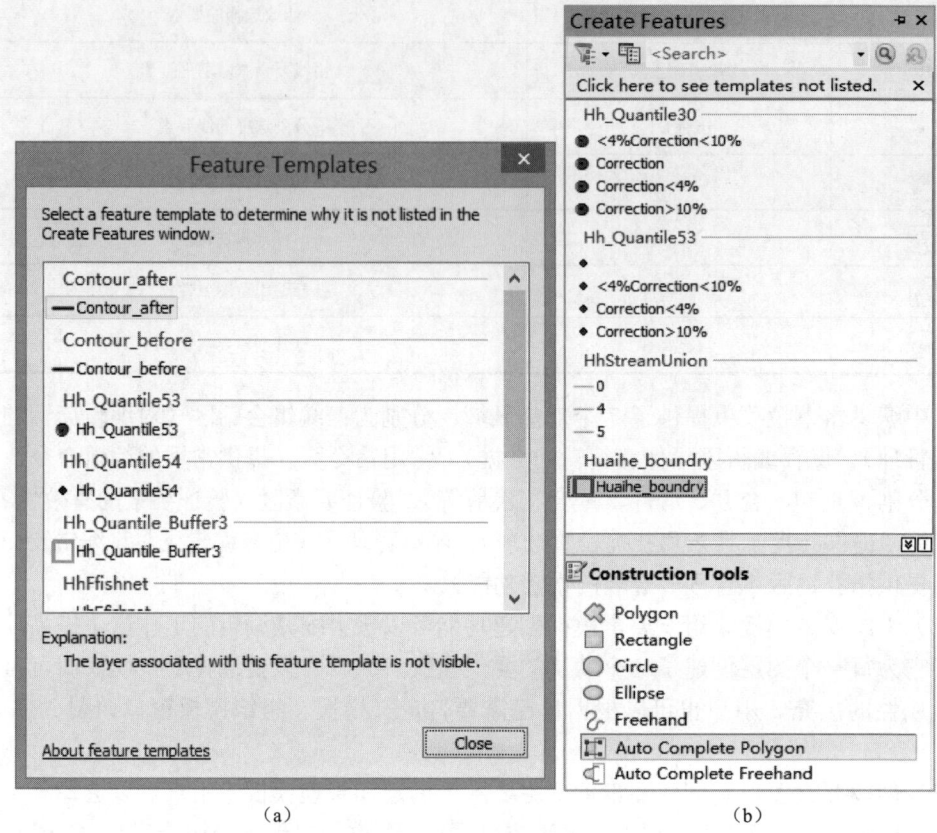

（a）　　　　　　　　　　　　　　（b）

图 2.13　组织模板窗口和创建要素窗口

2.3.2.2　线要素的输入和编辑

（1）线要素的输入。每个线要素都是由折点（起点、中间折点和终点）坐标所控制。输入折点就实现了线要素的输入。具体操作如下：

第一步，在 ArcMap 中加载"编辑"工具条，点击"开始编辑"，启动编辑。

第二步，在"创建要素"窗口中选择要编辑的线要素图层，在下方的"构造工具"区域有"线（Line）""矩形（Rectangle）"、"圆（Circle）"、"椭圆（Ellipse）"和"手绘（Freehand）"5 个构造工具来输入不同类型的折线，其中输入普通折线（Line）最常用。选择"线"，就开始输入线要素，第一次鼠标左击，输入线的起点，再左击输入线的中间折点，双击左键输入终点。

第三步，完成线要素的输入后，点击"编辑器"下拉菜单中的"停止编辑"，根据提示是否保存编辑结果，退出编辑状态。

注意：输入折线还有以下几种常遇到的情况：①当绝对坐标已知时，即线要素的起点、中间折点和终点已知时，右击快捷菜单选择"绝对坐标 XY"，在其文本框中输入 XY 的绝对坐标值，按回车键，精确线要素的折点；②当相对坐标已知时，即已知下一个折点相对

2.3 空间数据的编辑

于上一个折点的相对坐标 XY，右击快捷菜单选择"增量 XY"，在其文本框中输入相对于上一个折点的 XY 坐标增量值，按"回车"键，就精确输入了下一个折点；③当已知方向和长度时，即已知下一个折点相对于上一个折点的方向和长度变化，右击快捷菜单选择"方向/长度"，在其文本框的第一行输入方向角度值（水平向右为 0°，逆时针转向），第二行输入在该方向上的长度值，按回车键，就精确输入了下一个折点。

输入圆弧段也有多种方式。使用"编辑"工具条中的"弧段"图标或者"追踪"图标下拉框中的"弧段"工具来输入圆弧段，这里需注意两个输入弧段工具的操作顺序不同。以第一个为例来说明。先左击输入圆弧的起点，再左击输入圆弧终点，第三次左击确定圆弧中间的某一点；当圆弧的半径已知时，可以在键盘上按下"R"，在其文本框中输入圆弧半径，按"回车"键，完成一段圆弧的输入，系统自动产生一串坐标点，构成圆弧的起点、中间拐点和终点。

（2）扑捉功能在线要素中的应用。为了使线要素的折点精确定位，需要利用扑捉功能使不同要素之间准确连接。具体操作如下：

第一步，点击"编辑器"下拉菜单的"扑捉"→"扑捉工具条"，在弹出的扑捉工具条中，选择"扑捉"下拉菜单中的"使用扑捉（Use Snapping）"，就启动了扑捉功能。

第二步，设置扑捉距离。在"扑捉"工具条中，选择"扑捉"下拉菜单中的"选项（Options）"，打开选项对话框，通过"常规"区域中的"容差"来设置扑捉距离，如设置为 20，表示扑捉半径就是 20 个像素，用户根据实际需要来设置扑捉距离；按"确定"按钮返回。

第三步，设置扑捉方式。在"扑捉"工具条上有"点扑捉"、"端点扑捉"、"折点扑捉"和"边扑捉"四种方式。其中"折点扑捉"包括中间折点和端点，"边扑捉"是扑捉线段上最近的点，不一定是折点。单击某一图标，该图标周围出现了蓝色线框，表明启动了扑捉功能，再次点击图标，蓝色线框消失，即暂停该扑捉方式。

（3）要素和属性记录的关系。新建的线要素，软件系统会自动产生一个要素属性表，默认内部标识（FID）、shape（要素的类型）和 Id（用户标识，默认值是 0）三个字段。ArcMap 保持一个线要素对应一条属性记录，当要素的删除、裁剪和合并等发生变化时，属性表中的记录都会相应改变。

（4）线要素的编辑。线要素的编辑包括普通编辑和高级编辑。本节简要介绍一些常用的编辑命令。

1）改变线要素的几何形状。主要通过移动折点、插入折点和删除折点来改变线要素的几何形状。具体操作如下：

第一步，启动"编辑"工具条，点击 "编辑工具 ▶"图标按钮，选中某个线要素，再次双击该要素，弹出"编辑值折点（Edit Vertices）"工具条，并显示该要素的所有端点和中间折点。

第二步，移动折点。将光标移动到需要调整的折点，按住左键拖动到新的位置，松开左键实现折点位置的移动；还可以通过右击快捷菜单，选择"移动至（Move to）"命令，打开文本框输入"绝对坐标值"，将该折点移动到指定的位置；或者右击快捷菜单选"移动（Move）"命令，输入"相对坐标值"，实现该折点相对位置的准确移动。

第 2 章 空间数据的采集与处理

第三步，插入折点。首先使线要素进入编辑状态，右击快捷菜单选择"插入折点（Insert Vertex）"，为该线要素插入一个折点；也可以选择"编辑值折点"工具条上的"增加折点 "图标按钮，在线要素上单击左键，实现折点的插入。

第四步，删除折点。选择要编辑的线要素，光标移至某折点上，右击快捷菜单选择"删除折点（Delete Vertex）"，实现该折点的删除；也可以选择"编辑值折点"工具条上的"删除折点 "图标按钮，单击需要删除的站点，实现折点的删除。

注意：第二、第三、第四步没有先后顺序，用户根据需要，选择相应的步骤。

2）移动、复制线要素。移动线要素。选择要移动的线要素，选择"编辑器"下拉菜单的"移动"命令，在弹出的文本框中输入"相对坐标值"，要素就按照输入的坐标值移动相应的距离。

复制线要素。可通过两种方式实现线要素的复制。① 选择要复制的线要素→选择"编辑器"下拉菜单的"平行复制（Copy Parallel）"命令，打开平行复制对话框。在其对话框中设置偏移的距离，平行复制的方向（左侧、右侧或左右两侧），复制后的拐角形式（凸角是否加圆弧）等，按"确定"键实现选择要素的平行复制；② 通过"编辑器"下拉菜单→"更多编辑工具"→"高级编辑"，弹出"高级编辑"工具条，选择"复制要素 "图标按钮，实现同一图层或不同图层间的要素复制，结果如图 2.14（a）所示。

3）旋转、删除线要素。旋转线要素。选择要旋转的线要素，选择"编辑器"工具条中的"旋转 "图标按钮，按住左键，可以任意角度旋转选定的线要素，松开完成旋转；还可按住键盘上的"A"键，在弹出的文本框中输入旋转的角度，按"回车"键，线要素就按照指定的角度旋转，结果如图 2.14（b）所示。

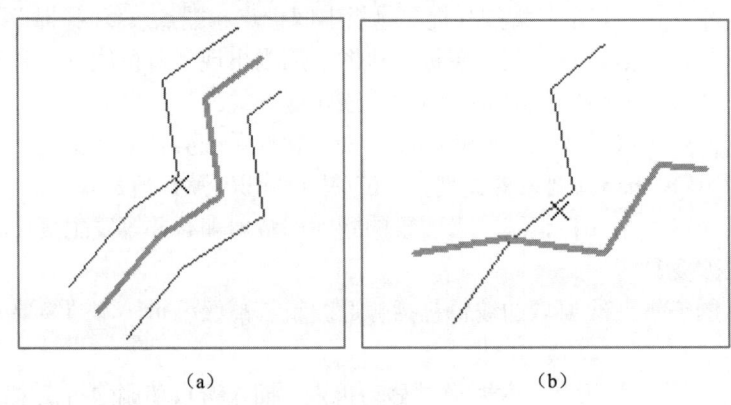

图 2.14 平行复制和旋转示意图

删除线要素。选择要删除的线要素，按键盘上的"删除"键，该要素就被删除，利用 shift 可以选择多个要删除的要素，再按键盘上的"删除"键，多要素同时被删除。

4）分割、合并线要素。分割线要素。主要有两种方式：① 选择要分割的线要素→选择"编辑器"下拉菜单的"分割（Split）"，弹出分割对话框。在其对话框中，在"分割属性（Split Options）"区域中选择"按距离"或者"按比例"分割；在"方向（Orientation）"区域中选择从"线要素的起点"或者"线要素的终点"开始计算；② 使用"编辑"工具条中的"分割工具 ✂"图标按钮,在需要分割的位置点击鼠标左键,实现要素的分割。分割对话框和分割示意图如图 2.15 所示。

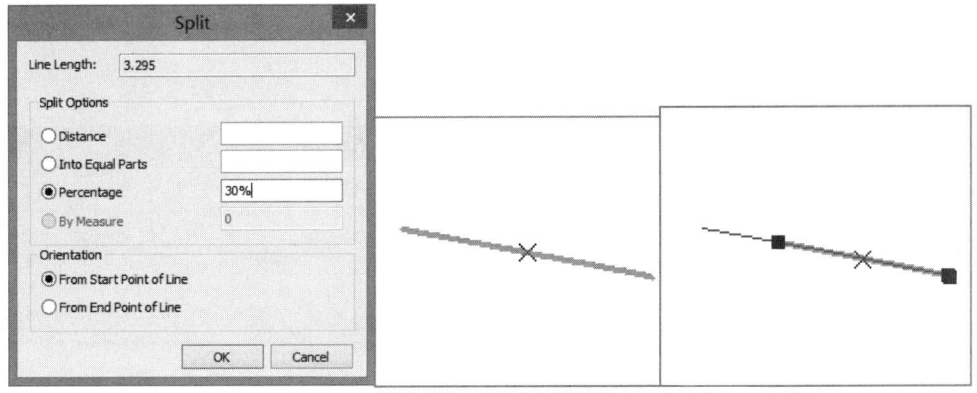

图 2.15　分割对话框和分割示意图

合并线要素。借助 shift 键,选择要合并的线要素→选择"编辑器"下拉菜单的"合并（Merge）",弹出合并对话框,选择合并后的主体是哪个线要素,按"确定"键,完成线要素的合并。

5）延伸、修剪线要素。延伸线要素。选择需要延伸到的线要素,在"高级编辑"工具条中选择"延伸工具 ➝|"图标按钮,再点击需要延伸的线要素,该要素就被延伸到指定的边界。

修剪线要素。选择需要剪切的参照线要素,在"高级编辑"工具条中选择"修剪工具 ┼"图标按钮,再点击需要修剪的线要素,该要素过长的部分就被修剪到指定参照线的边界。延伸线要素和修剪线要素示意图如图 2.16 所示

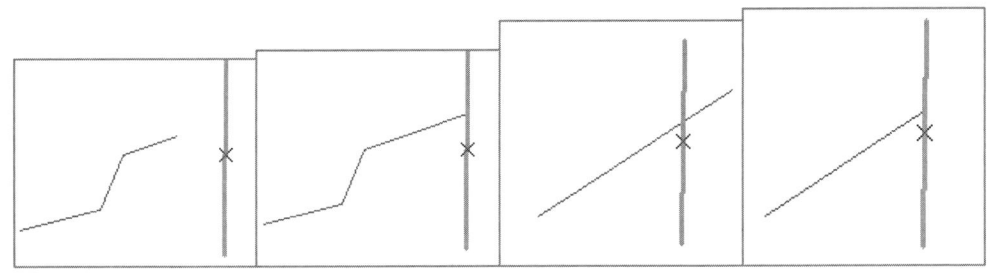

图 2.16　延伸线要素和修剪线要素示意图

计算线要素的长度：当线要素输入和编辑完成后,系统不会自动计算线要素的长度。如需计算线的长度,需做如下步骤：

第一步,在"内容列表"窗口中,右击输入线要素的图层→"打开属性表",在属性表窗口中选择"表属性（Table Options）"下拉菜单中的"添加字段",打开添加字段对话框,如图 2.17（a）所示；在其对话框中定义新添加字段的名称、数据类型、精度等,按"确定"键返回。

第二步,在"属性表"窗口下的新添加字段"长度"上右击,选择菜单"计算几何（Calculate

Geometry)",打开计算几何对话框,如图 2.17(b)所示。在"属性(Property)"下拉框中选"length",坐标单位一般选"米",按"确定"键返回,每一条线要素的长度就计算出来。当线要素的空间位置、几何形状发生改变时,要重新计算线要素的长度,使空间坐标和几何属性保持一致。

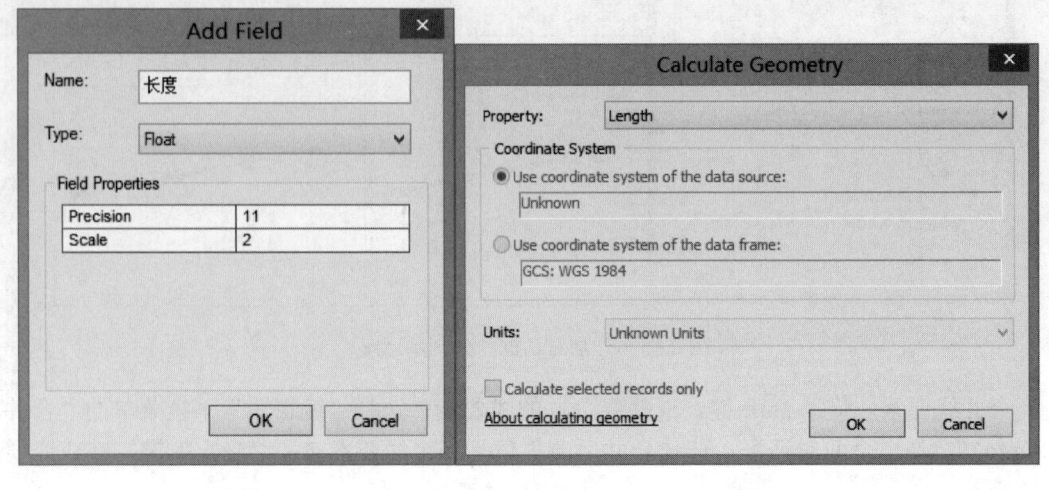

图 2.17 添加字段对话框和计算几何对话框

2.3.2.3 面要素的输入和编辑

面要素的输入和编辑在许多方法和工具上都与线要素是相同或类似的。面的输入有 6 个构造工具,分别是面(输入普通多边形)、矩形(输入矩形)、圆(输入圆)、椭圆(输入椭圆)、手绘(输入任意手绘边界的多边形)、自动完成面(用于相邻多边形的输入)和自动完成手绘(适合相邻多边形手绘方式输入)。面要素的输入主要有输入单个多边形(面)、输入相邻多边形(面)和输入岛状多边形三种情况。下面分别介绍这三种多边形(面)的输入。

(1)多边形(面)要素的输入。

1)输入单个多边形(面)。在"构造工具"中选择"面(Polygon)"工具,开始多边形要素的输入,第一次鼠标左击输入边界线的起点,再左击就输入了另一个折点,双击鼠标结束多边形的输入,边界自动闭合。

已知绝对坐标输入折点、已知相对坐标输入折点、已知方向和长度输入折点输入弧段等线要素的输入方法都适用于多边形边界的输入。输入规则多边形时,可以使用"构造工具"中的矩形、圆、椭圆等工具。

2)输入相邻多边形(面)。相邻多边形共享公共边界,如果按照上述单个多边形输入方法,公共边界就会被输入两次,造成数据冗余和产生许多碎屑多边形。通过下面两种方法输入可以避免上面问题产生。

第一种方法是在"构造工具"栏中选用"自动完成面"工具。假定图层中已有一个或多个多边形,选择"自动完成面"工具,开始输入相邻多边形,共享边界不需要输入,就能完成。

第二种方法是使用"编辑"工具条中的"裁剪面（Cut Polygon Tool）"图标按钮，主要是将大多边形裁剪成小多边形，公共边只需输入一次。用"选择"工具选择大多边形，点击"裁剪面"工具，沿着公共边界依次输入公共边界的折点，就可以将大多边形剪切成两个相邻多边形。使用裁剪面工具时，要注意起点和终点都必须在大多边形的边界或者外部。

3) 输入岛状多边形（面）。

第一种方法是先输入相邻多边形，再输入内部岛，选择"构造工具"栏的"自动完成面"工具，输入包含内部岛的外部多边形边界，内部岛与外部多边形有公共边界。用"选择"工具选择外部多边形，如果内部岛没有进入选择集，说明两个多边形相互独立，边界不共享，即不存在内部岛与外部多边形的关系。

第二种方法是先输入外部多边形，再输入内部岛。用"选择"工具选中内部岛，点击"编辑器"下拉菜单中的"裁剪（Clip）"，打开裁剪对话框，设置"缓冲区距离（Buffer Distance）"为 0.000，点选"丢弃相交区域（Discard the area that intersects）"，按"确定"键，内岛多边形被外部多边形裁剪，自动删除重叠部分，完成岛状多边形的输入。

（2）多边形（面）要素的编辑。编辑多边形的许多工具和方法都与线要素相同或相似，如改变多边形形状、扑捉功能、要素和属性记录的关系、多边形的复制、删除、旋转、移动等，这里不再重复介绍。相邻多边形共享边界，若要同步移动，必须使用拓扑关系，在下一小节将详细介绍。面要素的编辑主要介绍多边形面积和周长的计算。具体步骤如下：

第一步，在"内容列表"窗口中，右击输入面要素的图层→"打开属性表"，在属性表窗口中选择"表属性"下拉菜单中的"添加字段"，在其对话框中定义新添加字段的名称、数据类型、精度等，按"确定"键返回。

第二步，在"属性表"窗口中的新添加字段"周长"上右击，选择菜单"计算几何"，打开计算几何对话框，在"属性"下拉框中选"周长（Perimeter）"，坐标单位一般选"米"，按"确定"键返回，每一个多边形的周长就计算出来；如要计算面积，在"属性"下拉框中选"面积"，坐标单位一般选"平方米"，按"确定"键返回，面积即可计算出来。

2.3.3　借助拓扑关系编辑要素

借助拓扑关系编辑要素主要用在线和面要素，如相邻多边形的共享边界移动，线和多边形重合时的同步调整。

（1）调整多边形公共边界。

1) 调整相邻多边形的共同顶点。具体步骤如下：

第一步，在"编辑"工具条中，点击"编辑器"下拉菜单的"开始编辑"，启动编辑；点击"编辑器"下拉菜单中的"更多编辑工具（More Editing Tools）"→"拓扑"，打开"拓扑"工具条。

第二步，在"拓扑"工具条中，点击"选择拓扑（Select Topology）"图标按钮，打开其对话框，点选"地图拓扑（Map Topology）"，勾选"边界"图层；在"选项"区域中，输入"拓扑容差（Cluster Tolerance）"值，按"确定"键返回。

第三步，在"拓扑"工具条中，点击"拓扑编辑工具 ![]"图标按钮，点击相邻多边形的公共顶点，拖动该点，在此交汇处的所有多边形形状都会同步变化，实现相邻多边形公共顶点的同步移动，其调整示意图如图 2.18 所示。

2）调整共享边界上的其他折点。在"拓扑"工具条中，点击"拓扑编辑工具 ▦ "图标按钮，单击需要调整的公共边界，自动显示为紫色，再双击该边界，所有折点都显示出来进入调整状态，将光标移动到需要调整的折点上，按住鼠标拖动折点到需要的位置，松开左键，再左击，完成多边形公共折点的调整；也可通过右击快捷菜单中的"移动"和"移动至"选项，通过输入"相对坐标"和"绝对坐标"，实现相邻多边形公共边界上折点的同步精确移动。利用拓扑编辑工具，修改相邻多边形的公共边界时，将同时影响这两个多边形的几何形状。

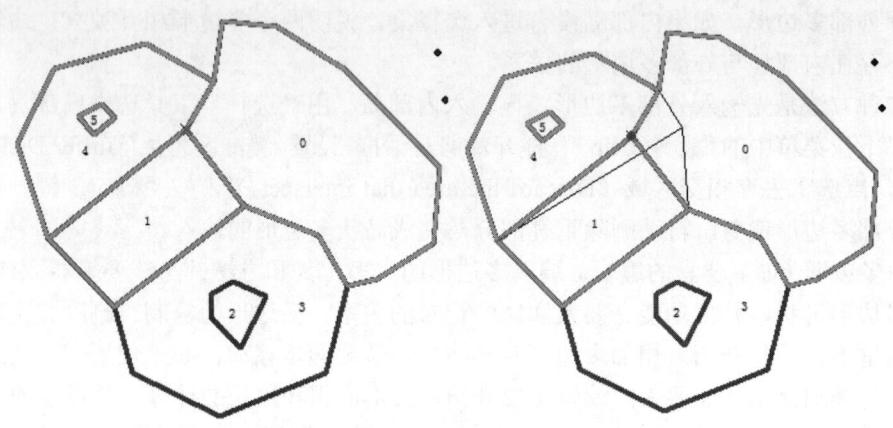

图 2.18　相邻多边形公共顶点的调整示意图

（2）线和多边形重合时同步调整。

第一步，在"拓扑"工具条中，点击"选择拓扑 ▦ "图标按钮，打开其对话框。点选"地图拓扑"，勾选"线要素"和"面要素"图层；在"选项"区域中，输入"拓扑容差"值，两个要素类之间建立了临时拓扑关系。

第二步，在"拓扑"工具条中，点击"拓扑编辑工具 ▦ "图标按钮，选择和多边形重合的线要素，该要素进入选择集，再次双击该线要素，所有的折点显示进入调整状态，将光标移动到需要调整的折点上，按住鼠标拖动折点到需要的位置，松开鼠标左键，实现折点位置的移动，但是多边形的边界没有变化，再单击鼠标结束调整，多边形的边界会自动跟着移动。

2.4　空间数据的结构与格式转换

空间数据的来源很多，比如地图、遥感影像、统计报表等，不同来源的数据其数据格式不同。在实际应用时，常需要多种来源的空间数据综合分析，因此空间数据的转换必不可少。转换是数据结构之间的转换，而数据结构之间的转换又包括同一数据结构不同组织形式间的转换和不同数据结构间的转换。

2.4.1　数据结构转换

空间数据结构是指对空间逻辑数据模型描述的数据组织关系和编排方式，对 GIS 中数据存储、查询和空间分析等操作处理的效率有着至关重要的影响。在 GIS 中常用的空间数

2.4 空间数据的结构与格式转换

据结构有矢量数据结构和栅格数据结构。矢量数据结构通过记录实体坐标及其关系，尽可能精确表示点、线和面等地理实体，具有数据精度高、存储空间小等优点，是一种高效的图形数据结构。栅格数据结构是以规则栅格阵列表示空间对象的数据结构。栅格阵列中每个单元的行列号确定位置，属性值表示空间对象的类型、等级等特征。栅格数据结构简单、数学模拟方便等优点，但数据量大、难以建立实体间的拓扑关系。两种结构各具特点，为了在一个系统中兼容这两种数据，便于进一步的分析处理，常需要进行两种结构的转换。

（1）栅格数据向矢量数据的转换。栅格数据向矢量数据转换的两大主要目的：①为了将栅格数据分析的结果，通过矢量绘图装置输出；②将大量的面状栅格数据转换为少量数据表示的矢量多边形，减少数据的存储空间。栅格数据可以转换为点、线和面状的矢量数据，这里以面状对象转换为例进行说明，具体操作如下：

第一步，启动 ArcToolbox，选择"转换工具集（Conversion Tools）"→"由栅格输出（From Raster）"→"栅格转面（Raster to Polygon）"，打开其对话框，如图 2.19 所示。

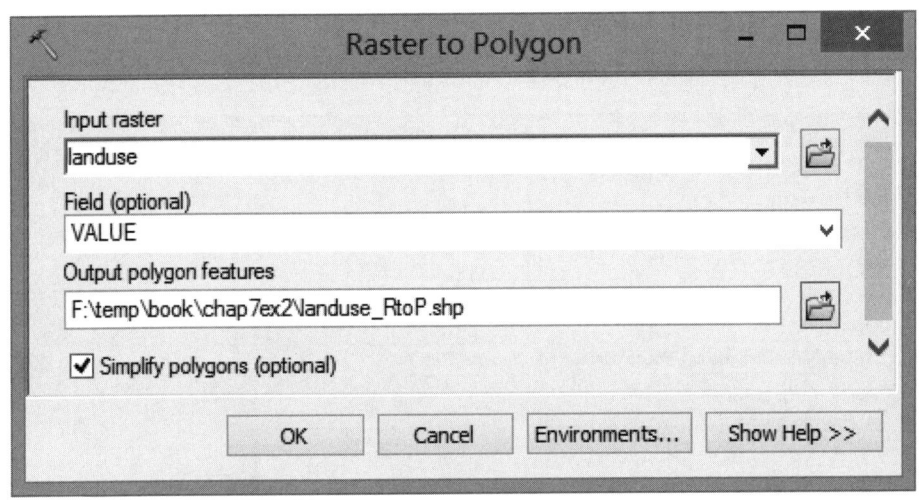

图 2.19 栅格转面对话框

第二步，在"输入栅格（Input Raster）"文本框中选择需要转换的栅格数据；在"输出面要素（Output polygon features）"文本框中指定转换成矢量数据的路径和名称；勾选"简化多边形（Simplify polygons）"，即简化矢量多边形的形状。

第三步，点击"确定"按钮，完成栅格向矢量数据的转换。转换结果如图 2.20 所示。

（2）矢量数据向栅格数据的转换。矢量数据具有精度高、易于建立实体间的拓扑关系、存储空间小等优点，但在许多专题应用分析中，需要将不同来源的多种数据进行复合分析，矢量数据要考虑位置上的一一配准和寻求交点等，处理起来比较复杂，相比之下栅格数据处理分析就容易很多。因此，需将矢量数据转换为栅格数据。矢量数据的基本坐标是直角坐标（X，Y），栅格数据的基本坐标是行列号（i，j），两种坐标转换时，令直角坐标（X，Y）和行与列平行。本节以面的转换为例进行说明，具体操作如下：

第一步，启动 ArcToolbox，选择"转换工具集（Conversion Tools）"→"转为栅格（To Raster）"→"要素转栅格（Feature to Raster）"，打开其对话框，如图 2.21 所示。

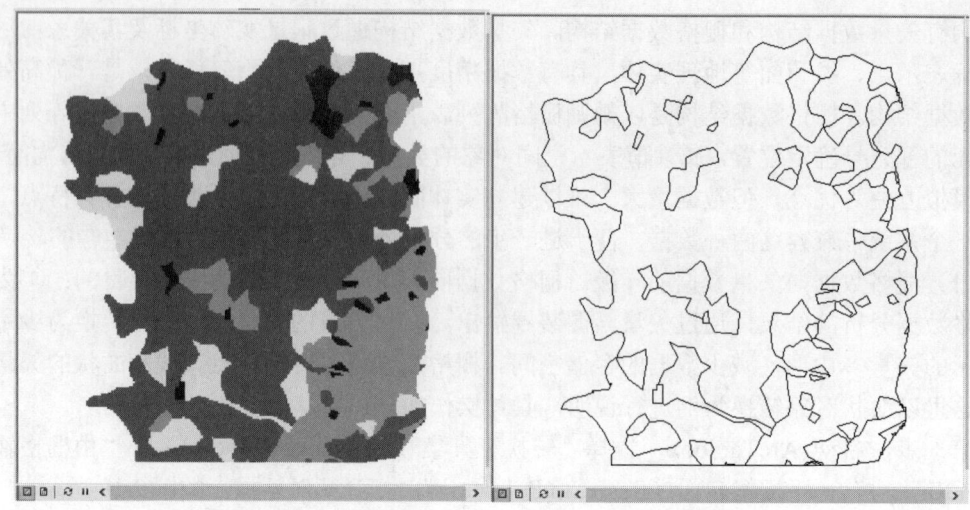

(a) 栅格图层　　　　　　　　　　　(b) 矢量图层

图 2.20　栅格数据转换为矢量数据后的结果图

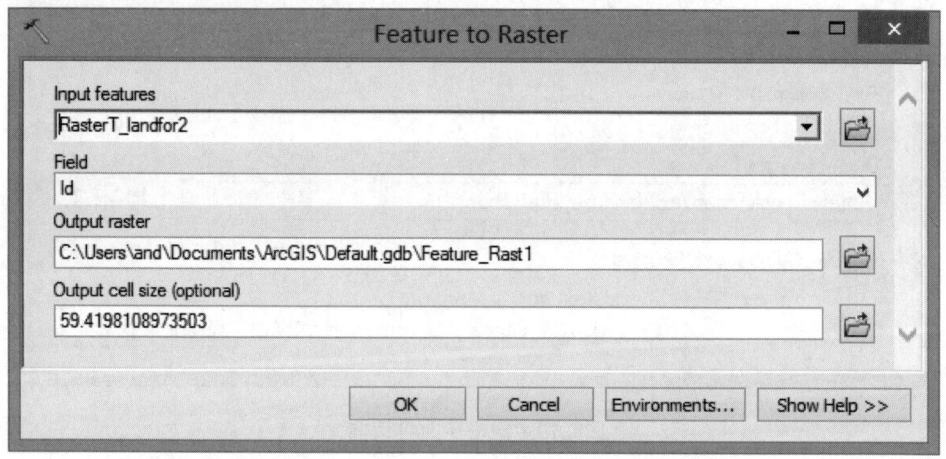

图 2.21　要素转栅格对话框

第二步，在"输入要素（Input features）"文本框中选择需要转换的矢量数据；在"字段"下拉框中选择数据转换时所依据的字段属性值；在"输出栅格（Output Raster）"文本框中指定转换成栅格数据的路径和名称；在"输出像元大小（Output cell size）"文本框中设置输出栅格的大小。

第三步，点击"确定"按钮，完成矢量向栅格数据的转换。转换结果如图 2.22 所示。

2.4.2　数据格式转换

数据格式转换有多种，比如 Shp 矢量文件、Raster 栅格文件、CAD、GPS、地图影像、WFS、KML 等格式。本节以常用的矢量和栅格两种数据类型为例，简要介绍格式转换。

（1）CAD 数据的转换。

第一步，启动 ArcToolbox，选择"转换工具集"→"转为 CAD（To CAD）"→"导出

2.4 空间数据的结构与格式转换

到 CAD（Export to CAD）"，打开其对话框，如图 2.23 所示。

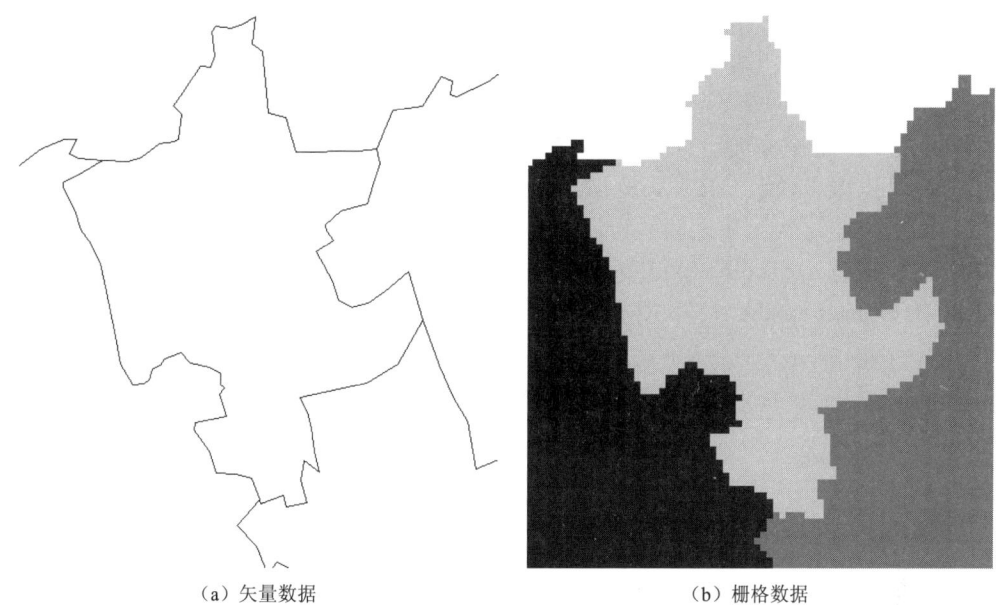

（a）矢量数据　　　　　　　　　　（b）栅格数据

图 2.22　矢量转栅格的结果显示

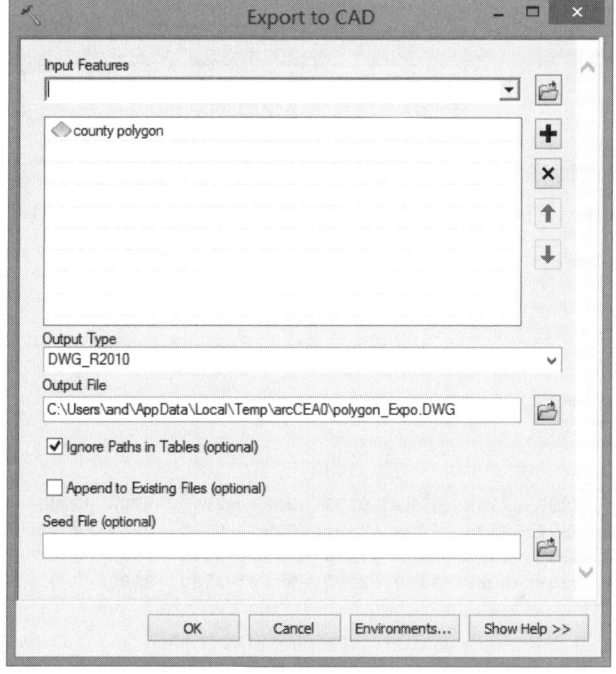

图 2.23　要素转 CAD 对话框

第二步，在"输入要素（Input features）"文本框中选择需要转换的要素，在文本框下面的区域中列出所选择的要素,可以选择多个要素,并对多个要素进行排列;在"输出类型(Output Type)"下拉框中选择 CAD 文件输出的版本;在"输出文件(Output File)"文本框中指定输出 CAD 文件的路径和名称;"忽略表中的路径(lgnore Paths in Tables)"为可选按钮,勾选表示将输出单一格式的 CAD 文件;"追加到现有文件(Append to Existing Files)"为可选按钮,勾选表示将输出的数据添加到已有的 CAD 文件中,并在"种子文件(Seed File)"文本框中添加已有的 CAD 文件。

第三步,点击"确定"按钮,完成矢量向 CAD 文件的转换。

(2)栅格数据与 ASCII 之间的转换。

第一步,启动 ArcToolbox,选择"转换工具集"→"由栅格转出(From Raster)"→栅格转 ASCII(Raster to ASCII)",打开其对话框,如图 2.24 所示。

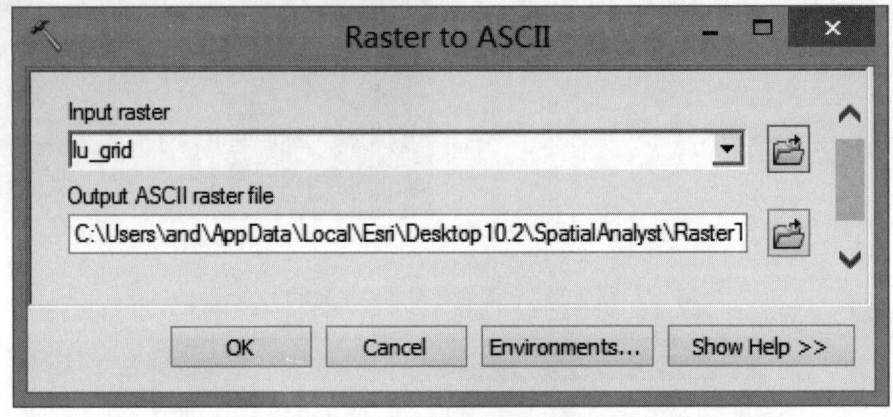

图 2.24 栅格转 ASCII 对话框

第二步,在"输入栅格(Input Raster)"文本框中选择需要转换的栅格数据;在"输出 ASCII 栅格文件(Output ASCII raster file)"文本框中指定输出 ASCII 文件的路径和名称。

第三步,点击"确定"按钮,完成栅格到 ASCII 文件的转换。ASCII 文件如图 2.25 所示。

```
ncols         421
nrows         298
xllcorner     20698080
yllcorner     3229526
cellsize      50
NODATA_value  -9999
-9999 -9999 -9999 -9999 -9999 -9999 -9999 -9999 -9999 -9999 -9999 -9999 -9999 -9999
-9999 -9999 -9999 -9999 -9999 -9999 -9999 -9999 -9999 -9999 -9999 -9999 -9999 -9999
-9999 -9999 -9999 -9999 -9999 -9999 -9999 -9999 -9999 -9999 -9999 -9999 -9999 -9999
-9999 -9999 -9999 -9999 -9999 -9999 -9999 -9999 -9999 -9999 -9999 -9999 -9999 -9999
```

图 2.25 转出的 ASCII 文件

第 3 章 空间数据的查询与统计

对空间数据进行查询和统计是 GIS 最基本的功能之一。在 GIS 中，如何从具有海量数据的空间数据库中找出所有满足属性条件和空间约束条件的地理对象？如何将查询到的地理对象基于一定的统计方法对其进行描述，并以统计报告或统计图的形式输出？这些问题的解决都需要通过空间数据的查询与统计功能来完成。本章首先基于 SQL 查询语言对要素进行查询和结果显示，然后采用空间关系（邻接关系、相交关系和包含关系）对空间数据进行查询，在此基础上，通过平均、求和、方差等统计分析，将查询的要素以统计报告和统计图的形式输出。空间数据的查询与统计，可为读者和用户进行深层次的空间分析，提供一定的基础和依据。

3.1 属 性 查 询

属性查询是一种常用的空间数据查询，分为简单的属性查询和基于 SQL 语言的属性查询。

3.1.1 简单的属性查询

简单的属性查询不需要构造复杂的命令，选择图层，右击快捷菜单中点击"打开属性表（Open Attribute Table）"，然后中选择一条属性记录，相应的空间图形就可以在图层框中高亮度显示出来，如图 3.1 所示。

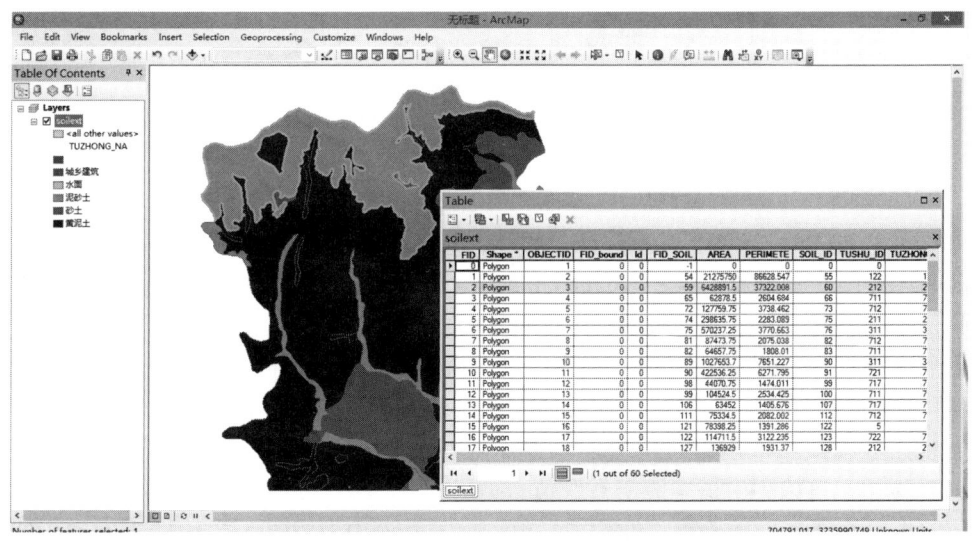

图 3.1 简单的属性查询

3.1.2 SQL 查询

GIS 软件通常都支持标准的 SQL 查询语言。标准的 SQL 查询是关系代数模型中的一些关系操作及组合，适合于表的查询与操作，但不支持空间概念和运算。基本语法：Select<属性清单>，From<关系>，Where<条件>。因此，为支持空间数据库的查询，需要在 SQL 上扩充谓词集（"Adjacent"，"Contain"，"Cross"等），将属性条件和空间关系的图形条件组合在一起支持空间数据库的查询。主要操作如下：

第一步，在 ArcMap 主菜单上单击"选择（Selection）"→"按属性选择（Select By Attributes）"命令，打开"按属性选择"对话框，如图 3.2 所示。

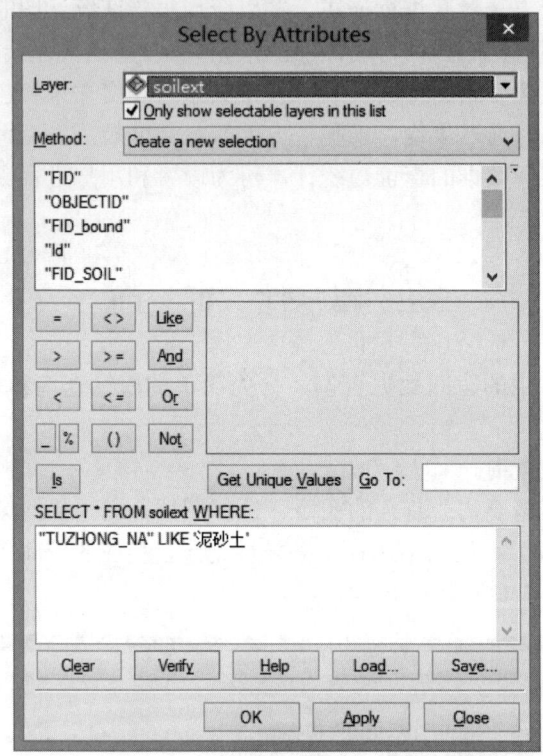

图 3.2 "按属性选择"对话框

第二步，在"图层（Layer）"下拉框中选择土壤类型图层（soilext），在"方法（Method）"下拉框中选择创建新选择的内容（Create a new selection）。

第三步，按钮区列出了各种逻辑运算符，算术运算符可以通过键盘输入；其中，"%"替代多个字符，"_"替代一个字符，"字符型"操作不能用"等号"，用"Like"代替等号，字段名自身带双引号，"字符型"取值用单引号，"数字型"取值不带引号，单/双引号都要在英文状态下输入；双击某一字段后，在运算符的右侧点击"获取唯一值（Get Unique Values）"按钮，可以列出该字段所有取值。

第四步，在"查询文本框（SELECT FROM soilext WHERE:）"中输入查询条件，比如"TUZHONG_NA" LIKE "泥砂土"，即查询土壤类型为泥砂土的地块，并在图形区域以

40

高亮度显示。

第五步，点击"确定"，完成 SQL 查询。其结果如图 3.3 所示。

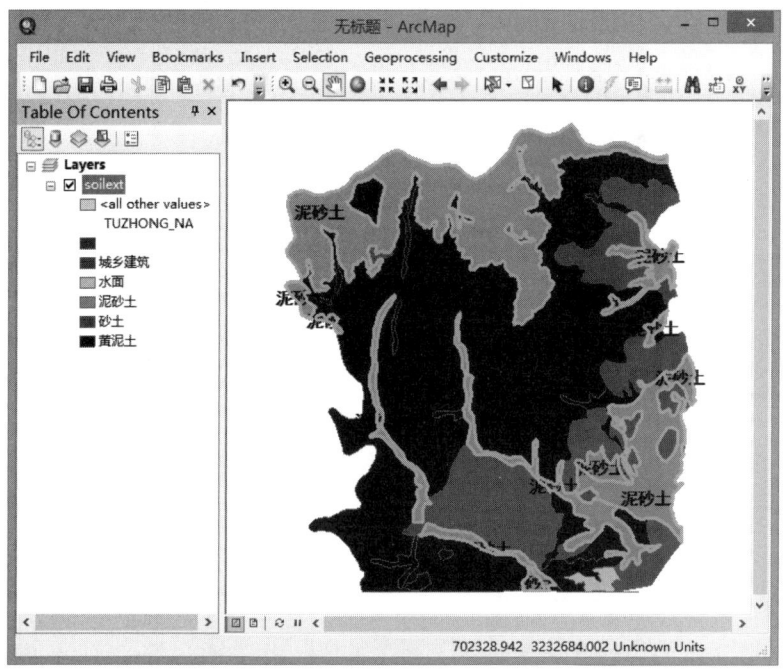

图 3.3　SQL 查询结果

3.2　空间关系查询

空间数据的拓扑关系，对地理信息系统的数据处理和空间分析，都有着非常重要的意义。比如基于拓扑关系可以重建地理实体，更有利于空间要素的查询。空间关系查询主要包括拓扑关系查询和缓冲区查询。本书介绍三种常用的拓扑关系（邻接关系、相交关系和包含关系）查询，缓冲区查询将在第 4.1 节缓冲区分析里面介绍。

3.2.1　邻接关系查询

邻接关系查询可以是同类要素（点与点、线与线和面与面）之间的邻接关系查询，也可以是不同类要素（点与线、点与面和线与面）之间的邻接关系查询。本节以面与面同类要素和点与线不同类要素查询为例进行说明。

（1）面与面要素查询。

第一步，在 ArcMap 主菜单上单击"选择"→"按位置选择（Select By Location）"命令，打开"按位置选择"对话框，如图 3.4 所示。

第二步，在"选择方法（Selection method）"下拉框中选择从"以下图层选择要素（select features from）"；在"目标层（Target layer）"和"源图层（Source layer）"框中分别选择所需分析的图层，并在源图层下勾选"使用所选要素（Use selected features）"，本例分析同类要素的查询，因此目标层和源图层都选择"landuseext"；在"目标图层要素的空间选择方法（Spatial selection method for target layer feature）"中选择"与源图层边界相邻（touch the boundary of the source layer feature）"。

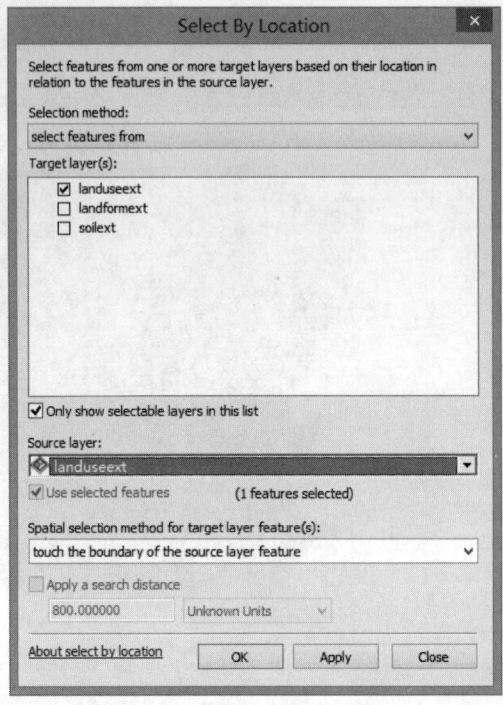

图 3.4 "按位置选择"对话框

第三步，点击"确定"按钮，完成按位置查询。与选择的多边形相邻的多边形地块被查询出，并以高亮度显示，其结果如图 3.5 所示。

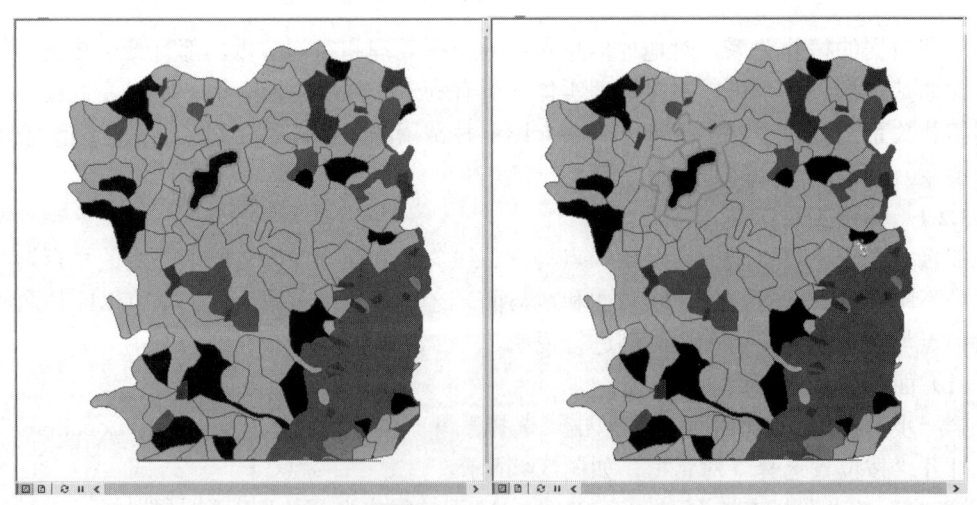

图 3.5 面与面同类要素查询结果（查询前后）

（2）点与线要素查询。

第一步，操作同面与面要素查询的第一步。

3.2 空间关系查询

第二步,在"目标层"框中选择选择站点图层(Hh_Quantile53),在"源图层"框选择水系图层(HhStreamUnion);在"目标图层要素的空间选择方法"中选择"在源图层要素某一距离范围内(are within a distance of the source layer feature)",在"应用搜索距离(Apply a search distance)"数字框中输入搜索的距离,并选择搜索单位。

第三步,点击"确定"按钮,在河流水系 2 公里范围内的站点被查询出,其结果如图 3.6 所示。

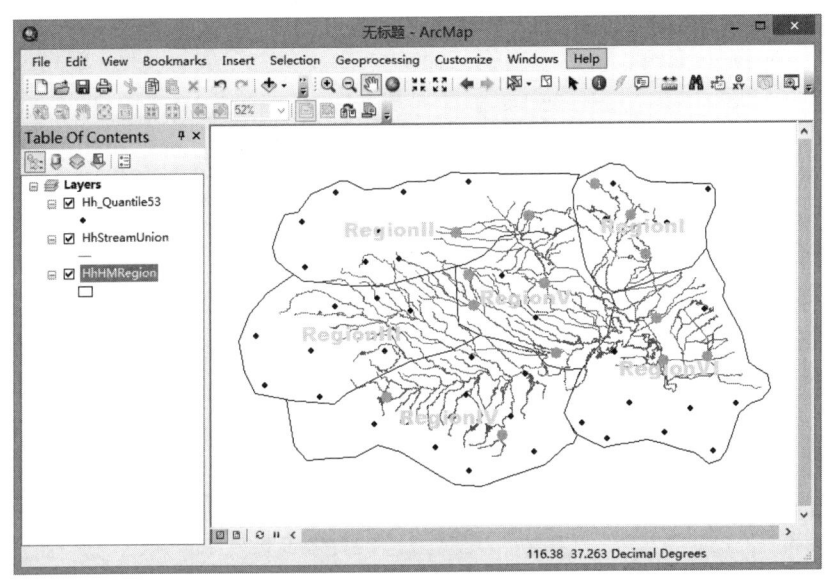

图 3.6 点与线同类要素查询结果

3.2.2 相交关系查询

相交关系查询可以是同类和不同类要素的相交查询,主要指线与线、线与面的相交查询。

本节以线与面(与一致区相交的河流水系有哪些)的查询为例说明。具体操作如下:

第一步,操作同邻接关系查询的第一步。

第二步,在"目标层"框中选择水系图层(HhStreamUnion),在"源图层"框选择一致区图层(HhHMRegion),并勾选"使用所选要素";在"目标图层要素的空间选择方法"中选择"与源图层要素相交(intersect the source layer feature)"。

第三步,点击"确定"按钮,与第 4 一致区相交的河流水系被查询出,其结果如图 3.7 所示。

3.2.3 包含关系查询

包含关系查询可以查询某一面状地物所包含的某一类地物,或者查询包含某一地物的面状地物。被包含的地物可以是点状、线状或面状地物。本节以面状地物包含点状地物(第四一致区包含的站点有哪些)查询为例说明。具体操作如下:

第一步,操作同邻接关系查询。

第二步,在"目标层"框中选择选择水系图层(Hh_Quantile53),在"源图层"框选

43

择一致区图层（HhHMRegion），并勾选"使用所选要素"；在"目标图层要素的空间选择方法"中选择"被源图层要素完全包含（are completely within the source layer feature）"。

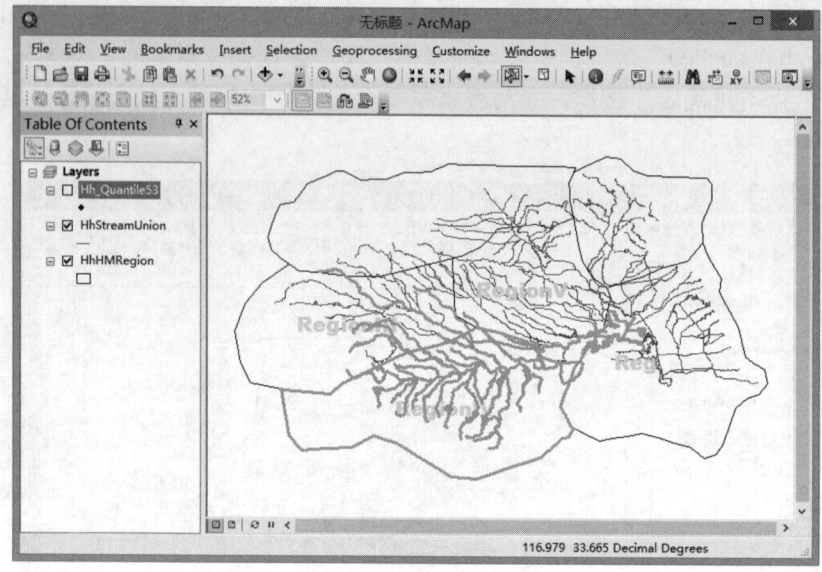

图 3.7　线与面要素相交查询结果

第三步，点击"确定"按钮，第 4 一致区包含的站点被查询出，其结果如图 3.8 所示。

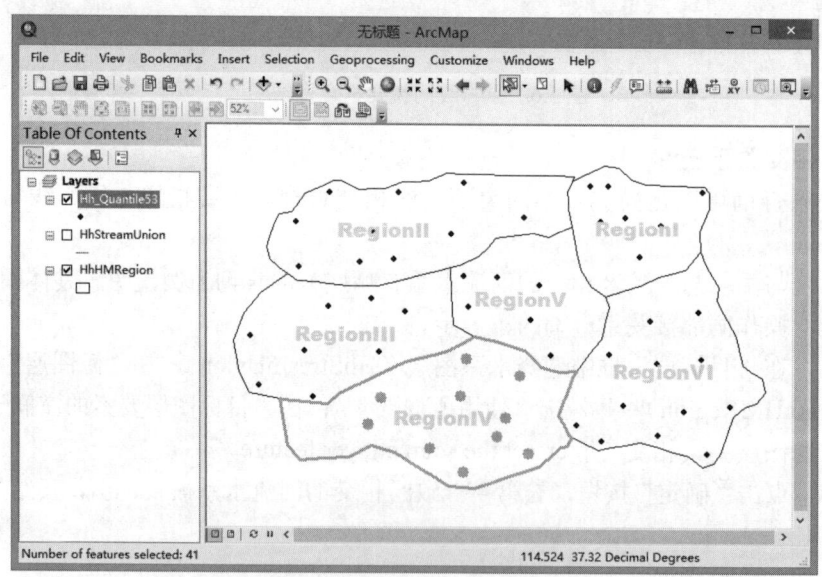

图 3.8　面与点要素包含查询结果

3.3　统计报告与制图

统计报告与制图是指根据查询的空间数据的属性字段进行统计生成表格，或者制作二维和三维统计图来表达空间数据的统计特征，反映空间数据之间的相互关系。将统计图加载到输出地图版面中，使输出地图内容更加完整，为用户和读者提供更多的信息。

3.3.1 统计报告的生成

统计报告时根据空间数据的属性字段进行统计生成的表格结果。它能够简单明了地表达空间数据的统计特征，还可以反映数据之间的相互关系。具体操作如下：

第一步，在需要生成统计报告的图层（Hh_Quantile53）上右击快捷菜单"打开属性表"；在属性表对话框中，点击"表（ ）"下拉菜单中的"报告（Reports）"→"创建报告（Create Report）"命令，打开"报告向导（Report Wizard）"对话框，如图3.9（a）所示。

第二步，在"图层/表（Layer/Table）"中选择需要生成报告的图或表；在"可选字段（Available Fields）"中双击要添加到报告中的字段，选择的字段被自动添加到"报告字段（Report Fields）"列表框中，"数据集选项（Dataset Options）"可以根据需要设置报告中包括哪些记录/行，如图3.9（b）所示；点击"下一步"按钮，进入"报告向导（字段分组排序）"对话框中。

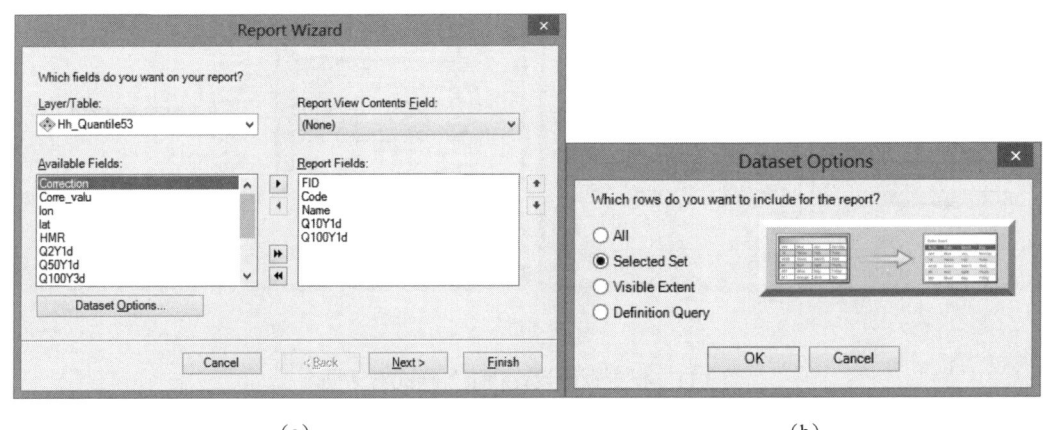

图 3.9　报告字段设置和所选记录对话框

第三步，在"报告字段（Report Fields）"中双击某一字段，该字段就被单独分为一组，通过该对话框设置字段的分组和字段的前后顺序等。点击"下一步"按钮，进入"字段排序"对话框，如图3.10（a）所示。

第四步，在区域中可设置每个字段的升序或降序排列；点击"求和选项（Summary Options）"按钮，打开其对话框，如图3.10（b）所示；可对字段进行均值、计数、最大值、最小值、方差和求和的设置；点击"下一步"按钮，进入"报告页面设置"对话框，如图3.11（a）所示。

第五步，在"设置（Layout）"区域，可设置报告输出方式（"Stepped"，"Outline"，"Mailing Label"）；在"方向（Orientation）"区域，可设置报告的横向/纵向；点击"下一步"按钮，进入"报告样式"对话框，如图3.11（b）所示。

第六步，在报告样式列表框中选择报告所需样式。点击"下一步"按钮，进入"标题"对话框。

第 3 章 空间数据的查询与统计

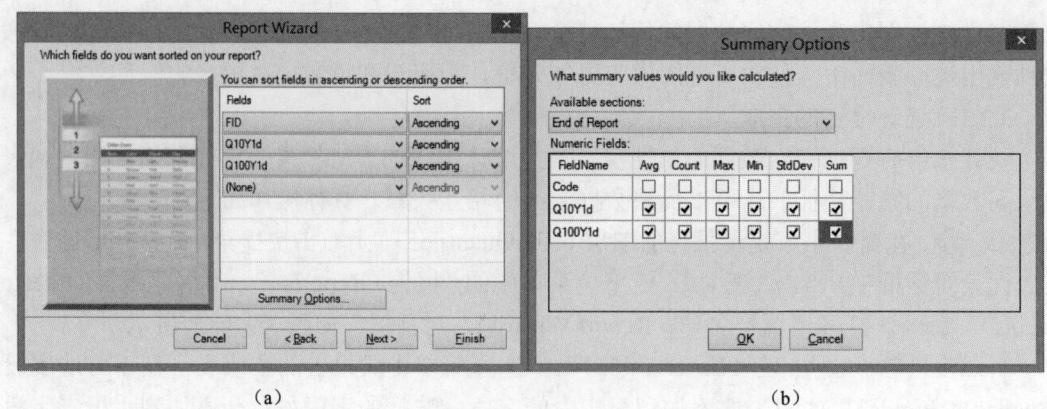

(a)　　　　　　　　　　　　　(b)

图 3.10　报告字段排序和字段统计设置对话框

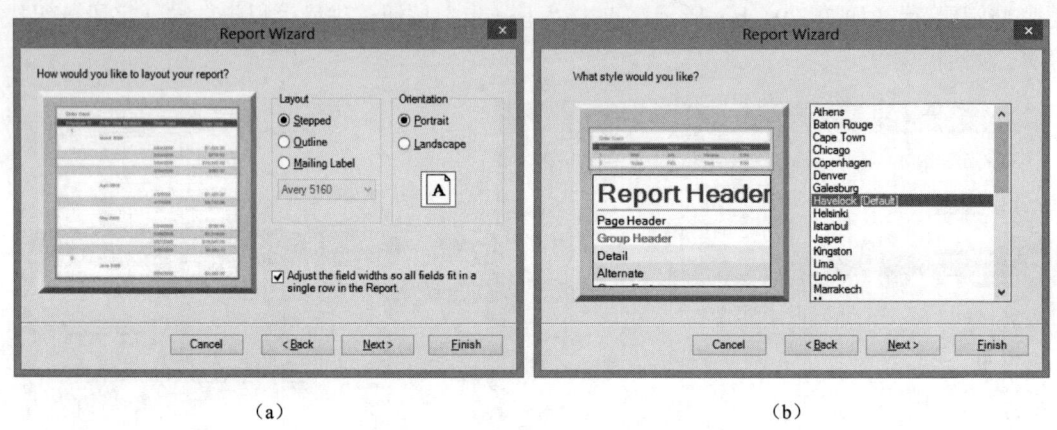

(a)　　　　　　　　　　　　　(b)

图 3.11　报告页面设置和报告样式对话框

第七步，在"标题（What title do you want for your report）"文本框中输入报告的标题；根据需要选择"浏览报告（Preview the report）"或者"修改报告样式（Modify the report's design）"。

第八步，点击"完成（Finish）"按钮，完成统计报告的参数设置和生成报告，结果如图 3.12 所示。

3.3.2　统计图的制作与输出

统计图可以更加直观地显示地理数据的统计特征或者数据之间的相互关系。ArcMap 提供了面状/柱状/饼状等二维和三维统计图，应用于不同专业领域的不同类型数据。由属性表制成的统计图还可以加载到地图版面中，为用户提供更多的信息。

（1）统计图的制作。

第一步，在需要生成统计图的图层（Hh_Quantile53）上右击快捷菜单"打开属性表"，在属性表对话框中，点击"表（ ）"下拉菜单中的"创建图（Create Graph）"命令，打开"创建图向导（Create Graph Wizard）"对话框，如图 3.13 所示。

第二步，在"图类型（Graph type）"下拉框中选择所需类型，比如直方图（Histogram）；在"图层/表（Layer/Table）"中选择站点图层（Hh_Quantile53），"值字段（Value field）"

中选择要以统计图显示的字段（Q100Y1d），即百年一遇的频率估计值；在垂直轴（Vertical axis）和水平轴（Horizontal axis）下拉框中根据需要自行设定轴放置的方位；根据需要勾选是否添加图例（Add to legend）、显示标签（Show labels）、显示边界（Show border）和显示线（Show lines）；在分段数（Number of bins）和透明度（Transparency）数字框中选择数据分段个数和透明度；点击“下一步”按钮进入“图标题”对话框，如图 3.14 所示。

Report Viewer - Untitled [Hh_Quantile53]

Hh_Quantile53

FID	Code	Name	Q10Y1d	Q100Y1d
25	57297	Xinyang	113.13	183.19
26	57385	Guangshui	146.48	221.71
27	57399	Macheng	110.47	180.38
28	58311	Liuan	146.94	221.97
29	58314	Huoshan	142.78	227.14
30	58319	Tongcheng	149.98	237.39
31	58402	Yingshan	160.63	250.15
32	58203	Fuyang	121.97	203.88
33	58208	Gushi	147.61	230.51
34	58215	Shouxian	154.68	240.03

Average Q10Y1d	139.467	Count Q10Y1d	10	Max Q10Y1d	160.63	Min Q10Y1d	110.47
Standard Deviation Q10Y1d	17.678462	Sum Q10Y1d	1394.67	Average Q100Y1d	219.635	Count Q100Y1d	10
Max Q100Y1d	250.15	Min Q100Y1d	180.38	Standard Deviation	23.485511	Sum Q100Y1d	2196.35

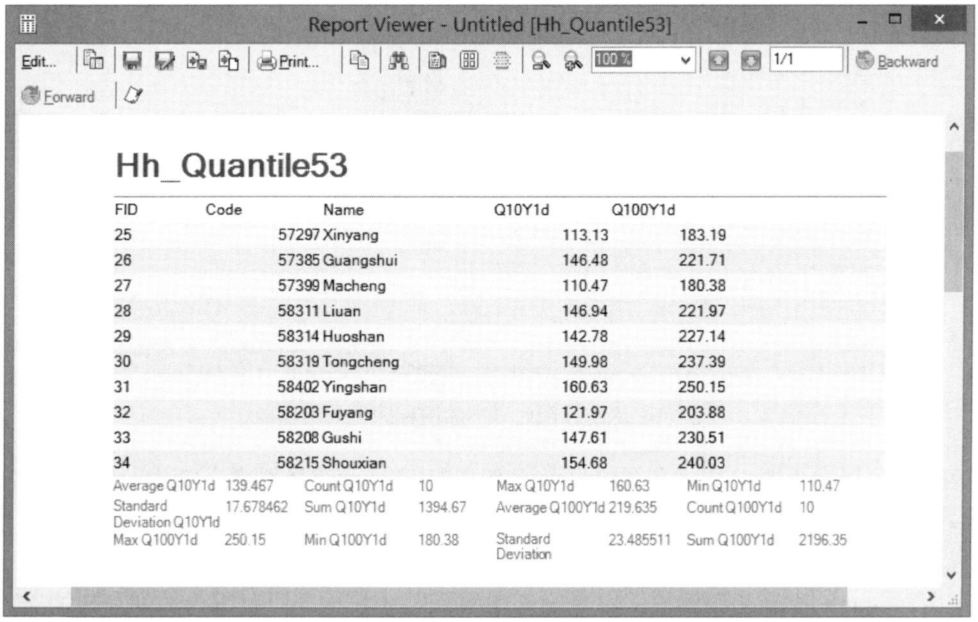

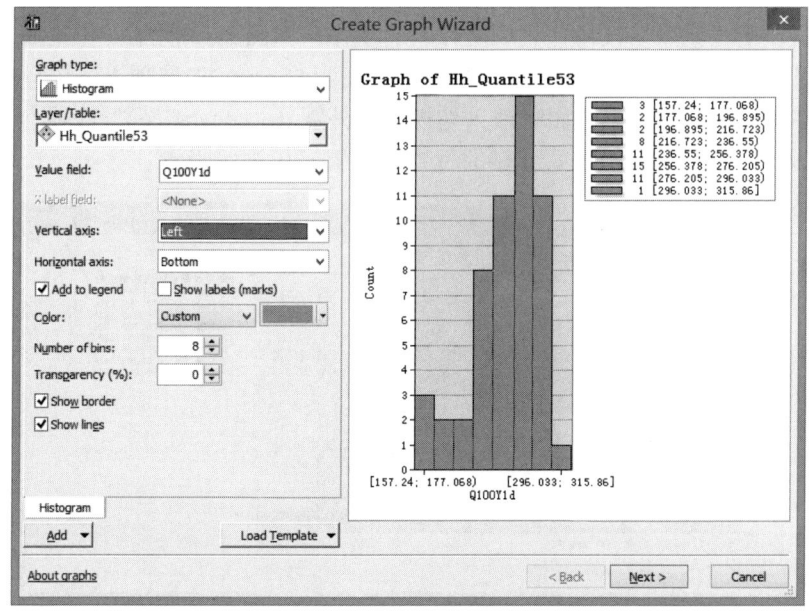

图 3.12 统计报告结果图

图 3.13 “统计图向导”对话框

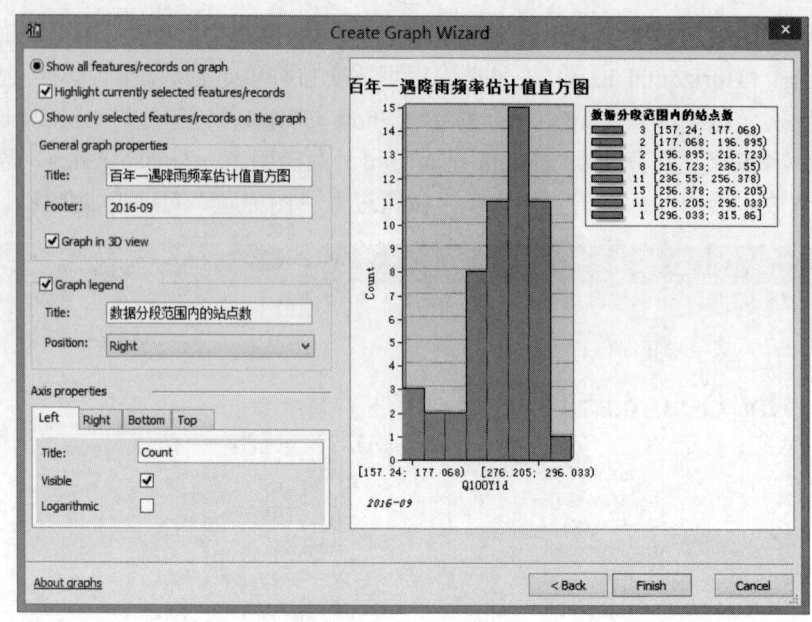

图 3.14 "统计图向导下的图标题"对话框

第三步，根据需要勾选"在图中显示所有要素/仅显示选择要素（Show all feature/only selected feature on the graph）"；在"基本图属性（General graph properties）"区域，可输入图表标题（百年一遇降雨频率估计值直方图）、脚注（2016-09），设置图表是否以 3D 显示；在"图例（Graph legend）"区域，设置输入图例标题（数据分段范围内的站点数）、位置；在"轴属性（Axis properties）"区域，通过左右上下选项卡设置输入轴题目、是否可见、是否以对数刻度显示等。

第四步，单击"完成"按钮，完成统计图的制作，如图 3.15 所示。在生成的统计图窗口中双击打开"统计图属性"对话框；切换到"系列（Series）"选项卡下进行统计图的类型、图层、字段、坐标轴等的编辑修改；切换到"外观（Appearance）"选项卡下进行统计图的标题及脚注、图例标题及位置、轴的标签、位置、可视等设置。

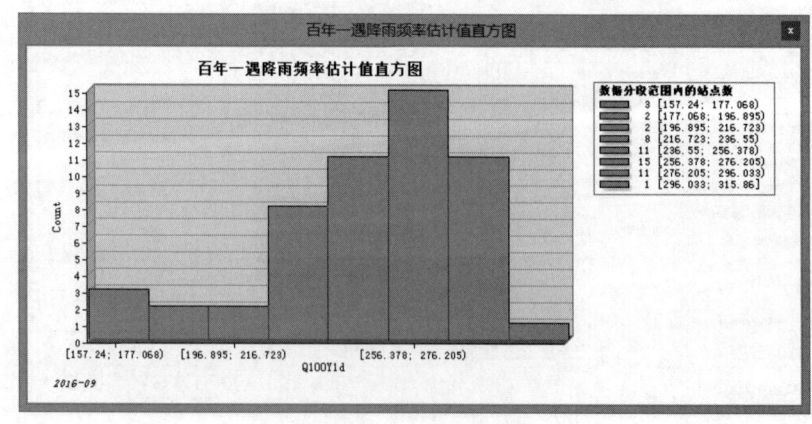

图 3.15 统计图生成结果

3.3 统计报告与制图

（2）统计图的管理与输出。在 ArcMap 中，可以根据需要生成若干统计图，ArcMap 提供了对这些统计图进行管理的功能。具体操作如下：

第一步，在生成的统计图窗口，右击快捷菜单，对统计图进行管理。

第二步，点击"打印（Print）"命令，打开打印预览对话框，对统计图打印输出进行设置，如图 3.16 所示；点击"复制（Duplicate）"，可对统计图窗口进行复制；点击"图的复制（Copy as Graphic）"，只对统计图进行复制；点击"添加到布局（Add to layout）"，将统计图加载到布局视图下的地图文档中；点击"保存（Save）"，对统计图进行保存；点击"导出（Export）"，可将统计图导出为 GIF、JPEG、PDF 等格式；点击"高级属性（Advanced Properties）"，打开高级属性对话框，如图 3.17 所示；在其对话框内可对统计图的轴、题目、图例等进行更详细深入的设置。

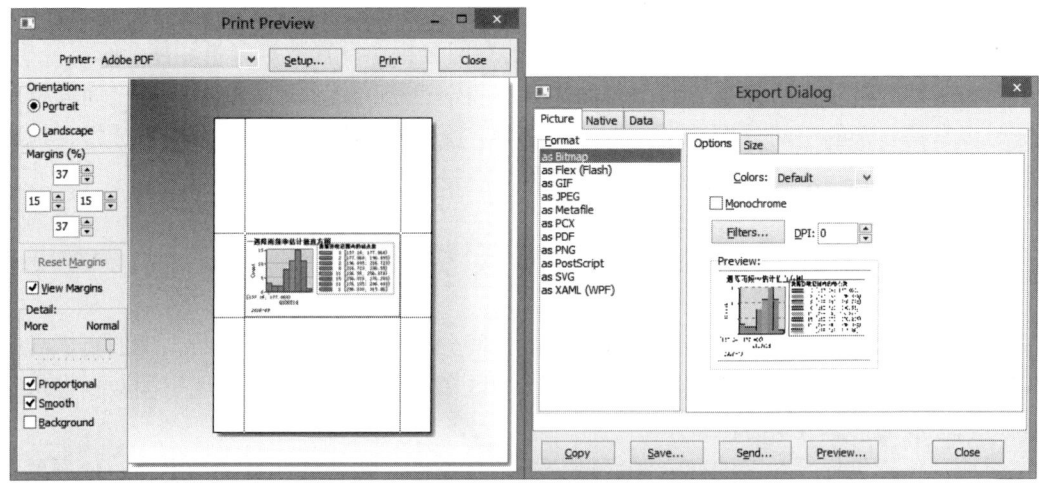

图 3.16 统计图打印预览对话框和导出对话框

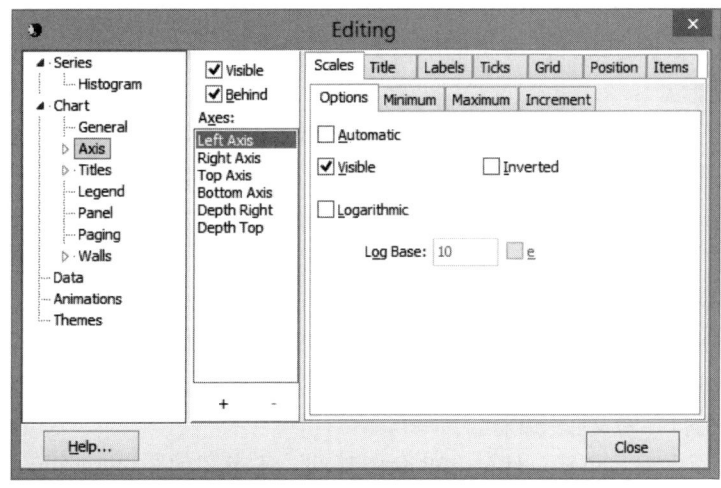

图 3.17 统计图高级属性对话框

第三步，完成统计图的管理和输出。

第 4 章 地理数据的空间分析

随着 GIS 在理论和软件研制水平上的不断提高,其应用范围不断扩大,而 GIS 的空间分析功能也成为人们倍加关注的热点。空间分析是地理信息系统的核心功能之一,它对地理信息的提取、表现和传输功能,是地理信息系统区别于一般信息系统的主要功能。GIS 空间分析是指以地理事物的空间位置和形态特征为基础,以空间数据与属性数据的综合运算为特征,提取与产生新的空间信息的分析过程。本章主要从矢量数据的基本空间分析(缓冲区分析、叠加分析、网络分析)和栅格数据的空间分析(设置数据分析环境、距离分析、重分类和条件分析及栅格计算)两个方面来介绍和学习相关内容。了解基本的空间分析对于进一步掌握复杂的空间分析模型(水污染监测、土地规划与管理、洪水灾害分析、地形地貌分析等)具有一定的指导意义,给读者和用户提供基本方法和依据。

4.1 缓冲区分析

缓冲区分析是地理信息系统中常用的一种空间分析方法。它是根据数据库的点、线、面实体,自动建立其周围一定宽度范围内的缓冲区多边形实体,从而实现空间数据在水平方向得以扩展的信息分析方法。

缓冲区分析包括缓冲区的建立和区域分析。首先根据缓冲条件(缓冲距离、依据要素属性确定缓冲距离、分级缓冲区、可变缓冲距离等)建立缓冲区,然后将这个缓冲区与其他图层进行诸如叠加分析、网络分析、空间查询、空间统计等分析操作,得到分析结果,为分析和决策提供依据。缓冲区分析的练习数据引自参考文献 [8]。

4.1.1 基本概念

缓冲区建立的形态多种多样,这里以点状、线状和面状要素来进行分类说明。

点状要素是直接以其为圆心,以要求的缓冲区距离大小为半径绘圆,所包容的区域即为所要求的区域。这里点可以是单点、多点,距离可以是固定值,也可以根据属性值做缓冲距离参数。

线(面)状要素:比较复杂,它们缓冲区的建立是以线(面)状要素的边线为参考线,来做其平行线,并考虑其端点处建立的原则,即可建立缓冲区。线状要素有双侧对称、双侧不对称和单侧缓冲区。面状要素有内侧和外侧缓冲区。点、线和面要素的缓冲区示意图如图 4.1 所示(引自参考文献 [9])。

端点处理常用方法为角平分线法和凸角圆弧法,示意图如图 4.2 所示。角平分线法指对边线做平行线,在首尾端点处,做边线的垂线与平行线相交得到起止点;在折点处用相关联的平行线相交的交点来确定。该方法的缺点是在折点处无法保证双平行线的等宽性,折点处的夹角越大产生的误差越大。凸角圆弧法处理与角平分线类似,不同之处有两点:

①在起止端点处不是直线,而是以缓冲区半径做圆弧与平行线相交来确定端点;②在折点处,凸侧边要用圆弧来弥合。

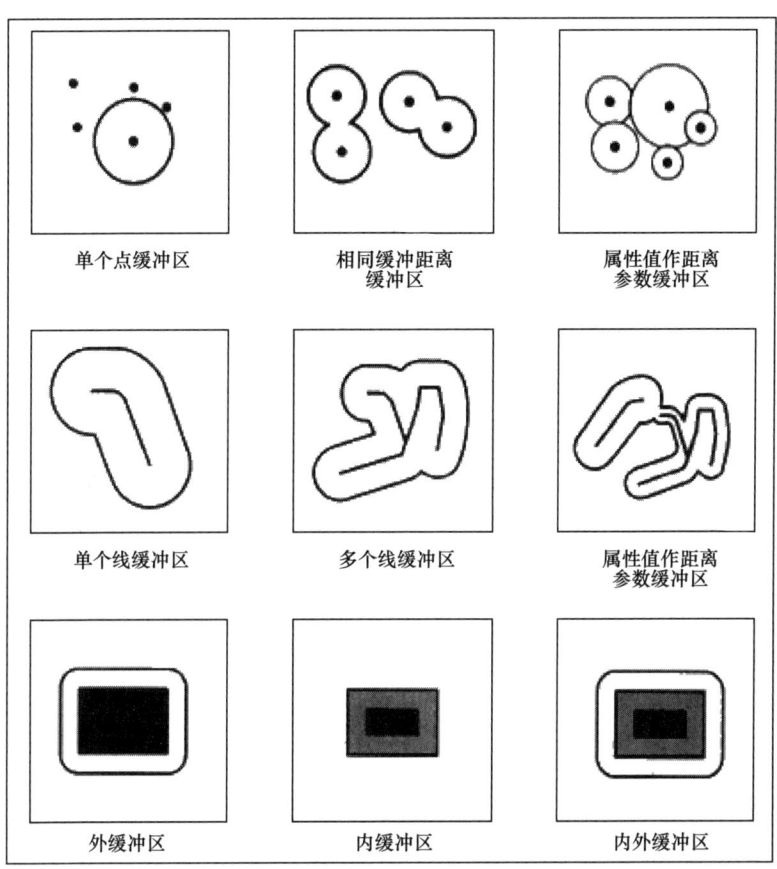

图 4.1　点状、线状和面状要素缓冲示意图

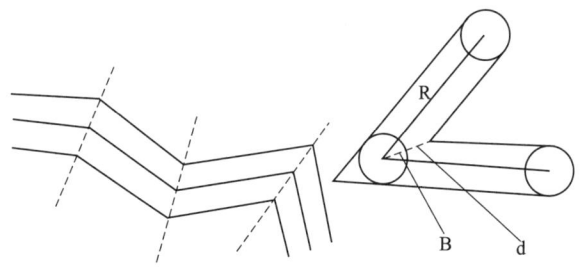

图 4.2　角平分线和凸角圆弧法示意图

4.1.2　缓冲区的建立

(1) 点状要素缓冲区的建立。以公园服务的范围为例,练习点状要素缓冲区的建立。具体操作如下:

第一步,启动 ArcToolbox,双击"分析工具(Analyst Tools)"→"邻域分析(Proximity)"→"缓冲区(Buffer)",打开其对话框,如图 4.3(a) 所示。

第二步，在"输入要素数据（Input features）"中选择"公园"图层；在"输出要素类（Output Feature Class）"中指定图层的路径和名称，为 Park_buffer；在"距离"区域中，选择缓冲区的"距离"和"单位"，为 1000 米；点击"确定"按钮，完成公园缓冲区的建立，结果如图 4.3（b）所示。

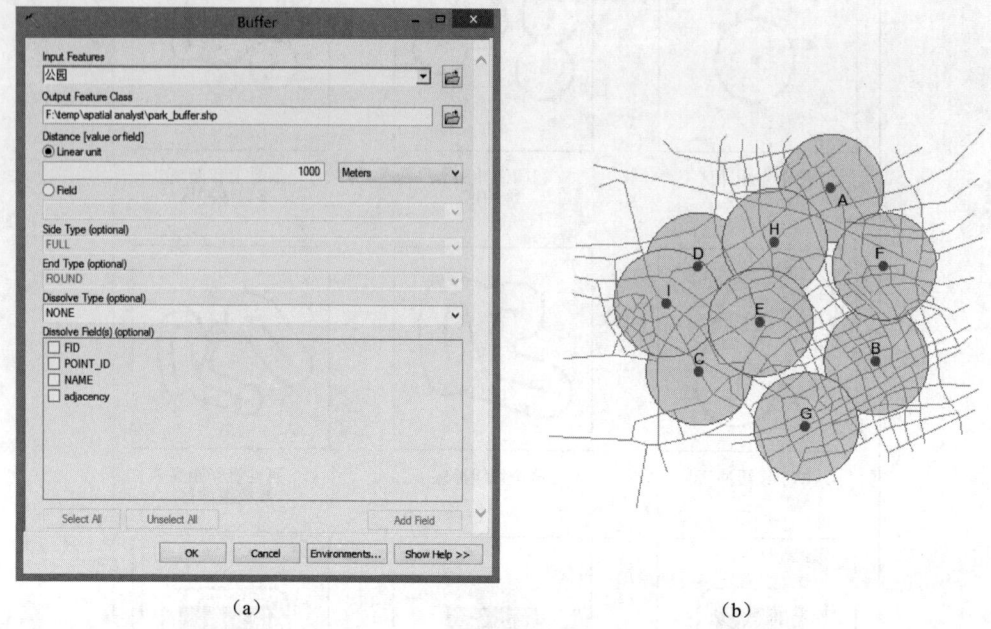

图 4.3 缓冲区对话框和公园缓冲区结果图

第三步，建立公园的多级缓冲区。双击"分析工具"→"邻域分析"→"多级缓冲区（Multiple Ring Buffer）"，打开其对话框，如图 4.4（a）所示。在距离（Distances）文本框中分别输入 200、500 和 1000，通过右侧加号来添加，其他选项同第二步；点击"确定"按钮，完成公园多级缓冲区的建立，如图 4.4（b）所示。

第四步，不同级别建立不同的缓冲区。双击"分析工具"→"邻域分析"→"缓冲区"，打开其对话框，如图 4.5（a）所示；在"距离"区域中，按照字段属性值设置缓冲区，点选"Field"，在下拉框中选择"adjacency"字段，其他选项同第二步；点击"确定"按钮，完成公园缓冲区的建立，结果如图 4.5（b）所示。

注：第二、三、四步为并列关系，根据不同需要选择不同的步骤。

（2）线状（面状）要素缓冲区的建立。面状要素缓冲区的建立和线状要素类似，这里以线状要素缓冲区的建立为例进行说明。具体操作如下：

第一步，双击"分析工具"→"邻域分析"→"缓冲区"，打开其对话框，如图 4.6（a）所示。

第二步，在"输入要素数据"中选择"rivertemp"图层；在"输出要素类"中指定图层的路径和名称，为 river_buffer；在"距离"区域中，点选"Field"，在下拉框中选择"缓冲宽度"字段；在"边类型（Side Type）"中，有左边、右边和左右两边三种可选，这里选左右两边；在"端点类型（End Type）"中，选择凸角圆弧法；在"融合类型（Dissolve Type）"

中，选择 All，进行融合处理。在"融合字段（Dissolve Field）"中，选择需要融合处理的字段。

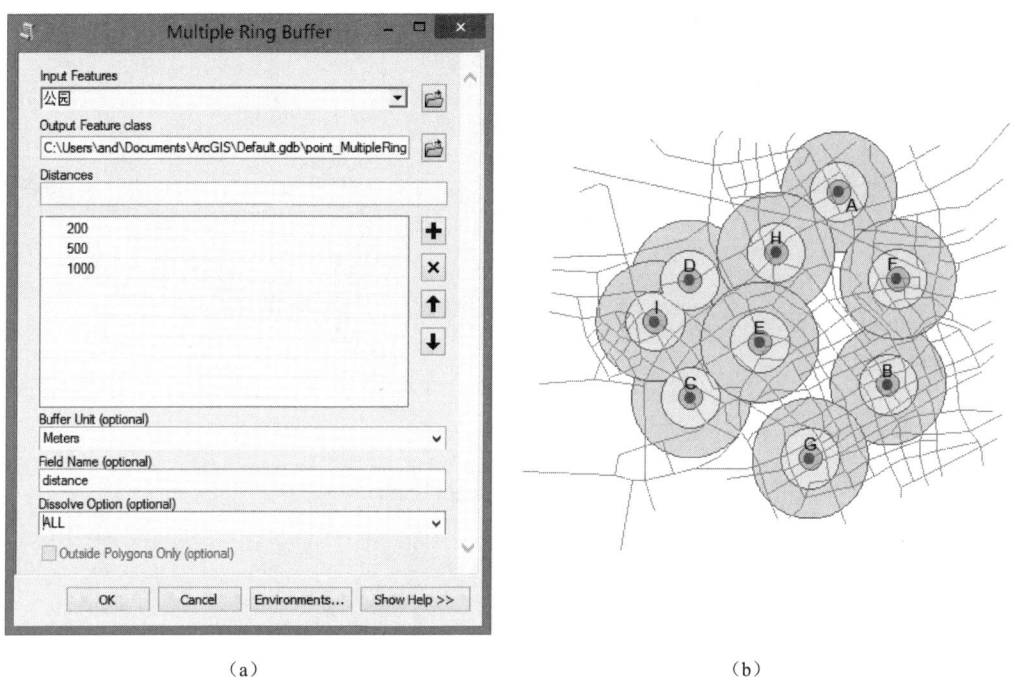

图 4.4 多级缓冲区对话框和公园多级缓冲区结果图

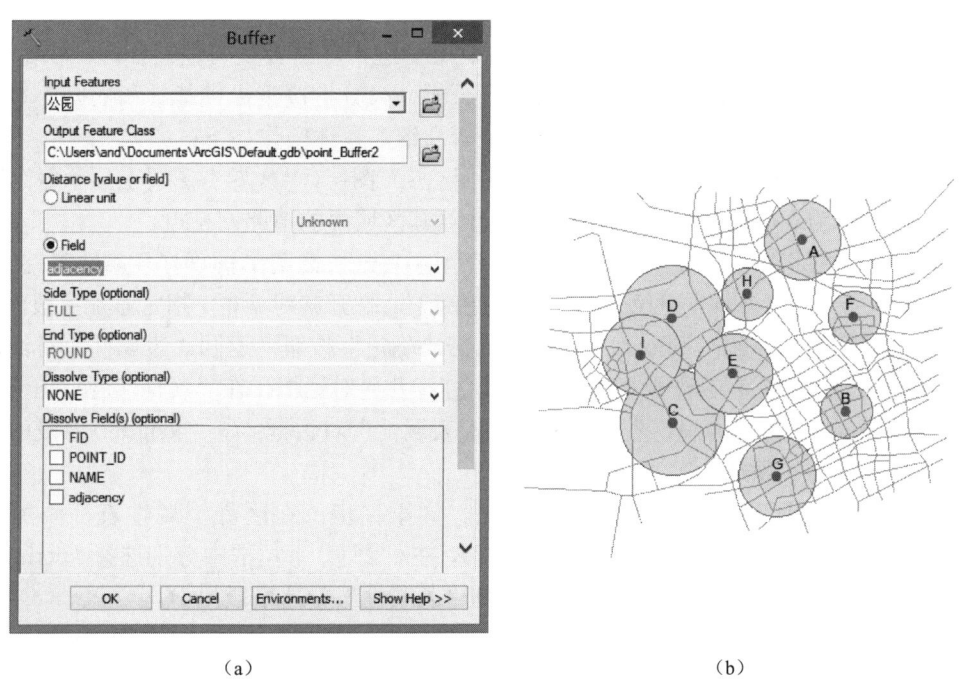

图 4.5 缓冲区对话框和公园不同级别缓冲区结果图

第三步,点击"确定"按钮,完成河流不同级别缓冲区的建立,结果如图 4.6(b)所示。

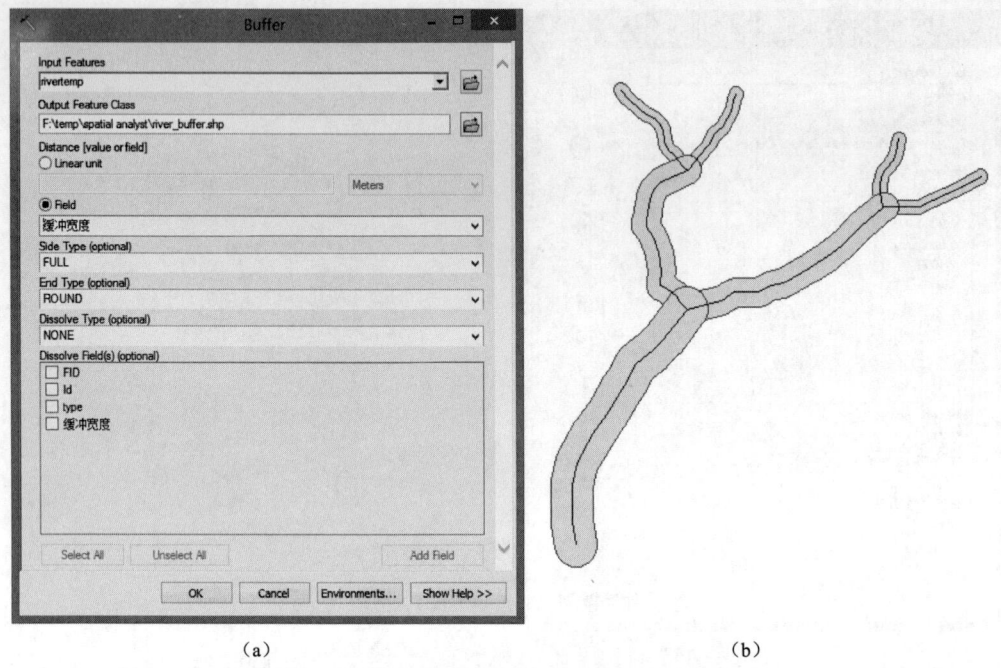

(a)   (b)

图 4.6 缓冲区对话框和河流不同级别缓冲区结果图

4.1.3 区域分析

区域分析指的是在根据缓冲条件建立缓冲区后,进一步结合空间叠置分析、网络分析、统计分析、空间查询等分析方法对研究区进行分析,为分析决策提供基础和依据。本小节以利用缓冲区计算道路网密度为例进行区域分析介绍。具体操作如下:

第一步,启动 ArcMap,加载"道路"和"区界"图层,"区界"图层上显示每个区界的代码;以编号为 2005 的多边形区界为例来计算其区域内的道路网密度。

第二步,计算道路的长度。① 在"道路"图层右击快捷菜单→"打开属性表";在属性表窗口中,点击"表属性"下拉菜单→"添加字段",打开其对话框,指定添加字段的"名称"和"类型",如 length,(float,8,1),点击"确定"按钮,返回"表属性"对话框;② 在"length"字段上右击选择"计算几何",打开几何对话框,在"属性(Property)"下拉框中选择 length,点击"确定"按钮,返回"表属性"对话框;③ "length"字段的每条道路的长度被计算和添加。

第三步,计算区界多边形的周长和面积。同第二步,在区界"属性表"添加字段"perimeter"和"area","类型"为(float,10,1),在"属性"下拉框中分别选择"perimeter"和"area",区界的周长和面积被计算和添加到"表属性"新建字段里面。

第四步,产生 2005 多边形区界的缓冲区。① 右击"图层"→"属性",打开属性对话框,切换到"常用(General)"选项卡下将"地图单位"设置为米;② 点击"要素选择(Select Features)"图标按钮,选择 2005 区界;③ 启动 ArcToolbox,双击"分析工具"→"邻域分析"→"缓冲区",打开其对话框,如图 4.7(a)所示;在"输入要素数据"中选择"区界"图层;在"输出要素类"中指定图层的路径和名称,为 bound_buffer;在"距离"区域中,点选"Linear Unit",-50m,即在 2005 地区内部产生 50 米的缓冲区;在"融合类型"中,选择 All;点击"确定"按钮,生成 2005 地区的内部缓冲区,结果如图 4.7(b)所示。

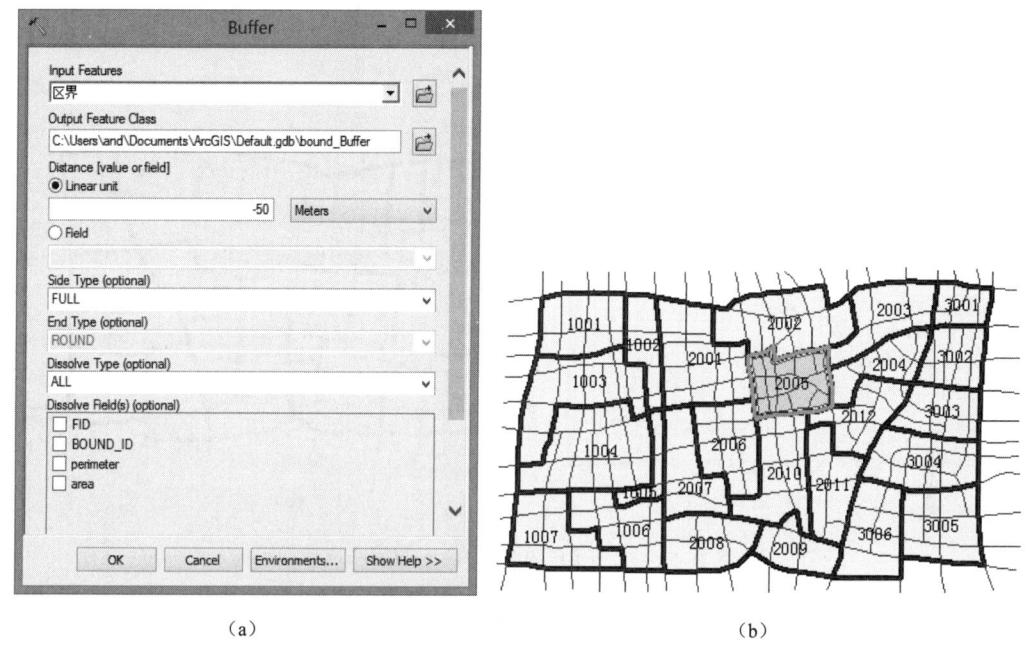

图 4.7 缓冲区对话框和 2005 地区的缓冲区结果图

第五步,2005 区界内道路的选择。点击"选择"主菜单下的"通过位置选择",打开其对话框,如图 4.8(a)所示;在"目标层"文本框勾选"道路"图层,在"源图层"下拉框中选择"bound_buffer",勾选"Use selected features";在"目标图层要素的空间选择方法"中选择"intersect the source layer feature";点击"确定"按钮,完成 2005 地区内所有道路的选择,如图 4.8(b)所示。

第六步,查找道路长度和区界的周长及面积。右击"道路"图层→"属性表",打开其对话框;在"length"字段上右击快捷菜单→"统计(Statistics)"命令,可以看到有 22 条道路被选择,总长度为 4870.7 米,如图 4.9 所示;同理右击"区界"图层→打开"属性表",查看 2005 地区的周长为 3866 米,面积为 788819.9 平方米。

第七步,计算 2005 地区的道路密度。

密度=(4870.7+3866/2)×1000/788819.9=8.625(km/km^2)

注意:在地区内部产生一个缓冲区,可保证边界内的路段都进入选择集,而边界上的道路不被选择,防止误差产生;同时通过缓冲区的建立,可以将与边界相交的道路被切断,只选择区界内的道路。在计算道路网密度时,由于边界上的道路被两侧共用,所以与区界重合的道路应该平分。道路网的密度单位通常为 km/km^2,本练习的图层单位是 m,因此要注意单位的换算。

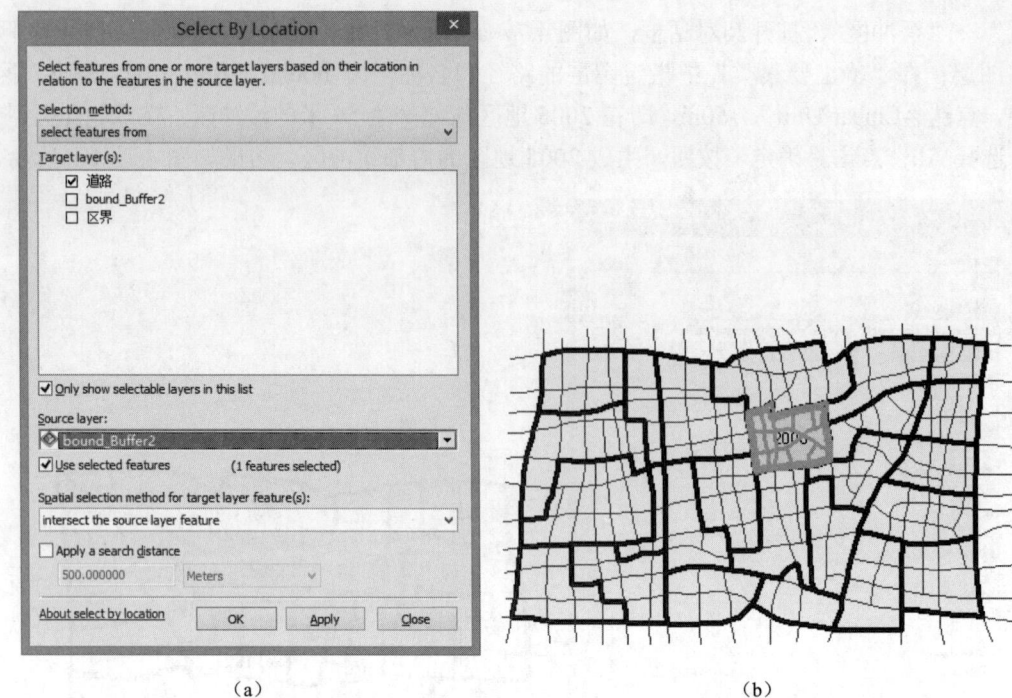

图 4.8 位置选择对话框和 2005 地区内的道路选择结果图

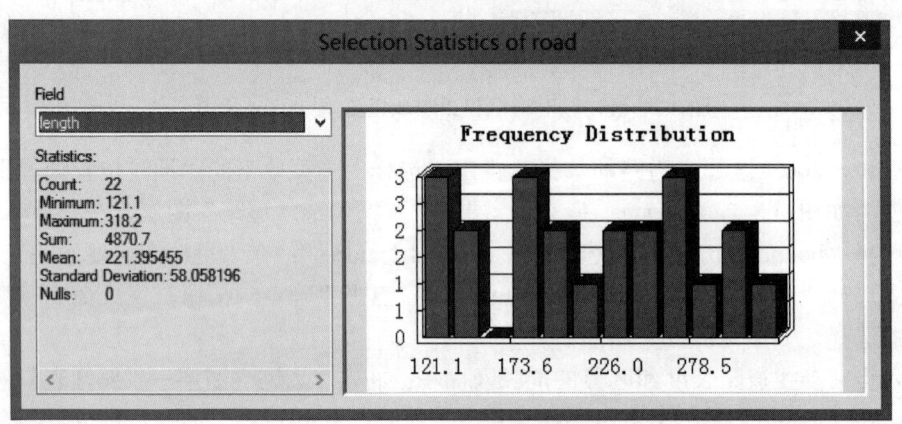

图 4.9 编码为 2005 地区内的道路统计信息

4.2 叠 加 分 析

　　叠加分析是 GIS 中用来提取空间隐含信息的方法之一,它是将有关主题层组成的数据层面,进行叠置产生的一个新数据层面,其结果不仅生成了新的空间关系,还将输入的多个层的属性联系起来产生新的属性关系。叠置前提是各要素层面必须是基于相同坐标系统的、基准面相同的、同一区域的数据。根据 GIS 最常用的两种数据结构将叠置分析分成矢量数据叠置分析和栅格数据叠置分析。本节主要介绍矢量数据的叠置分析,栅格数据叠置分析将在本章第 4.4 节详细介绍。根据操作要素的不同，又将矢量数据叠置分析分为点与多边形的叠置、线与多边形的叠置和多边形与多边形的叠置。

4.2.1 点与多边形的叠加分析

点与多边形的叠加是指将一个点图层与一个多边形图层叠加，具体步骤：① 首先计算多边形对点的包含关系，判断各个点的归属；② 然后是属性信息的管理，将多边形的属性信息叠加到其中的点上。叠加结果是为每点产生一个新的属性，通常不产生新的数据层。具体操作如下：

第一步，启动 ArcToolbox，双击"分析工具（Analyst Tools）"→"叠加分析（Overlay）"→"空间连接（Spatial Join）"，打开其对话框，如图 4.10 所示。

第二步，在"目标要素（Target features）"中选择站点"Hhsite"图层；在"叠合要素（Overlay Features）"中选择多边形图层（HhHMRegion）；在"输出要素类（Output Feature Class）"中指定图层的路径和名称，为 hhspatialjoin1；在"连接操作（Join Operation）"中选择"图层一对一的连接（JOIN_ONE_TO_ON E）"；

第三步，点击"确定"按钮，完成站点与一致区多边形的叠置。

第四步，打开 hhspatialjoin1 图层的属性表（图 4.11），发现一致区多边形的属性被叠加到站点图层中，红颜色框的字段是为每个站点产生的新的属性。

图 4.10　空间叠置对话框

4.2.2 线与多边形的叠加分析

线与多边形的叠置分析与点与多边形的叠置分析类似，将一个线图层和一个多边形图层相叠加，叠置结果将多边形的属性添加到线图层中，得到新的数据图层。具体步骤为：对线和多边形求交运算，目的是确定某一线上的弧段落在另一多边形图层上的哪个多边形内，以便为图层的每个弧段建立新的属性。根据每条线同多边形的关系，以形成新的空间目标集、新的属性表，得到线与多边形联合的属性表。具体操作步骤如下：

Table

hhsptialjoin1

FID	Shape *	Join_Count	TARGET_FID	Code	lon	lat	Name	HMR	Q10Y1d	Q100Y1d	mean	Id	HMR_1
0	Point	1	0	54827	118.5	36.17	Taian	I	151.84	237.29	97.87	0	RegionI
1	Point	1	1	54836	118.15	36.18	Yiyuan	I	145.09	226.74	93.52	0	RegionI
2	Point	1	2	54857	120.33	36.07	Qingdao	I	164.87	257.65	106.27	0	RegionI
3	Point	1	3	54936	118.83	35.58	Juxian	I	175.79	274.72	113.31	0	RegionI
4	Point	1	4	54938	118.35	35.5	Linyi	I	185.79	290.35	119.76	0	RegionI
5	Point	1	5	54945	119.53	35.43	Rizhao	I	180.06	281.39	116.06	0	RegionI
6	Point	1	6	58040	119.12	34.83	Ganyu	I	202.12	315.86	130.28	0	RegionI
7	Point	1	7	53882	113.07	36.05	Changzhi	II	101.93	157.24	64.76	0	RegionII
8	Point	1	8	53898	114.4	36.05	Anyang	II	153.26	236.42	97.37	0	RegionII
9	Point	1	9	53975	112.4	35.48	Yangcheng	II	113.34	174.84	72.01	0	RegionII
10	Point	1	10	53986	113.88	35.32	Xinxiang	II	147.42	227.41	93.66	0	RegionII
11	Point	1	11	54808	115.67	36.23	Xinxian	II	136.37	210.37	86.64	0	RegionII
12	Point	1	12	54906	115.43	35.25	Heze	II	155.28	239.54	98.66	0	RegionII
13	Point	1	13	54916	116.85	35.57	Yunzhou	II	165.5	255.3	105.15	0	RegionII
14	Point	1	14	57073	112.47	34.63	Luoyang	II	113.76	175.49	72.28	0	RegionII
15	Point	1	15	57083	113.65	34.72	Zhengzhou	II	146.04	225.28	92.79	0	RegionII
16	Point	1	16	57091	114.3	34.78	Kaifeng	II	157.49	242.94	100.06	0	RegionII
17	Point	1	17	57089	113.87	34.03	Xuchang	III	145.24	260.38	94.33	0	RegionIII
18	Point	1	18	57156	111.5	33.3	Xixia	III	146.85	263.27	95.38	0	RegionIII
19	Point	1	19	57178	112.58	33.03	Nanyang	III	162.75	291.77	105.7	0	RegionIII
20	Point	1	20	57193	114.52	33.78	Xihua	III	160.26	287.31	104.08	0	RegionIII

(0 out of 54 Selected)

hhsptialjoin1

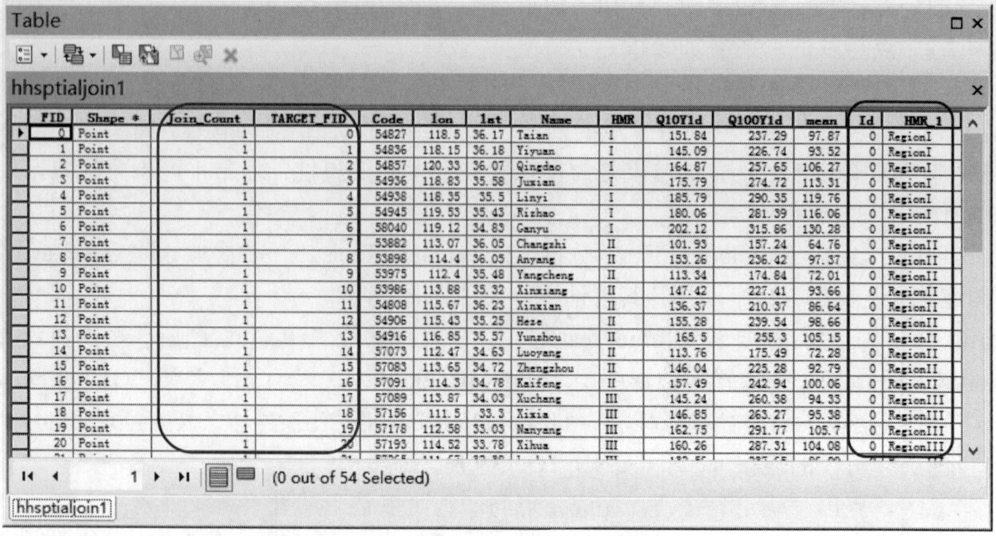

图 4.11　点与多边形叠置后的属性表

第一步，启动 ArcToolbox，双击“分析工具”→“叠加分析”→“相交（Intersect）”，打开其对话框，如图 4.12 所示。

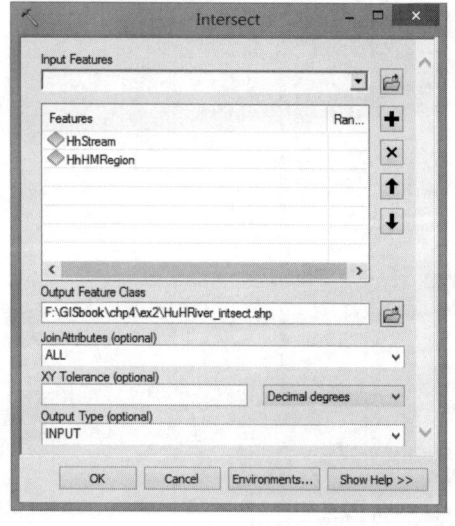

图 4.12　线与多边形叠置（求交）对话框

第二步，在“输入要素”中选择站点“Hhstream”图层，点击“加号+”图标按钮，再一次添加输入要素图层 HhHMRegion；在“输出要素类”中指定图层的路径和名称，为 HhHriver_intsect；在“连接属性（Join Attributes）”中选择“ALL”，将所有属性均连接到输出的要素表；在“输出类型（Output Type）”中选择 “LINE”，即输出线要素类。

第三步，点击“确定”按钮，完成线要素与一致区多边形的叠置。

第四步，打开 HhHriver_intsect 图层的属性表，发现一致区多边形的属性被叠加到线要素图层中，原来的 126 条线要素记录一致区多边形裁剪成新的 181 条线要素记录，红颜色框的字段是为每条新线要素产生的新的属性，属性表结果如图 4.13 所示。

4.2.3　多边形的叠加分析

多边形叠置是 GIS 空间分析中最常用的功能之一。将两个或多个多边形叠置时，根据两组多边形的交点来建立多重属性的多边形，产生一个新的多边形图层，新图层中每个多边形的属性含有原图层各个多边形的所有属性数据。具体步骤：① 对两个多边形进行边界求交和弧段分割运算，以新弧段为单位重建拓扑关系；② 判断重建多边形落

4.2 叠 加 分 析

在原始多边形层的哪个多边形内，从而建立新叠置多边形与原始多边形的关系，并抽取属性。

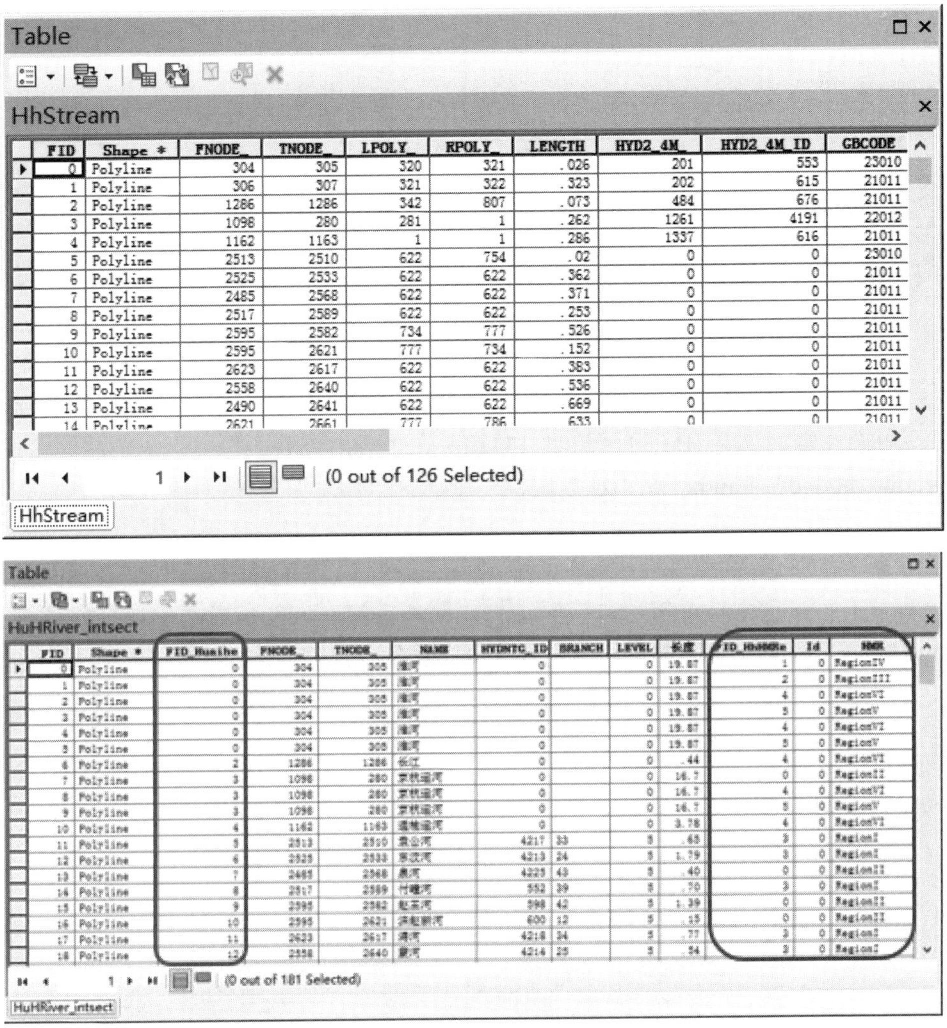

图 4.13 线要素属性表及线面叠置生成新图层的属性表

多边形的叠置分析主要有以下几种类型：① Union：保留两个输入层的所有多边形；② Identify：输出以其中一输入层为界的边界层内的所有多边形；③ Intersect：保留两个输入层的公共区域；④ Erase：保留以其中一输入层为控制边界之外的所有多边形；⑤ Update：一个经删除处理后的图层与一个新特征图层进行合并的结果；其示意图如图 4.14 所示。

多边形叠置分析广泛应用于各个领域，比如土地利用图、土壤类型图和 DEM 叠加进行土地资源分析，人口统计分区图和土地利用图叠置进行土地管理，水系、土地利用图层、DEM 和极值降雨分布图层叠置进行暴雨高风险区划和流域分析等。本节以太湖流域的水利分区和水文气象一致区分区为例说明多边形的叠置分析。具体操作如下：

第一步，启动 ArcToolbox，双击"分析工具"→"叠加分析"→"联合（Union）"，打开其对话框,如图 4.15 所示。

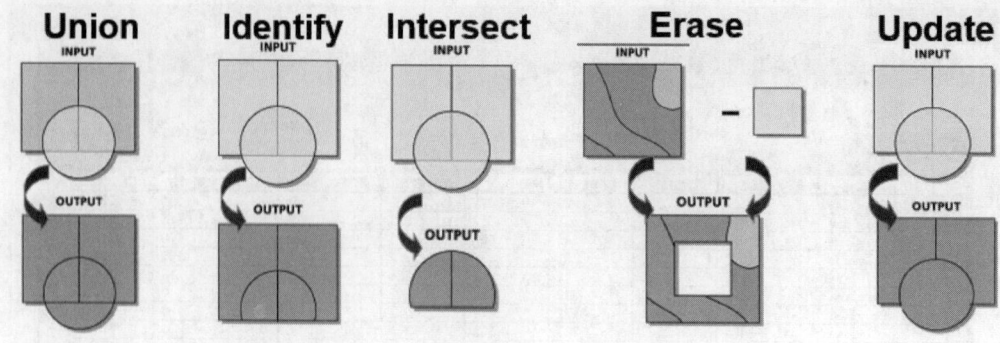

图 4.14　多边形叠置示意图

第二步,在"输入要素"中选择站点"taihu_boundy"图层,点击"加号+"图标按钮,再一次添加输入要素图层 HM 分区边界 141zd;在"输出要素类"中指定图层的路径和名称,为 taihu_boundy_union;在"连接属性"中选择"ALL",将所有属性均连接到输出的要素表。

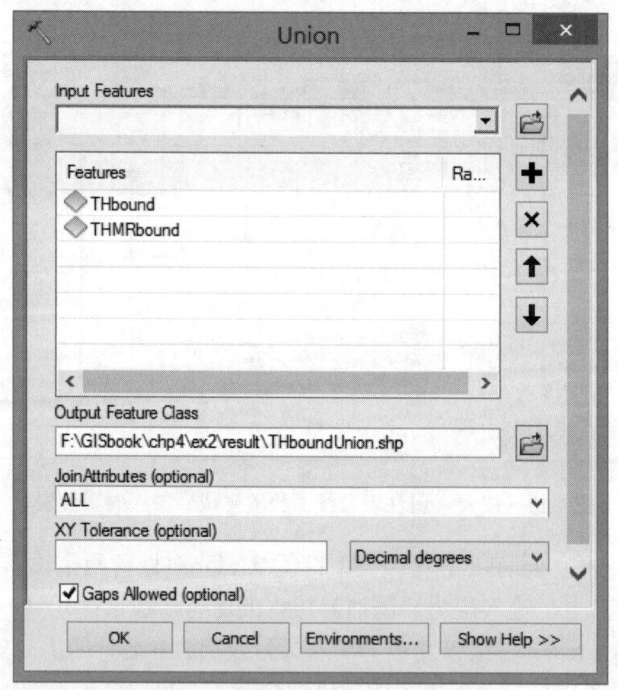

图 4.15　多边形叠置分析(联合)对话框

第三步,点击"确定"按钮,完成水利分区与水文气象一致区分区多边形的叠置。打开叠置后的图层属性表,发现叠置前的 8 个分区通过多边形的叠置变成了 62 个多边形,新生成的多边形融合了原来每个多边形的属性,结果如图 4.16 所示。

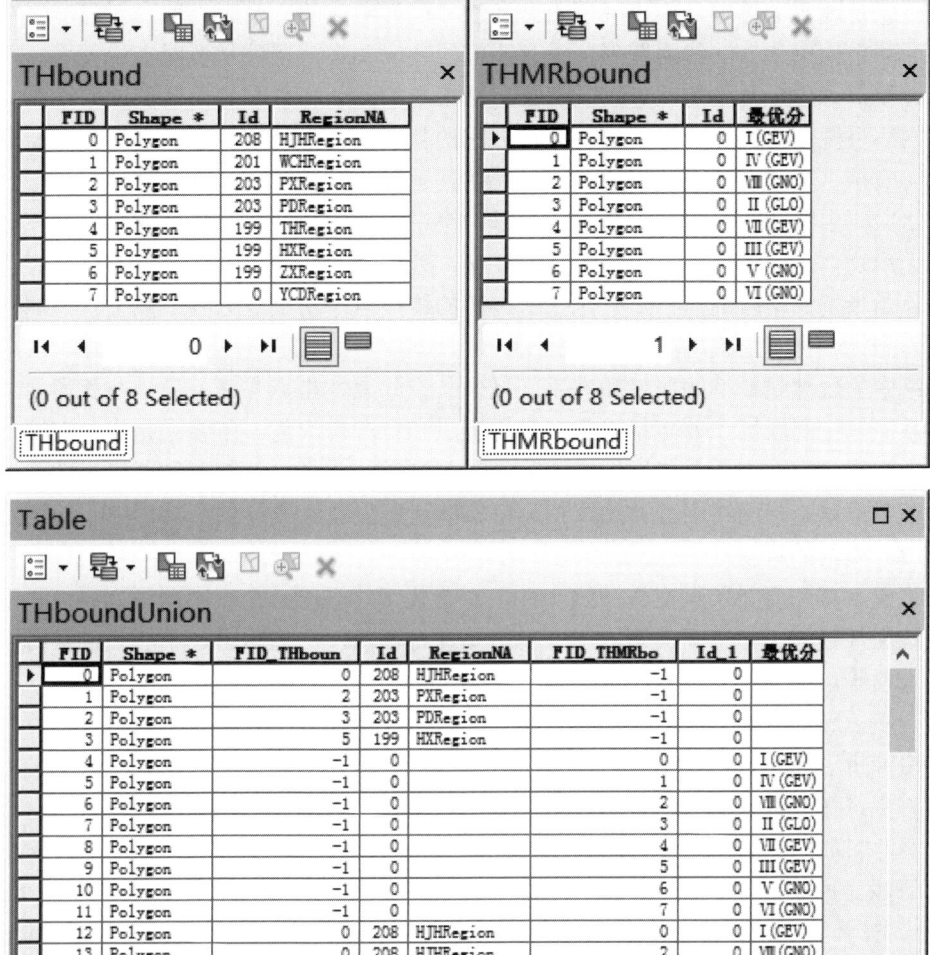

图 4.16　多边形叠置分析（Union）前后的属性表

4.3　网络构建及应用

　　网络分析是通过模拟、分析网络的状态以及资源在网络上的流动和分配等，研究网络结构、流动效率及网络资源等的优化问题的一种方法。它的目的是对地理网络、城市基础设施网络等进行地理分析和模型化，研究和筹划如何安排一项基于网络数据的工程，并使其运行效果最好。比如资源的最佳分配、最短路径的寻找、地址的查询匹配等。对网络分析的研究在空间分析中占有非常重要的意义。

4.3.1 网络简介

网络就是现实世界中，由点（节点）和线（链）组成的，带有环路，伴随一系列支配网络中流动之约束条件的线网图形，没有明显的从属关系，属性是多对多的关系。网络分析指通过模拟、分析网络的状态以及资源在网络上的流动和分配等，研究网络结构、流动效率及网络资源等的优化问题的一种方法。它的基本思想就是按一定目标选择、研究和筹划，如何安排一项基于网络数据的工程，并使其运行效果最好。

网络主要由链和节点组成。其中，链是网络中流动的管线，是构成网络的骨架。包括有形和无形物体。点包括：中心、站点、节点、拐点和障碍。中心是指接受/分配资源的位置；站点是指资源增减的点；节点是指链与链的连接点；拐点是分割节点上状态属性的阻力；障碍是指禁止链上流动的点。

网络中的属性包括空间属性和非空间属性。空间属性指点与线（节点与弧段）之间的拓扑关系。非空间属性主要包括阻强、资源容量和资源需求量。阻强是指资源在网络流动中的阻力大小；资源容量是指网络中心为了满足各链的需求，能够容纳或提供的资源总数量；资源需求量是指网络中具体的线路、链、节点所能收集或提供给某一中心的资源量。

4.3.2 网络的建立

网络建立首先要加入点文件和线文件，由这些文件组成一个空间图形网络，然后对点文件和线文件建立拓扑空间关系，加入网络属性特征值，比如阻强、中心点的资源容量和资源需求量等。具体建立步骤如下：

第一步，启动 ArcCatalog，点击"自定义"主菜单→"扩展模块"，打开其对话框，勾选"网络分析（Network Analyst）"。

第二步，在"目录树（Catalog Tree）"栏里点击"道路（road.shp）"图层，在"内容""预览"和"描述"选项卡下可以查看道路图层的相关信息。

第三步，网络建立：① 右击"道路"图层→点击"新建网络数据集（New network dataset）"，打开其对话框，"输入网络数据集的名称（Enter a name for your network dataset）"，默认为 road_ND，点击"下一步"进入转弯模型设置；② 在"是否在此网络中构建转弯模型（Do you want to model turns in this network）"框中，选择"No"暂时不考虑，点击"下一步"进入连通性设置；③ 点击"连通性（Connectivity）"按钮，查看连通性的相关信息，点击"确定"按钮，点击"下一步"进入网络属性的高程设置；④ 在"如何对网络属性的高程进行建模（How would you like to model the elevation of your network features）"框中，选择"None"，点击"下一步"进入网络数据集属性设置；⑤ 在"为网络数据集指定属性（Specify the attributes for the network dataset）"区域中，可以看到加载了一条网络数据记录，"名称"为 Length，"用法"为成本（Cost），"单位"设置为 meter，"数据类型"为双精度（Double），可以通过右侧的"添加"按钮添加新的记录，通过"删除"、"复制"、"重命名"等按钮进行修改记录；点击"下一步"进入行驶方向设置；⑥ 在"是否为网络数据集设置行驶方向（Do you want to establish driving directions settings forthis network dataset）"，选择"No"，点击"下一步"；⑦ 点击"完成"按钮，完成网络的建立。

第四步，在提示框"新的网络数据集已建立，是否加载它？（The new network dataset has been created. Would you like to build it now？）"选择"Yes"按钮，建立并加载。

4.3.3 网络分析及应用

网络分析应用主要包括路径分析、资源分配、最佳选址和地址匹配四个方面。

路径分析是最常用的一种网络应用。主要包括：① 静态求最佳路径：在给定每条链上的属性后，求最佳路径；② N 条最佳路径分析：确定起点或终点，求代价最小的 N 条路径；③ 最短路径：确定起点终点和要经过的中间点、中间连线，求最短路径；④ 动态最佳路径分析：实际网络中权值是随权值关系式变化的，可能还会临时出现一些障碍点，需要动态的计算最佳路径。

资源分配主要是优化配置网络资源的问题。根据中心容量以及网线和节点的需求，并依据阻强大小，将网线和节点分配给中心，分配是沿着最佳路径进行的。有两种方式：由分配中心向四周输出和由四周向中心集中。分配的原则是将已有路径的累计阻碍强度加上该弧段自身的阻碍强度，选取总阻碍强度最小的路径，与该路径相连的中心为最佳中心。

最佳选址为资源分配的一种延伸，是指在一定约束条件下和在某一指定区域内选择设施的最佳位置。选址的步骤具体如下：①对若干候选地点或方案进行资源分配分析；②对每种选址方案的资源分配划分结果，计算花费的总和或平均值；③比较各种方案，选择花费的总和最小的方案为最佳方案。

地址匹配与其他网络分析功能结合起来，可以满足实际应用及复杂的分析需求，其实质是对地理位置的查询，它涉及地址的编码。输入数据包括地址表和含地址范围的街道网络及待查询地址的属性值。

本节以常用的路径分析为例进行说明具体操作步骤。分两种情况，一是不考虑外界因素的影响时最佳路径的确定；二是考虑交通时耗（不同级别的道路其速度不同，花费的时间也不同）影响时，最佳路径的选择。练习数据来自参考文献[8]。

（1）不考虑外界因素影响。

第一步，在 ArcMap 中加载"道路（road）"图层和"停靠站（stop）"图层；加载"网络分析（network analyst）"工具条，将"地图单位"设置为米。

第二步，加载"新建的网络数据集（road_ND.nd）"图层。在"添加网络图层"对话框中，"是否添加图层的所有属性（Do you also want to add all feature classes that participate in 'road_ND' to the map）"，选择"No"按钮。

第三步，① 在"网络分析"工具条的"网络分析"下拉菜单中，单击"新路线（New Route）"子菜单，加载路线图层；② 在"网络分析窗口（Network Analyst Window）"中左击"Stops（0）"→点击"网络分析"工具条中上的"创建网络位置工具"图标按钮，在图中输入两个停靠站→点击"网络分析"工具条上的"生成最佳路径工具"图标按钮，生成最佳路径线路图，如图 4.17（a）所示；③ 在"网络分析窗口"中点击"障碍（Barriers）"→在"网络分析"工具条中点击"创建网络工具"图标按钮，在图中设置障碍点→点击"生成网络工具"，得到设置障碍点之后的最佳路径，如图 4.17（b）所示。

第四步，在"网络分析窗口"中清除刚才的两个停靠站和一个障碍点（右击"stop"和"barrier"，点击"delete"）。右击"stop（0）"快捷菜单下的"加载位置（Load location）"，打开其对话框，在"load from"中选择"停靠站"图层，点击"确定"按钮。在"网络分析窗口"中的"stop"下可以看到 6 个停靠站都被加载进来。

第五步，在"目录表"窗口中，右击"Route"图层→点击"属性"，打开属性对话框，切换到"分析设置（Analysis Setting）"选项卡；勾选"调整站点顺序（Reorder Stops To Find Optimal Route）"，优化路径；勾选"保留既定的第一个站点（Preserve First Stop）"，其他选项默认；点击"确定"按钮，完成分析设置。

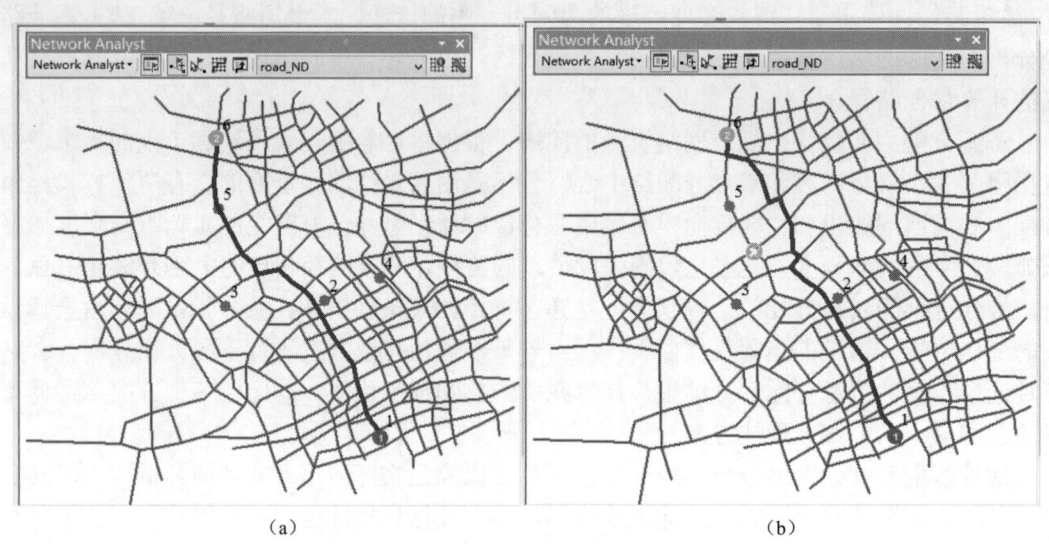

图 4.17 设置两个停靠站生成的最佳路径和设置障碍后生成的最佳路径线路图

第六步，点击"网络分析"工具条上的"生成路径工具"，生成经过 6 个停靠站的最佳路径线路图，如图 4.18 所示。

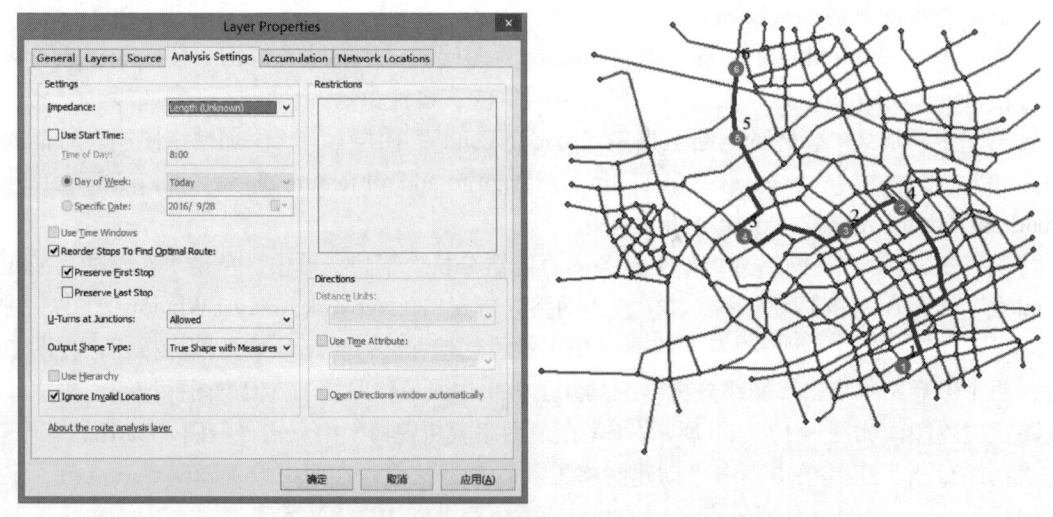

图 4.18 图层属性对话框和经过 6 个停靠站的最佳路径线路图

（2）考虑交通时耗影响。

第一步，网络数据集的建立。在"为网络数据集指定属性"区域中，除了加载 length 网络数据记录外，还需要添加分钟的网络数据记录，"名称"为 Mint，"用法"为成本（Cost），

"单位"设置为分钟,"数据类型"为双精度;其他步骤同 road 图层的网络数据集的建立。

第二步,在 ArcMap 中加载"新建的网络数据集(road1_ND.nd)"图层。在"网络分析窗口"中,点击"stop(0)"加载 6 个停靠站。

第三步,在"目录表"窗口中,右击"Route"图层下的属性,打开其对话框,切换到"分析设置"选项卡,如图 4.19(a)所示;在"impendance"下拉菜单选择"Mint",勾选"Reorder Stops To Find Optimal Route"和"Preserve First Stop",其他选项默认;点击"确定"按钮,完成分析设置。

第四步,点击"网络分析"工具条上的"生成路径工具"图标按钮,生成经过 6 个停靠站的最佳路径线路图,如图 4.19(b)所示。

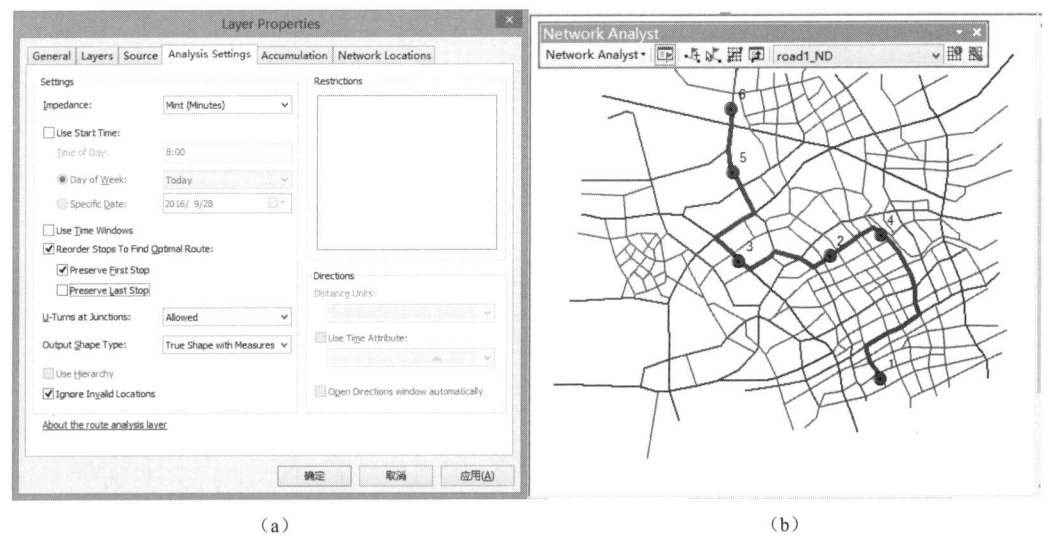

图 4.19 图层属性对话框和经过 6 个停靠站的最佳路径线路图(考虑交通时耗)

由图 4.18 和图 4.19 可知:生成的最佳路径线路图和考虑的影响因素有着密切关系。比如,不考虑外界因素时,基本按照最短路径作为最佳路径;当考虑到交通时间时,会优先选择消耗时间少的大路、高速路作为最佳路径。

4.4 栅格数据的空间分析

栅格数据由于其自身的属性明显、位置隐含的特点,可以看做是最为典型的数据层面;其数据结构简单、直观、获取方便,便于快速执行叠加分析和各种空间统计分析,进行地理现象的模拟和分析,是 GIS 常用的基础空间数据格式。ArcGIS 空间分析模块提供了一个功能强大的空间分析和建模的工具集,可以进行多种分析操作,获取所需要的信息。空间分析模块主要包括:条件分析、密度分析、距离分析、提取分析、综合分析、水文分析、地下水分析、插值、统计分析、表面分析、重分类、栅格计算等。栅格数据的水文分析、表面分析、插值、邻域分析、提取分析等在第 5 章的数字高程模型中会重点介绍。本章主要从栅格数据的分析环境设置、距离分析、统计分析、重分类、条件分析与栅格计算方面进行介绍。

4.4.1 设置数据分析环境

加载空间分析模块,为分析结果设置路径、单元大小、分析范围、坐标系统是完成栅格数据空间分析的前提条件。具体步骤如下:

第一步,加载空间分析模块。① 点击"自定义"主菜单下的"扩展模块",打开其对话框,勾选"Spatial Analyst";② 右击菜单栏空白处,勾选"Spatial Analyst",其工具条被加载到 ArcMap 窗口中。

第二步,设置工作路径。点击"地理处理"主菜单下的"环境",打开"环境设置(Environment Setting)"对话框,如图4.20(a)所示。展开"工作空间(Workspace)",在"Current Workspace"和"Scratch Workspace"框中设置当前工作空间和临时工作空间的路径;点击"确定"按钮,完成工作路径的设置。

第三步,设置像元大小。在"环境设置"对话框中,展开"栅格分析(Raster Analysis)",点击"像元大小(Cell Size)"下拉框,有"Maximum of Inputs""Minimum of Inputs"和"As Specified Below"三种选择,即输入栅格数据集中的最大单元值、最小单元值和指定具体数值大小作为栅格单元;点击"确定"按钮,完成像元大小的设置,如图4.20(b)所示。

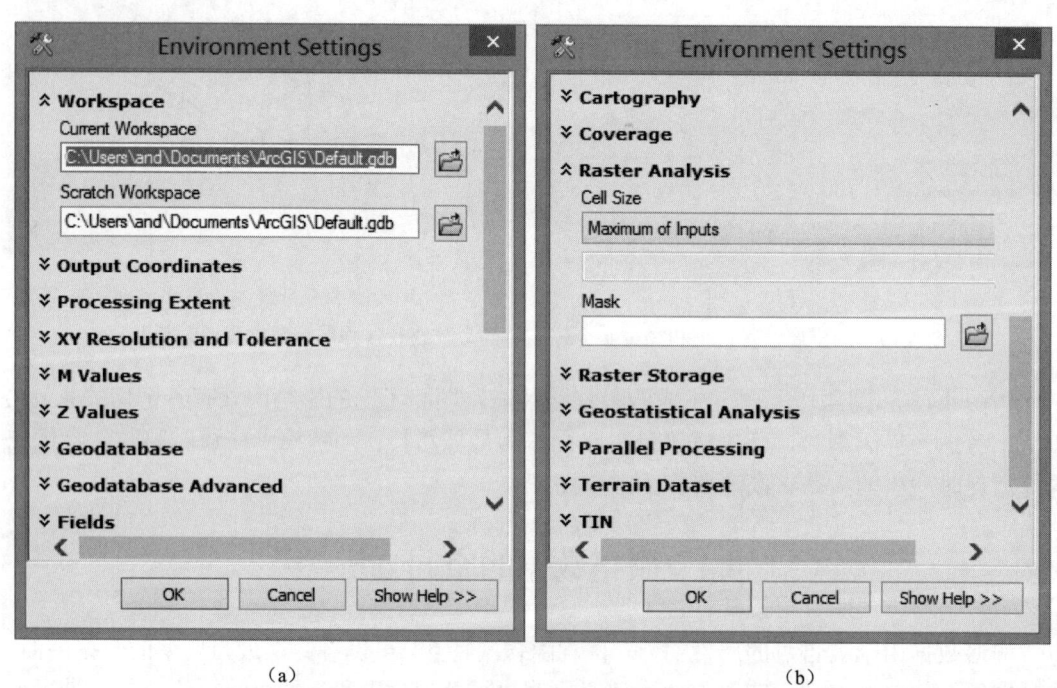

(a)　　　　　　　　　　　　　　(b)

图 4.20　环境设置下的工作空间对话框和栅格分析对话框

第四步,设置分析区域。在"环境设置"对话框中,展开"处理范围(Processing Extent)",点击"范围(Extent)"下拉框,有"Union of Inputs""Intersection of Inputs""As Specified Below""Default"和"Same as Display"五种选择,即默认值、输入的并集、输入的交集、如下所定、与显示(地图的可视区域)相同,在"上下左右"文本框中输入分析范围的坐标值；也可以单击右边的"浏览"按钮，选择其他的数据文件作为当前的分析范围；点击"确定"按钮，完成分析区域的设置，如图4.21（a）所示。

第五步，选择坐标系统。在"环境设置"对话框中，展开"输出坐标系统（Output Coordinates）"，点击"输出坐标系（Output Coordinate System）"下拉框，有"Same as Input"、"As Specified Below"和"Same as Display"三种选择，即选择与输入图层坐标系一致的坐标系，输出要素采用新的坐标系统、从下面指定的坐标系中进行选择，采用当前文件显示的坐标系统。也可以单击右边"浏览"按钮，选择其他文件的坐标系统作为输出坐标系；在"地理坐标转换（Geographic Transformation）"下拉框中选择坐标系统，实现地理坐标的转换，界面显示如图4.21（b）所示。

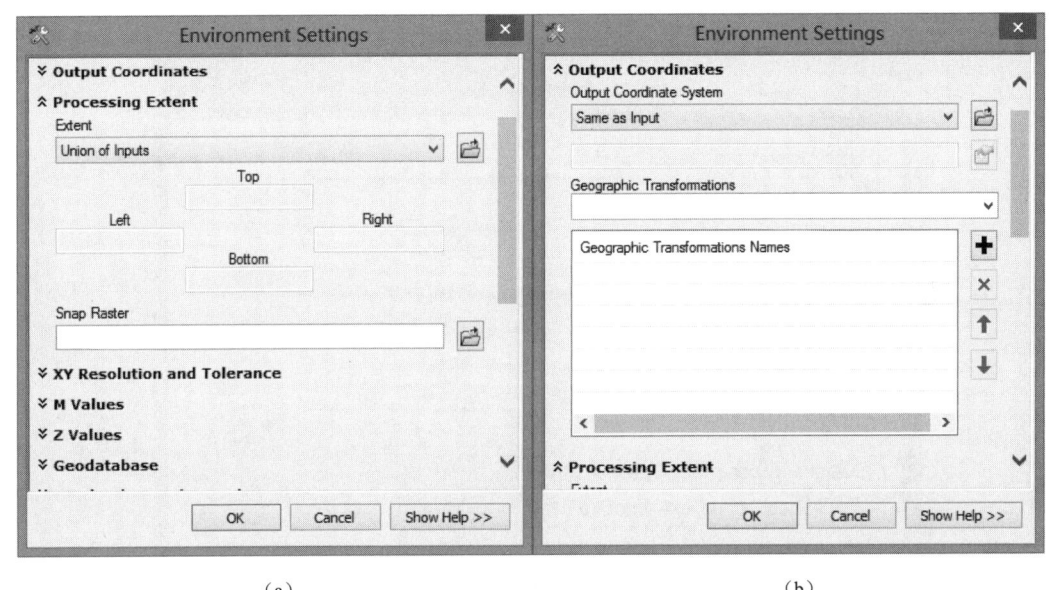

（a） （b）

图 4.21 环境设置下的处理范围对话框和输出坐标系统对话框

注意：第二、第三、第四和第五步没有严格的先后顺序，根据用户研究需求采取相关步骤进行设置。环境设置对话框中还有 XY 分辨率及容差、M 值、Z 值、地理数据库、字段、随机数、制图、地统计分析、TIN 等内容的设置，用户可根据需求自行设定。

4.4.2 距离分析

距离分析是一个非常广义的概念。不仅可以计算直线距离（欧式距离），还可以计算函数距离。首先对距离分析中的一些基本概念进行说明。

源是距离分析中的目标或目的地，如学校、商场等。源可以用栅格数据表示，也可以使用矢量数据表示。成本是到达目标、目的地的花费，包括金钱、时间等。影响成本的因素可以只有一个，也可以有多个。成本数据是一个单独的数据，但有时会需要考虑多个成本因素。此时，需要制定统一的成本分类体系，对单个成本按其大小分类，并对每一类别赋予成本量值，通常成本高的量值小，成本低的量值大。最后根据成本影响程度确定单个成本权重，依权重百分比加权求和，得到多个单成本因素综合影响的成本栅格数据。

成本距离加权数据也称成本累计数据，记录每个栅格到距离最近、成本最低的源的最少累加成本。

ArcGIS 提供了许多用于测量距离和分析函数，如直线距离、成本距离，实现各种距离分析与制图。主要包括：廊道分析、成本分配、成本回溯链接、成本距离、成本路径、欧氏距离、欧氏方向、欧氏分配、路径距离、路径距离分配和路径距离回溯链接。本节以常用的欧式距离和成本距离为例进行说明。

（1）欧氏距离。欧式距离即量测每一单元到最近源的直线距离，并按距离远近分级。具体操作如下：

第一步，在 ArcToolbox 中，双击"空间分析工具"→"距离分析（Distance）"→"欧式距离（Euclidean Distance）"，打开其对话框，如图 4.22 所示。

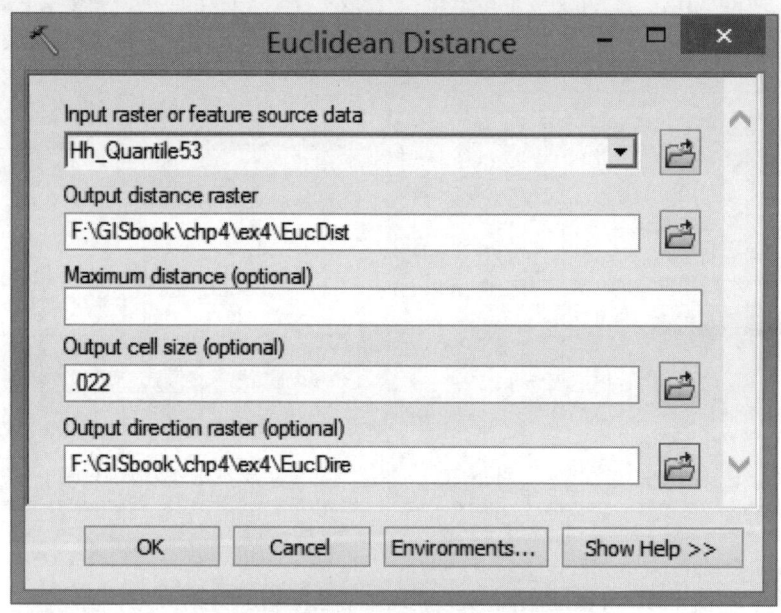

图 4.22　欧式距离对话框

第二步，在"输入栅格数据或要素源数据"中选择需要计算直线距离的数据，如 haihesite；在"输出距离栅格数据"中指定输出距离栅格的路径和名称，如 EucDist1；在"最大距离"中输入最大距离，计算将在输入的距离范围内进行，如果没有输入任何值，计算在整个图层范围内进行；在"输出像元大小"中输入栅格像元的大小；在"输出方向栅格数据"中文本框输入输出直线方向数据文件名称。

第三步，点击"确定"按钮，完成欧式距离和欧式方向的计算，结果如图 4.23 所示。

（2）成本距离。成本距离为计算每个单元到成本面上最近源的最小累积成本距离。它指的是以成本单位表示的距离，而不是以地理单位表示的距离。成本距离分析的输出有多种类型，如成本距离输出、回溯链接方向输出、成本分配输出等。具体操作步骤如下：

第一步，在 ArcToolbox 中，双击"空间分析工具"→"距离分析"→"成本距离（Cost Distance）"，打开其对话框，如图 4.24 所示。

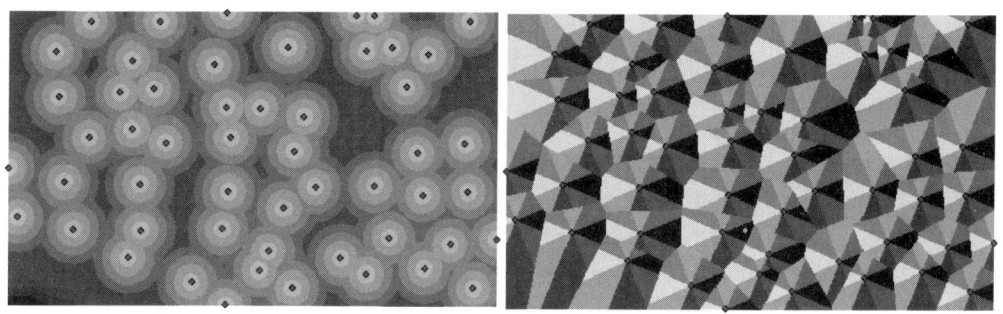

图 4.23 欧式距离数据图层和欧式方向数据图层

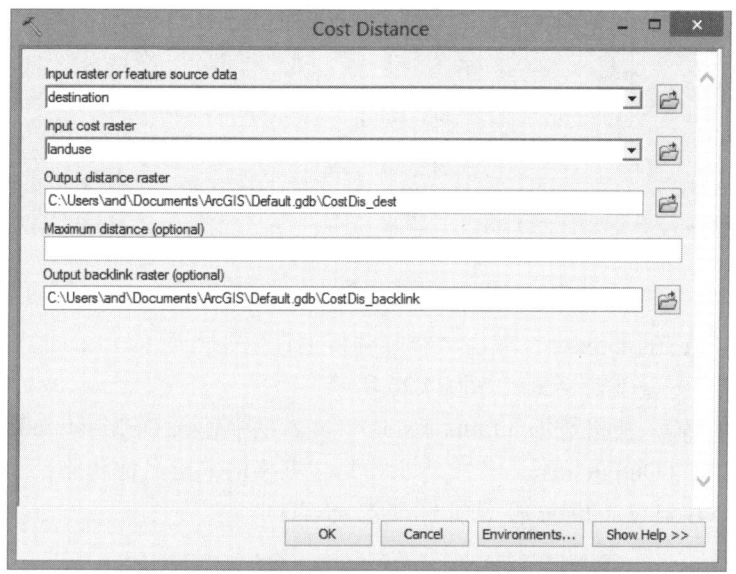

图 4.24 成本距离对话框

第二步,在"输入栅格数据或要素源数据"中选择需要计算成本距离的数据,为 destination;在"输入成本栅格"中输入成本栅格数据,这里以土地利用图为成本,将通达性高的土地类型,如平地赋权重 1;通达性低的林地赋权重 7,生成考虑土地利用成本在内的成本距离图层;在"输出距离栅格数据"中指定输出距离栅格的路径和名称,为 CostDis_dest;在"最大距离"中输入累积成本值不能超过的阈值;在"输出回溯链接栅格数据"中文本框输入回溯链接栅格数据文件名称,生成相应的回溯链接数据 CostDis_backlink。

第三步,单击"确定"按钮,生成成本距离图层和回溯链接图层,结果如图 4.25 所示。

4.4.3 统计分析

统计分析常用的有像元统计、邻域统计和分类区统计。下面针对这三种统计分别介绍。

(1) 像元统计。像元统计是以栅格单元为单位对多层栅格数据叠加分析时进行的像元统计分析,其前提必须是来源于同一个地理区域,具有相同的坐标参考系。像元统计常用于同一地区多时相数据的统计,通过分析得到所需要的数据。比如,同一地区不同时期的土地利用情况、人口密度变化情况、河网密度变化情况。目前 ArcGIS10 提供的统计方法包括：最大值、最小值、平均值、标准差、和、种类、值域、频率最高、频率最低和中位数 10 种统计模式。具体操作步骤如下：

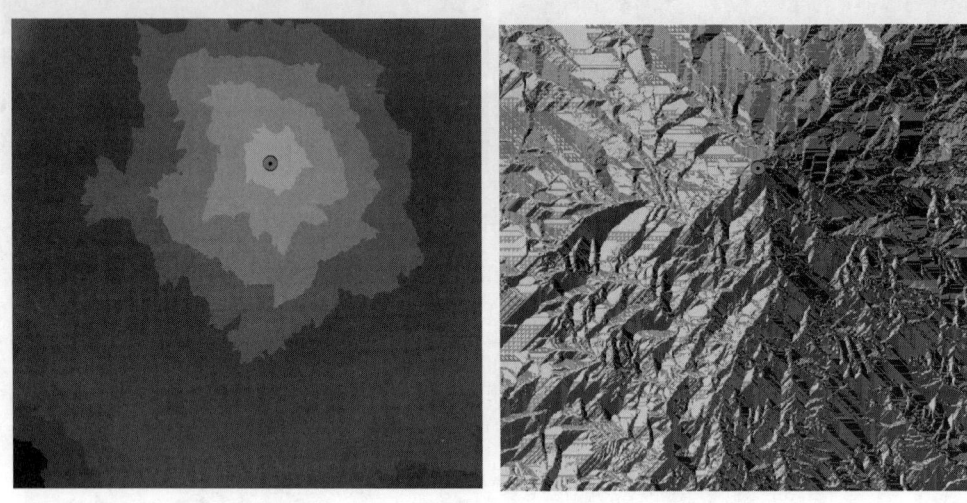

图 4.25　成本距离图层和回溯链接栅格图层

第一步，在 ArcToolbox 中，双击"空间分析工具"→"局部（Local）"→"像元统计（Cell Statistics）"，打开其对话框，如图 4.26 所示。

第二步，在"输入栅格数据（Input raster）"文本框中输入 DEM（mindem、maxdem）；在"输出栅格数据（Output raster）"文本框中指定栅格的输出名称和路径（CellSta_std）；在"叠加统计（Overlay statistic）"选择标准差（STD）。

图 4.26　像元统计对话框

第三步,单击"确定"按钮,生成像元统计(标准差)结果图,如图 4.27 所示。

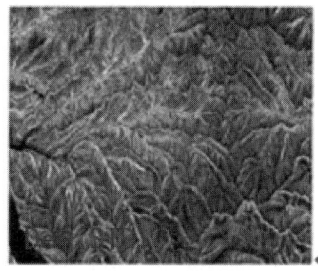

图 4.27　像元统计(标准差)结果图

(2)邻域统计。邻域统计是对数据集中的每个像元值的邻域范围内的像元进行统计,即以待计算栅格为中心,向其周围扩展一定范围,基于这些邻域范围内的栅格数据进行统计计算,将运算结果作为像元的值。目前 ArcGIS10 提供的统计方法包括:最大值、最小值、平均值、标准差、和、种类、值域、众数、最少数和中位数 10 种统计模式。常用的邻域范围类型包括:矩形、圆形、圆环和扇形等,其示意图如图 4.28 所示。下面以矩形窗口和求最大值的统计方法进行邻域统计为例进行说明,具体操作步骤如下:

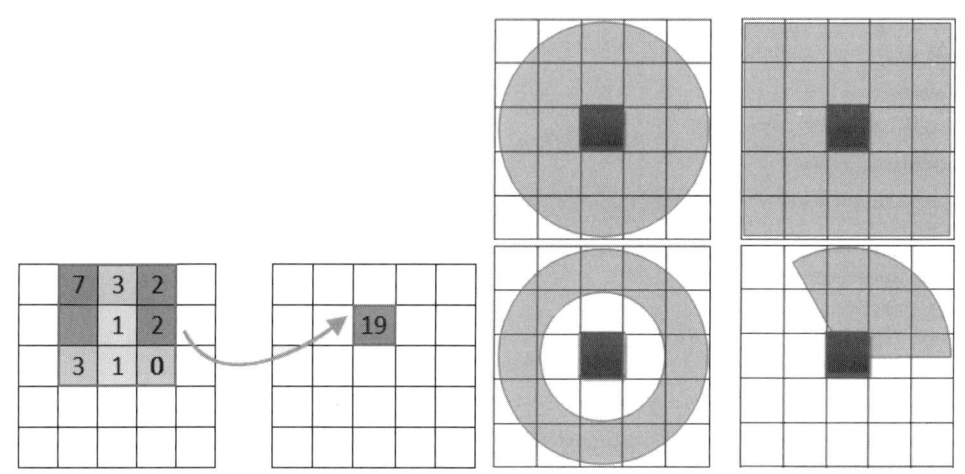

图 4.28　邻域统计(求和)及常用的邻域范围类型示意图

第一步,在 ArcToolbox 中,双击"空间分析工具"→"邻域分析(Neighborhood)"→"焦点统计(Focal Statistics)",打开其对话框,如图 4.29 中的左图所示。

第二步,在"输入栅格数据"文本框中输入 DEM(dem);在"输出栅格数据"文本框中指定栅格的输出名称和路径,为 maxdem;在"邻域分析(Neighborhood)"选择长方形(Rectangle);在"邻域设置(Neighborhood Setting)"中分析窗口选择 3*3;在"统计类型(Statistics type)"中选择最大值(MAXIMUM),即分析该窗口下的最大值。

第三步,点击"确定"按钮,完成邻域统计分析,结果如图 4.29 中的右图所示。

分类区统计是以一个数据集的分类区为基础,对另一个数据集进行统计分析。利用分类区能够根据一个分区数据计算分区范围内所包含的另一个栅格数据的统计信息。例如，想了解坡向变率（坡向之坡度）信息，可以以坡向分类区作为基础上，坡度数据作为被统计数据集，进行分类区统计。常用的统计方法和邻域统计一样。具体操作步骤如下：

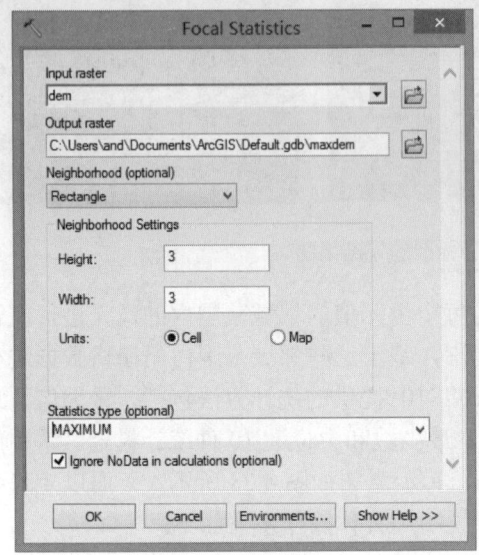

图 4.29　焦点统计对话框和邻域统计结果图

第一步，在 ArcToolbox 中，双击"空间分析工具"→"区域分析"→"分区统计（Zonal Statistics）"，打开其对话框，如图 4.30 所示。

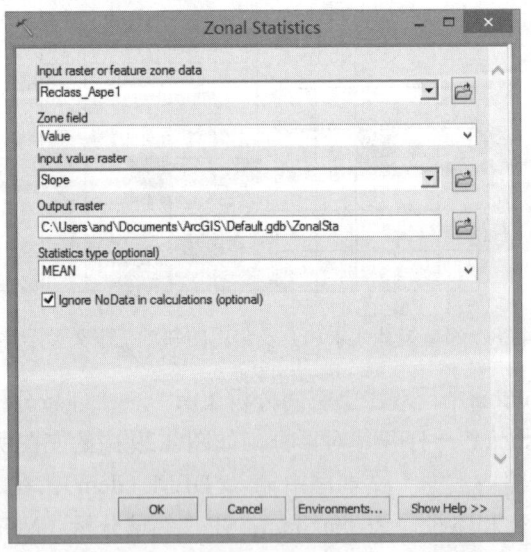

图 4.30　分区统计对话框

第二步，在"输入栅格或要素区域数据（Input raster or feature zone data）"文本框中输入坡向图层；在"分区字段（Zone field）"中选择 Value；在"输入赋值栅格数据（Input value raster)”文本框中输入坡度图层；在“输出栅格数据（Output raster)”文本框中指定栅格的输出名称和路径，为ZonalSta；在“统计类型（Statistics type)”中选择最大值（MEAN)，即分析该窗口下的平均值。

第三步，点击“确定”按钮，完成分区统计分析，结果如图4.31所示。

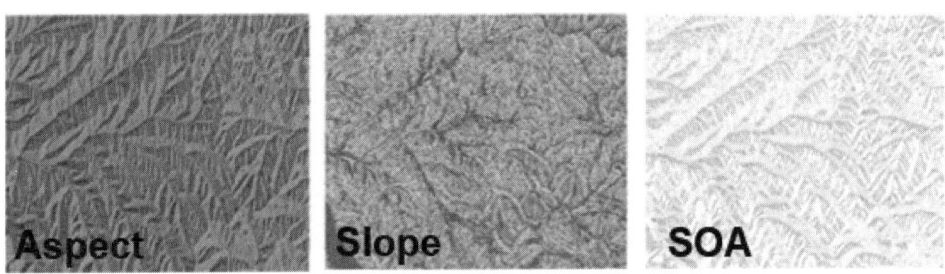

图4.31 坡向变率分区统计结果图

如果以表格形式输出的话，选择“区域分析”→“以表显示分区统计（Zonal Statistics as Table)”，结果如图4.32所示；如果以直方图形式输出的话，选择“区域分析（Zonal)”→“区域直方图（Zonal Histogram)”，结果如图4.33所示。

Table

ZonalSt_Reclass2

OBJECTID *	Value	COUNT	AREA	MIN	MAX	RANGE	MEAN	STD	SUM
1	1	229	143125	0	0	0	0	0	0
2	2	27111	1694437	.057352	56.191975	56.134623	16.484121	8.118732	446901.010109
3	3	83648	5228000	.040504	52.073345	52.032841	18.615472	8.366319	1557146.977569
4	4	113328	7083000	.057212	52.677658	52.620446	21.678371	8.070516	2456766.404191
5	5	74580	4661250	.040504	56.659595	56.619091	21.038048	7.805436	1569017.655967
6	6	61955	3872187	.057212	50.706905	50.649694	20.002229	8.166629	1239238.094012
7	7	85690	5355625	.040455	57.84869	57.808235	20.319906	8.053041	1741212.746457
8	8	123478	7717375	.057282	52.324402	52.26712	21.305911	8.108619	2630811.327695
9	9	83707	5231687	.040356	51.767582	51.727226	18.640175	8.119986	1560313.097465
10	10	27864	1741500	.090548	56.873665	56.783117	16.618668	8.128693	463062.553913

1 (0 out of 10 Selected)

ZonalSt_Reclass2

图4.32 坡向变率分区统计表（以表显示分区统计）

4.4.4 重分类

重分类就是对原有的栅格像元值进行重新分类得到一组新值并输出。常用的有新值替换（用新属性值替代原来值）、重分类（对原来的属性值按照一种新的分类体系进行重新分类）和空值设置（将指定值设置为空值）。具体操作如下：

第一步，在ArcToolbox中，双击“空间分析工具”→“重分类（Reclass)”→“重分类（Reclassify)”，打开其对话框，如图4.34所示。

第二步，新值替换。在“输入栅格”文本框中输入坡度图层slope1；在“重分类字段（Reclass field)”中选择Value；在“重分类（Reclassification)”区域中的“新值（New values)”

列中,键入新值,也可通过点击"加载(Load)"按钮来加载已经设置好的新值属性;在"输出栅格"文本框中指定栅格的输出名称和路径,为 Reclass_Slop2;单击"确定"按钮,完成新值替换。

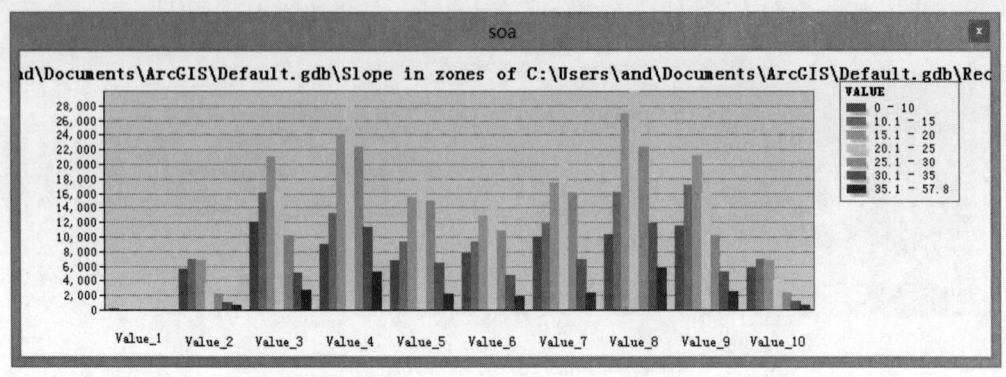

图 4.33　坡向变率分区统计图(以区域直方图显示)

第三步,重分类。在重分类对话框中,点击右侧的分类(Classify)按钮,打开分类设置对话框;在"方法(Method)"下拉框中选择自然间断点分级法(Natural Breaks);在"Classes"里面改成 3 级,在"中断值(Break values)"里面设置分级界线(14.7,25,57.8);点击"确定"按钮,返回重分类对话框;分别在"输入栅格""重分类字段"和"输出栅格"设置图层的输入和输出,单击"确定"按钮,完成重分类,结果如图 4.35(a)所示。

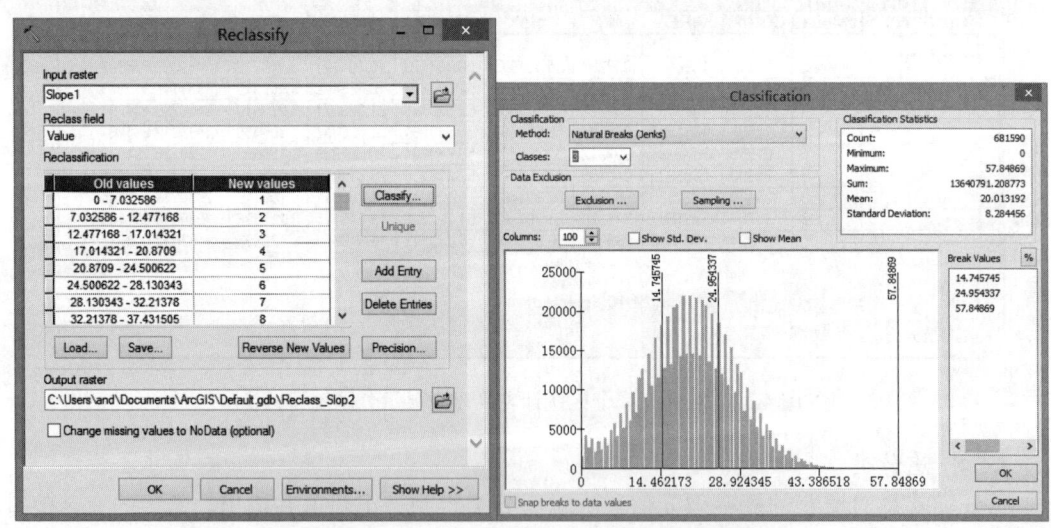

图 4.34　重分类对话框和分级设置对话框

第四步,空值设置。例如,现在需要对 Slope>30°的坡度进行分析。首先利用右侧的"分类"按钮将坡度重分类成 2 级,中断值为 30;然后在重分类对话框中,将 0~30 的区间的新值赋值为 Nodata,大于 30 的区间赋值为 1;单击"确定"按钮,完成空值设置,结果如图 4.35(b)所示。

4.4 栅格数据的空间分析

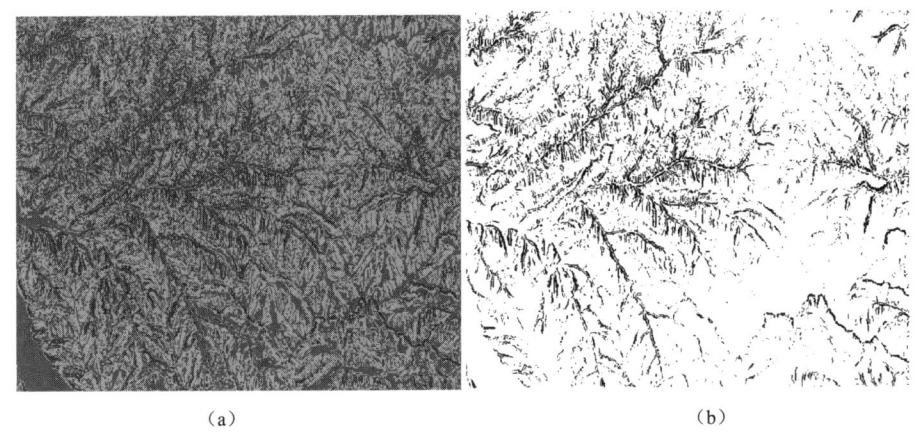

(a)　　　　　　　　　　　　　(b)

图 4.35　坡度重分为 3 类的结果和空值设置（Slope＞30°）结果图

4.4.5　条件分析与栅格计算

栅格计算是数据分析与处理最常用的方法，也是建立复杂的应用模型的基本模块。常用的栅格计算主要包括数学运算（算术运算、布尔运算、关系运算）和函数运算。ArcGIS 提供了栅格计算器，可以完成上述运算，还可以实现多条语句的同时输入和运行。

（1）数学运算。算术运算主要包括加、减、乘和除法四种，完成两个或多个栅格数据相对应单元之间的加、减、乘、除运算。

布尔运算主要包括：和（and，&）、或（or，|）、异或（Xor，!）、非（not，^）四种。它是一个逻辑选择的过程，若判断为真，输出结果为 1；若判断为假，输出结果为 0。① 和：比较大于等于两个栅格数据层，若对应的栅格值均为非 0 值，则输出结果为真，赋值为 1；否则赋值为 0；② 或：比较大于等于两个栅格数据层，若对应的栅格值只要有一个及以上为非 0 值，则输出结果为真，赋值为 1；否则赋值为 0；③ 异或：比较大于等于两个栅格数据层，若对应的栅格值在逻辑真假上互不相同，则输出结果为真，赋值为 1；否则赋值为 0；④ 非：对一个栅格数据层进行判断，如果栅格值为 0 值，则输出结果为真；如果栅格值非 0，则输出结果为 0。

关系运算是以一定条件为基础，符合条件为真，赋值为 1；不符合条件为假，赋值为 0。关系运算符包括六种：等于（=）、大于（>）、小于（<）、不等于（!=）、大于等于（>=）、小于等于（<=）。

（2）函数运算。函数运算主要包括数学函数运算和栅格数据空间分析函数运算。

数学函数包括算术函数、三角函数、对数函数和幂函数。① 算术函数：主要有绝对值函数（Abs）、整数函数（Int）、浮点函数（Float）、向上舍入函数（Ceil）、向下舍入函数（Floor）和输入数据为空（Isnull）；② 三角函数：主要有正弦函数（Sin）、余弦函数（Cos）、正切函数（Tan）、反正弦函数（Asin）、反余弦函数（Acos）、反正切函数（Atan）等；③ 对数函数：对数函数可以对输入的格网数字做对数或指数的运算。指数包括底数为 2、e 和 10 三种（Exp2、Exp、Exp10），对数包括自然对数、底数为 2 和 10 三种（Log、Log2、Log10）；④ 幂函数：主要包括平方（Sqr）、平方根（Sqrt）和幂（Pow）。

栅格数据空间分析函数主要是指 ArcGIS 自带的栅格数据分析与处理的函数，比如栅格表明分析中的坡度（slope）、坡向（aspect）、阴影（hillshade）等。这些空间分析函数并没有出现在栅格计算器中，需要手动输入。

（3）栅格计算器。以数字高程模型 DEM 为基础图层，提取山脊线和山谷线中用到的栅格计算器为例来进行说明。具体操作如下：

第一步，双击"空间分析工具"→"地图代数（Map Algebra）"→"栅格计算器（Raster Calculator）"，打开其对话框，如图4.36所示。

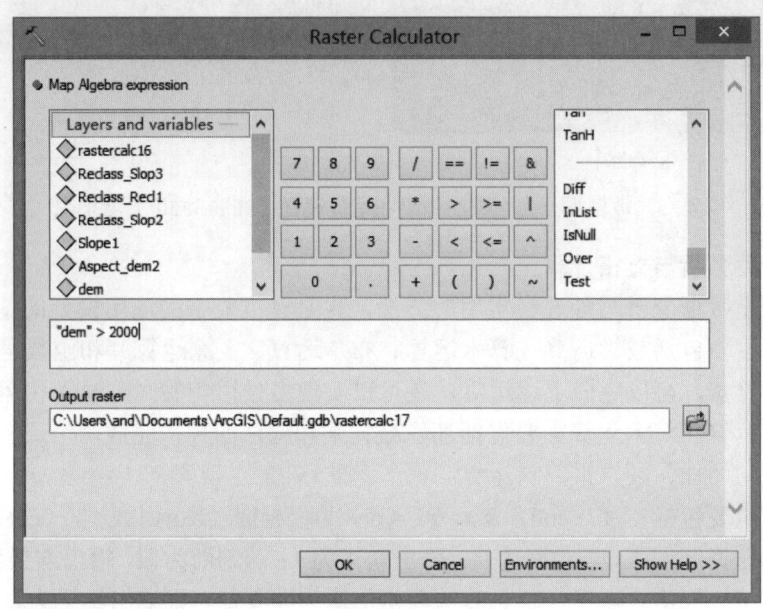

图 4.36　栅格计算器对话框

第二步，简单查询和显示 dem 大于 2000 米的位置。在文本框中输入"dem" > 2000，点击"确定"按钮，生成高程大于 2000 米的 dem 图层，如图 4.37（a）所示。

第三步，利用数学运算和函数运算综合计算地面坡向变率。在文本框中输入 SOA=（（"SOA1"+"SOA2"）−Abs（"SOA1"−"SOA2"））/2，消除在提取过程中由背面坡产生的误差，输出地面坡向变率图层，结果如图 4.37（b）所示。

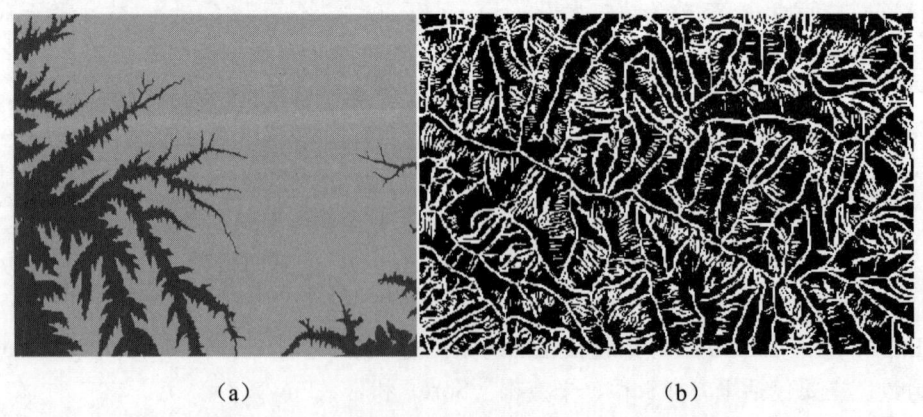

（a）　　　　　　　　　　　　　　　（b）

图 4.37　高程大于 2000 米的 dem 图层和地面坡向变率图层

第5章 数字高程模型的建立和应用

数字高程模型（digital elevation model，DEM），是通过有限的地形高程数据实现对地形曲面的数字化模拟（即地形表面形态的数字化表示），高程数据常常采用绝对高程（即从大地水准面起算的高度）。

DEM 的采集主要通过以下三种方法：① 地面测量：利用自动记录的测距经纬仪在野外实测；② 现有地图数字化；③ 空间传感器。

DEM 的主要表示模型（图 5.1）有三种：规则格网、不规则三角网 TIN 和等高线。

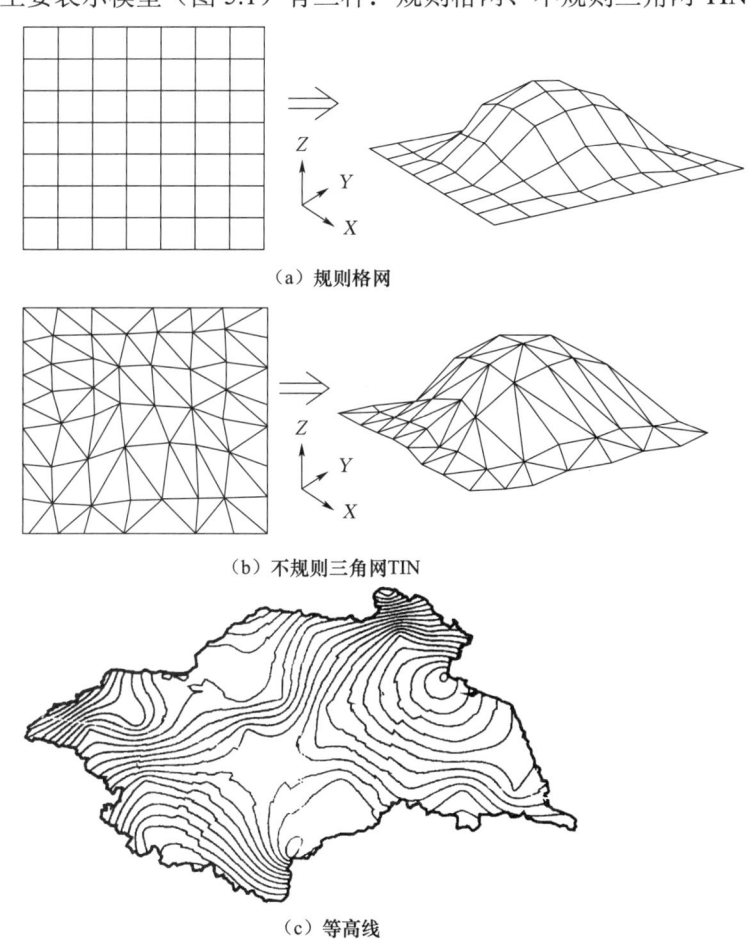

图 5.1 DEM 表示模型示意图

（1）规则格网是 DEM 最广泛使用的格式，计算机处理很容易，并且可以计算等高线、坡度、坡向和自动提取流域地形等。它的缺点是不能准确表示地形的结构和细部。可以采用附加地形特征数据来解决，例如通过地形特征点、山脊线、谷底线等来描述地形结构。

（2）不规则三角网 TIN。专为产生 DEM 数据而设计的一种采样表示系统。按照优化组合的原则，将区域内的采样点连接成相互连续的三角面，尽可能使每个三角形成锐角或者三边近似相等。它的优点是随地形起伏变化的复杂性而改变采样点的密度和决定采样点的位置，因此可避免数据冗余（平坦地形），能按照地形特征点（山脊/谷）表示数字高程特征。其缺点是数据存储方式比较复杂，需要存储每个点的高程、平面坐标、拓扑关系等。

（3）等高线。存储成一个有序的坐标点对序列，可认为是一条带有高程值属性的简单多边形或多边形弧段。它的缺点是只表达了区域部分高程值，需要插值来获取等高线外的高程值。

5.1 DEM 的建立

5.1.1 DEM 建立的一般步骤

DEM 的建立过程是一个模型建立的过程。建模的目的是对复杂的客体进行简化和抽象，并把对客体的研究转移到对模型的研究上来。

构筑模型的一般的内容和过程：① 采用合适的空间模型构造空间结构（DEM 的格网化过程），空间结构是为把特定区域内的空间目标镶嵌在一起而对区域进行的划分；② 采用合适的属性域函数（高程的确定）。由于空间数据包括位置特征和属性特征，而属性特征是定义在位置特征基础上的，因此每一个空间域就是由空间结构到属性域的计算函数或域函数；③ 在空间结构中进行采样，构造空间域函数（内插函数的确定）；④ 利用空间域函数进行分析（求取格网点的函数值）。模型的可计算性要求：空间域的数量、属性域和空间结构是有限的，域函数是可计算的。

DEM 的生成流程：原始数据获取、DEM 模型构造、数据插值、在所定数据结构支持下的数据存储和模型输出。

5.1.2 DEM 空间插值

ArcGIS 中主要以规则格网（栅格模型）和不规则三角网（TIN 模型）两种形式来创建表面以适合于某些特定的数据分析。创建表面模型主要有插值法和三角测量法两种方法。插值是利用有限数目的采样点来估计未知样本点的一种方法，可以生成高程、降雨量、污染程度、水质等连续表面。常用的插值方法包括：反距离加权法、克里金插值法、自然邻域法、样条函数法、趋势面法和地形转栅格法。每种插值方法都有一定的前提适用条件，根据采样点的数目、分布特征选择合适的插值方法。本节以常用的插值法为例进行说明。

（1）反距离加权法。以插值点与样本点之间的距离为权重的插值方法，插值点越近的样本点赋予的权重越大，其权重贡献与距离成反比。该方法适用于采样点影响随着距离的增大而减小的情况。具体操作步骤如下：

第一步，启动 ArcToolbox，双击"3D 分析工具（3D Analyst Tools）"→"栅格插值（Raster Interpolation）"→"反距离加权法（IDW）"，打开其对话框，如图 5.2（a）所示。

第二步，在"输入点要素数据（Input point features）"文本框中选择 hhsite 图层；"Z 值字段（Z value field）"输入需要插值的字段为 Q100y，即百年一遇的极值降雨频率估计值；在"输出栅格数据（Output raster）"文本框中指定栅格的输出名称和路径，即 idw；"输出像元大小（Output cell size）"为可选，输出栅格分辨率大小；"权重幂（Power）"为可选，一般默认为 2，权重即距离的指数幂越大，点的距离对每个样点的影响越小；同时幂越小，表面越光滑；"搜索半径（Search radius）"可以选择为变量和固定两种，变量表示可变半径，需要设置采样点数，根据采样点数的分布确定半径的大小；"输入障碍折线要素（Input barrier polyline features）"指输入某些线性要素，如断层，用来限制输入点的搜索。

第三步，点击"确定"按钮，完成反距离加权插值的计算，结果如图 5.2（b）所示。

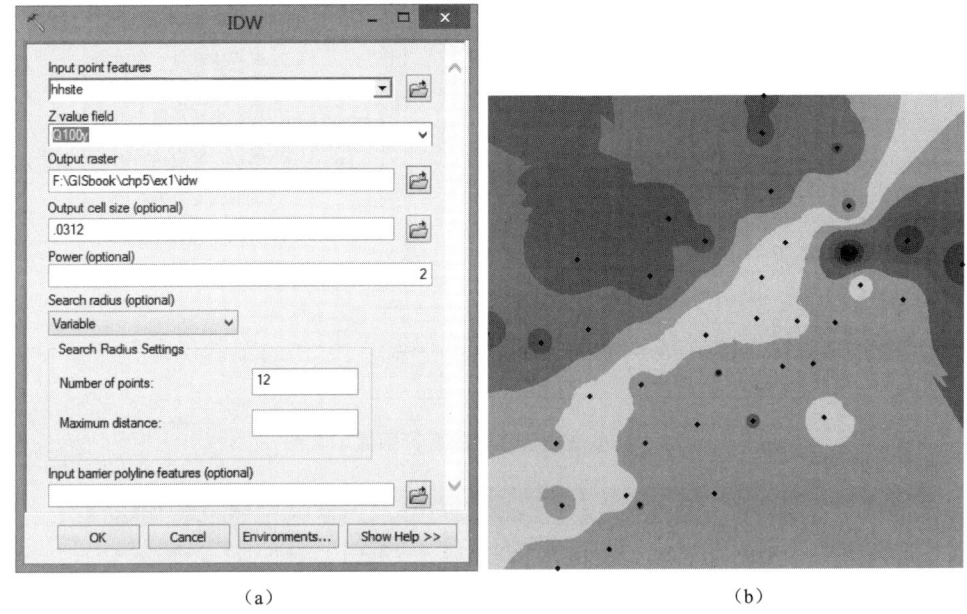

图 5.2 反距离加权插值对话框和插值计算结果图

（2）克里金插值法。由法国地理学家 Gerges Matheron 和南非矿业工程师 D. G. Krige 创立的地质统计学中最佳内插方法，具有坚实的空间统计学理论基础，充分考虑了实际插值曲面空间数据的结构特性和随机分布特性。近年来广泛应用于 GIS 空间内插。主要思路是：首先利用原始数据和变异函数模型的结构特点，在以线性无偏、最优估计变异函数的条件下（变异函数提供了内插、优化采样信息，可以实现内插估计值的无偏估计），求出各采样点的权重系数；然后以各采样点与已求得权重线性组合来求空间任意点的内插估计值。它着重于权重系数的确定，从而使内插函数处于最佳状态。该方法适用于采样点包含距离和方向上的偏差情况。实践中，常用的变异函数示意图如图 5.3 所示，引自甘肃农业大学资源与环境学院的 ppt 文件中。半变异函数的参数设置界面如图 5.4 所示。

具体操作步骤如下：

第一步，启动 ArcToolbox，双击"3D 分析工具"→"栅格插值"→"克里金插值法（Kriging）"，打开其对话框，如图 5.5（a）所示。

第二步，在"输入点要素数据"中输入 hhsite 图层；"Z 值字段"输入 Q100y；在"输出表面栅格（Output surface raster）"文本框中指定栅格的输出名称和路径，即 Kriging；在"半变异函数（Semivariogram properties）"区域中，"克里金方法（Kriging method）"可以选择普通（Ordinary）或者通用（Universal）；"半变异模型（Semivariogram model）"中有球面、指数、高斯、线性等多种选择，选择其一即可。"输出像元大小"为输出栅格分辨率大小；"搜索半径"可从变量和固定两种中选择其一，含义同 IDW；"输入栅格的方差（Output variance of prediction raster）"指输出插值后的栅格值的方差大小。

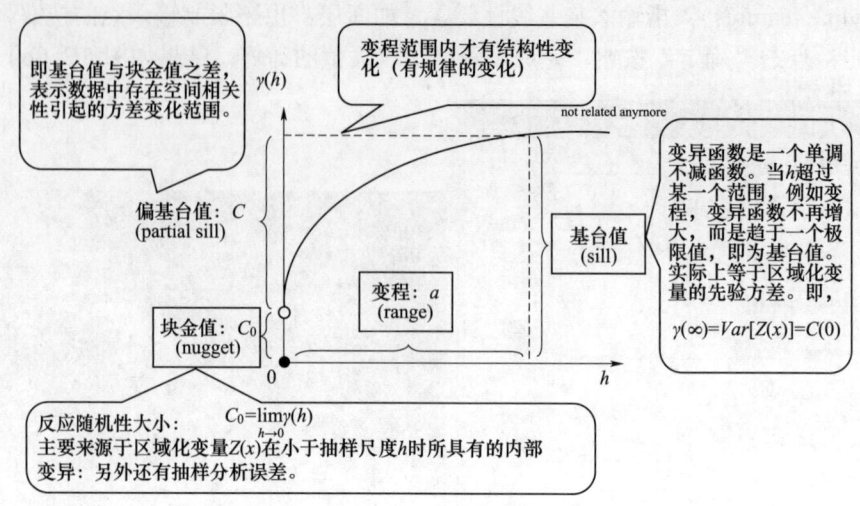

图 5.3　克里金插值法中的变异函数示意图

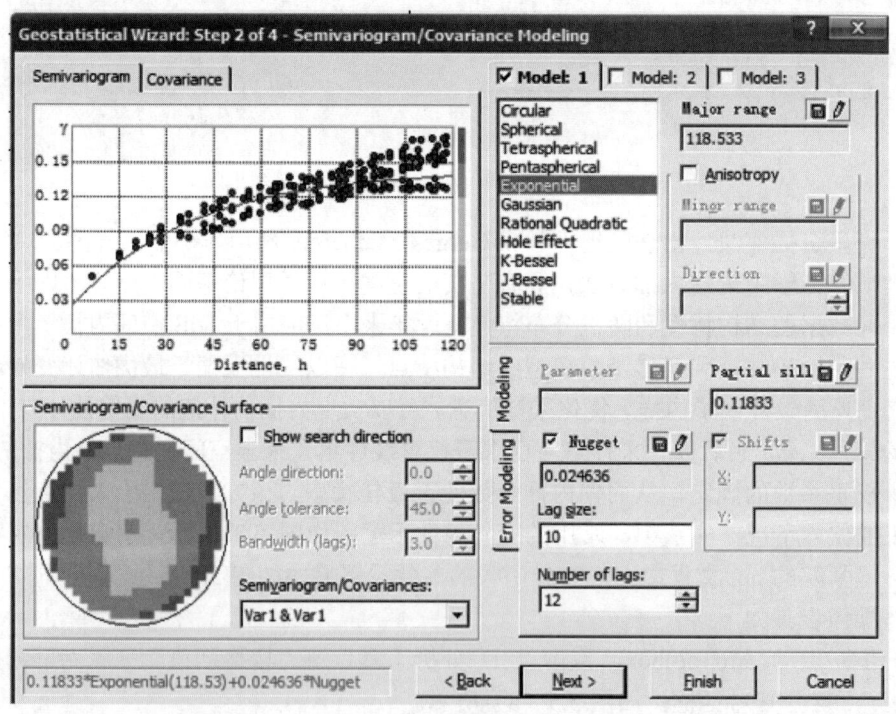

图 5.4　ArcGIS 软件中的半变异函数参数设置界面

第三步，点击"确定"按钮，完成克里金插值的计算，结果如图 5.5（b）所示。

5.1 DEM 的建立

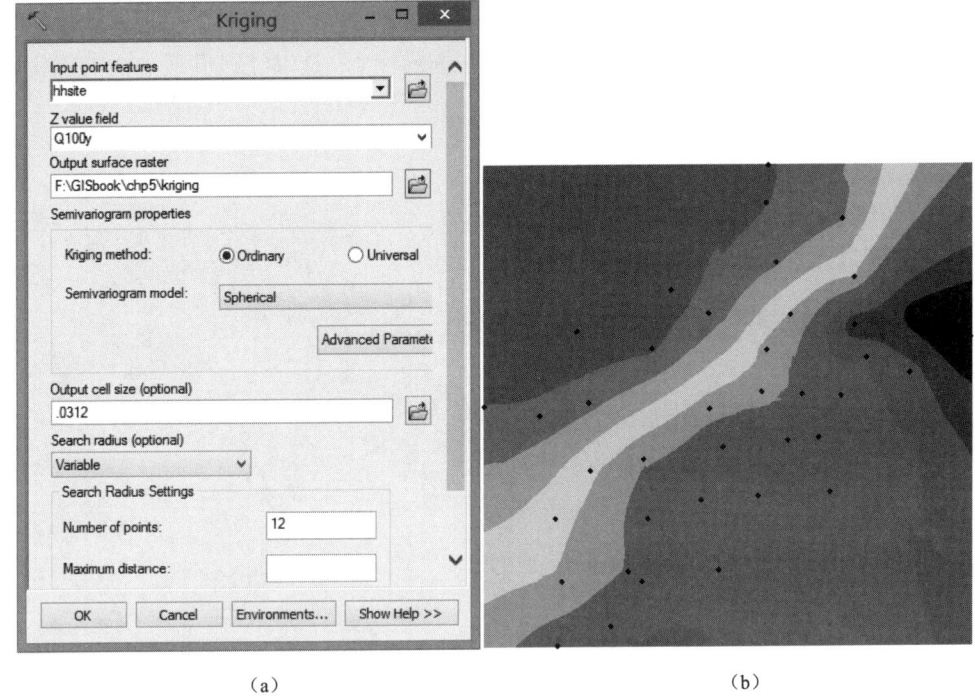

(a)　　　　　　　　　　　　　(b)

图 5.5　克里金插值对话框和插值计算结果图

（3）样条函数法。样条函数法实际上是一种改进的分段插值函数，获取各个采样点上具有最小曲率的拟合曲面，分块之间的边界要求连续可导。它的优点是保留局部地形的细部特征，获取连续光滑的 DEM，具有较好的保凸性和逼真性及平滑性。该方法适用于渐变的表面属性，即属性值变化不大的地区。具体操作步骤如下：

第一步，启动 ArcToolbox，双击"3D 分析工具"→"栅格插值"→"样条函数法（Spline）"，打开其对话框，如图 5.6（a）所示。

第二步，在"输入点要素数据"选择 hhsite 图层；"Z 值字段"输入 Q100y；在"输出栅格"中指定栅格的输出路径和名称，为 Spline；在"输出像元大小"中输出栅格分辨率大小；在"样条函数类型（Spline type）"中有规则和张力两种可选；"权重（Weight）"在规则样条中用来控制表面的平滑度，权重值越大，表面越平滑，一般取值范围为 0~0.5；"样点数（Number of points）"指定插值时的最少点数。

第三步，点击"确定"按钮，完成样条函数插值的计算，如图 5.6（b）所示。

（4）自然邻域法。自然邻域法查找距查询点最近的输入样本子集，并基于区域大小按比例对这些样本应用权重来进行插值。该插值方法具有局部性，仅使用查询点周围的样本子集，且保证插值高度在所使用的样本范围之内；它不会推断趋势且不会生成输入样本尚未表示的山脊或山谷等。该方法适合于采样点分布不均的情况。具体操作步骤如下：

第一步，启动 ArcToolbox，双击"3D 分析工具"→"栅格插值"→"自然邻域法（Natural Neighbor）"，打开其对话框，如图 5.7（a）所示。

第二步，在"输入点要素数据"中选择 hhsite 图层；"Z 值字段"输入 Q100y；在"输出栅格"中指定栅格输出的路径和名称,为 nnbor;在"输出像元大小"中输出栅格分辨率大小;注意:自然邻域法插值的边界与其他几种方法不同,是以经纬度最外面的点构成的面作为边界。

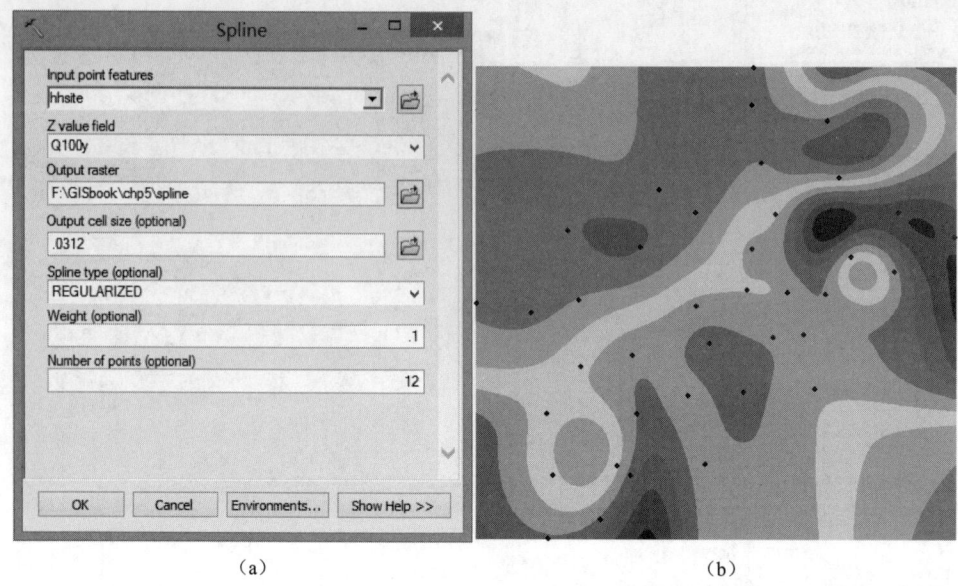

图 5.6　样条函数对话框和插值计算结果图

第三步,点击"确定"按钮,完成自然邻域法插值的计算,如图 5.7(b)所示。

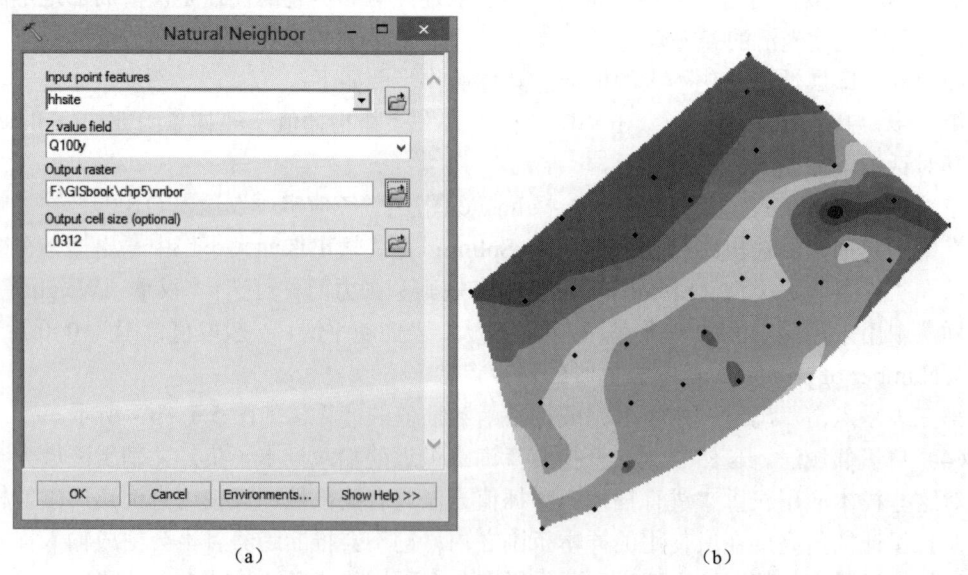

图 5.7　自然邻域法对话框和插值计算结果图

(5)趋势面法。趋势面法是利用数学曲面模拟地理系统要素在空间上的分布及变化趋势的一种数学方法,实质上是通过回归分析原理,运用最小二乘法拟合一个二元非线性函

5.1 DEM 的建立

数,模拟地理要素在空间上的分布规律,展示地理要素在地域空间上的变化趋势。具体操作步骤如下:

第一步,启动 ArcToolbox,双击"3D 分析工具"→"栅格插值"→"趋势面法(Trend)",打开其对话框,如图 5.8(a)所示。

第二步,在"输入点要素数据"中选择 haihesite 图层;"Z 值字段"输入 Q100y;在"输出栅格"中指定输出栅格的路径和名称,为 trend;在"输出像元大小"中输出栅格分辨率大小;在"回归类型(Type of regression)"中有线性和对数两种可选。

第三步,点击"确定"按钮,完成自然邻域法插值的计算,如图 5.8(b)所示。

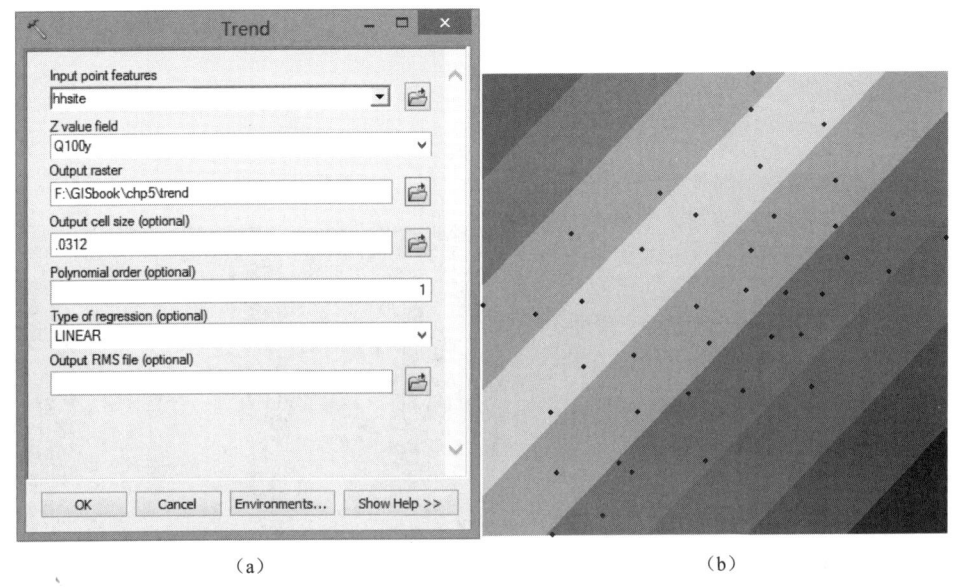

图 5.8　趋势面对话框和插值计算结果图

(6)地形转栅格插值。该方法充分利用输入数据的地形特征信息,采用迭代有限差分差值技术,生成地形表面。它实质是属于离散化的样条函数法,经过优化处理,具有 IDW 的计算效率,同时又具有克里金和样条函数的表面连续性。使用多分辨率差值方法,利用粗糙度惩罚系数的改变,拟合出的 DEM 能够还原真实地形的突变特征。具体操作如下:

第一步,启动 ArcToolbox,双击"3D 分析工具"→"栅格插值"→"Topo to Raster",打开其对话框,如图 5.9(a)所示。

第二步,在"输入要素数据"中选择 hhsite 图层,并为每一个要素层设置字段和类型;在"输出表面栅格"中指定栅格输出的路径和名称,为 TintoRas;在"输出像元大小"中输出栅格分辨率大小,此项为可选;"输出范围(Output extent)"中设置输出的边界,为 Haihebound;"像元间距(Margin in cells)"用于处理输出数据边界时的插值调整函数,默认为 20;在"地形强化(Drainage enforcement)"中有三个选择,enforce:清除所有的汇,即所有洼地被填充,no enforce:不填充汇,enforce with sink:对未标识的汇进行填充,如要生成地形之外的其他表面,一般选择 no enforce;在"输入数据的主要类型(Primary type of input data)"有等值线和点两种选择;在"最大迭代次数(Maximum number of iterations)"

中选择合适的次数，一般等值线为 40，点的默认是 20；在"粗糙度惩罚系数（Roughness penalty）"中等值线默认为 0，点默认为 0.5；在"离散误差系数（Discretisation error factor）"中用于将输入数据转换为栅格是调整平滑量，默认为 1，一般范围为 0.5~2，值较大的话，平滑处理的也多；在"容差 1（Tolerance 1）"中反映高程点相对于表面地形的精度和密度，对于点数据，默认值是 0，对于等值线，默认值是 2.5。

第三步，点击"确定"按钮，完成地形转栅格插值的计算，结果如图 5.9（b）所示。

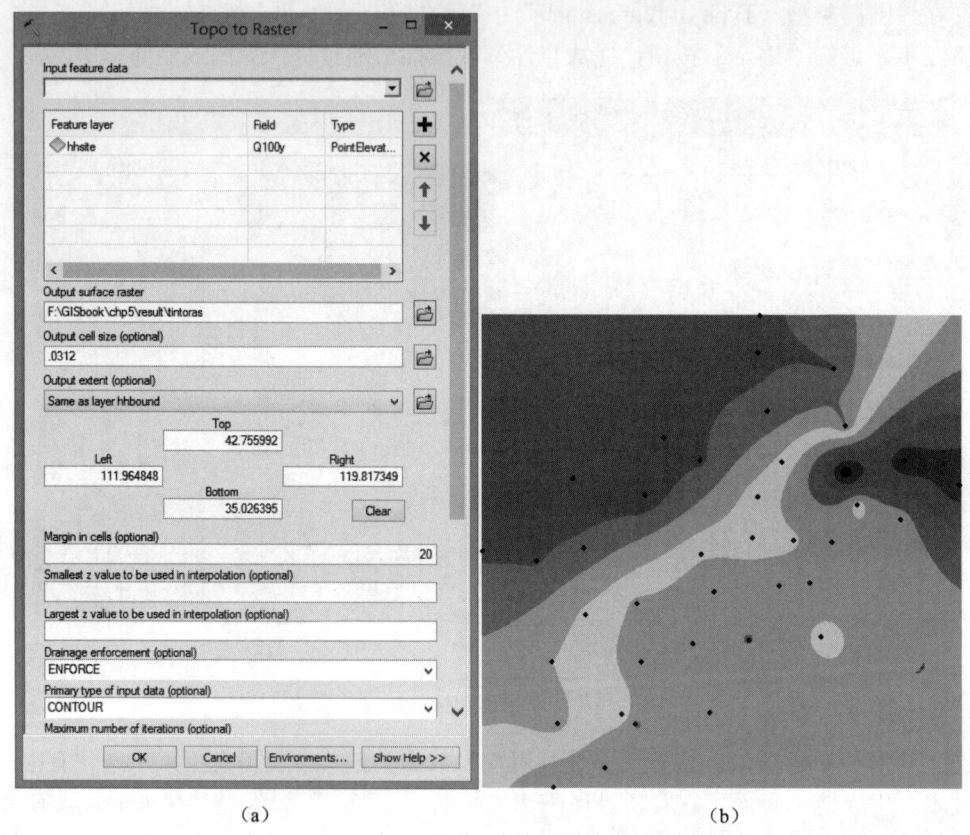

图 5.9 地形转栅格对话框和插值计算结果图

5.1.3 TIN 和 DEM 的生成

TIN 通常是由多种矢量数据创建的，可以是点、线和面作为 TIN 创建的数据源。其中一些要素必须有 Z 值。具体操作如下：

第一步，在 ArcMap 中首先激活并加载"3D Analyst"模块。单击"自定义（Customize）"主菜单→"扩展模块（Extensions）"，打开其对话框，勾选"3D Analyst"；加载点、线和面要素层（elevpt_Clip，elev_Clip，Boundary，ErHai）。

第二步，启动 ArcToolbox，双击"3D 分析工具"→"数据管理（Data Management）"→"不规则三角网（TIN）"→"创建 TIN（Create TIN）"，打开其对话框，如图 5.10 所示。

第三步，在"输出 TIN"中指定 TIN 的路径和名称，为 TIN；在"输入要素类（Input Features Class）"中选择使用的要素，并设置相应的属性；在文本框区域中，"Input Features"

5.1 DEM 的建立

指的是要素图层的名称,"Height Field"中选择具有高程值的字段,"SF Type"指的以什么类型参与构建 TIN,比如离散多点(Mass_Points)、线(Hard_Line)、面(Hard_Replace)等类型,"Tag Field",如选择标签字段,则面的边界被强化为隔断线,且面内部的三角形将以标签值作为属性;"约束型 Delaunay"为可选项,勾选表示三角测量 Delaunay 被约束,不选则表示完全遵循 Delaunay 规则;具体设置见创建 TIN 对话框。

第四步,点击"环境变量(Environment)"→"处理边界(Processing Extent)",在"Extent"下拉框中选择"Same as layer Boundary",即以 Boundary 图层作为裁剪边界,点击"确定"按钮,返回 TIN 对话框。

第五步,点击"确定"按钮,生成 TIN 图层。

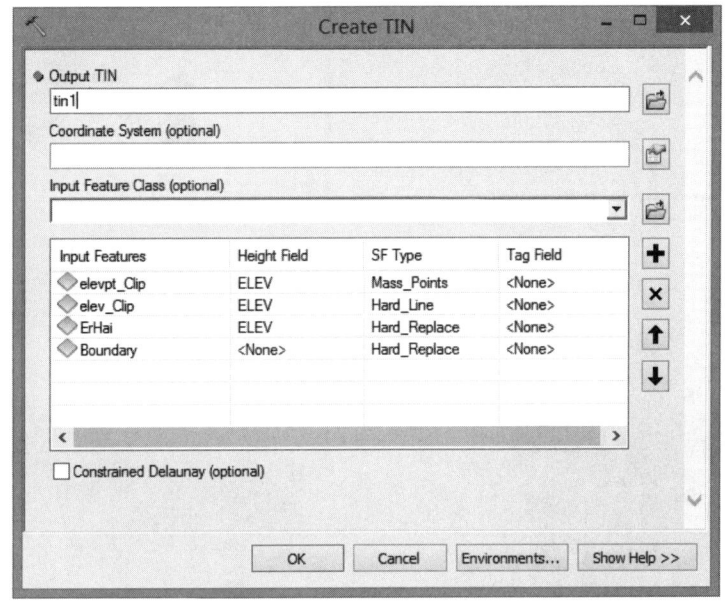

图 5.10 创建 TIN 对话框

第六步,由 TIN 生成 DEM。双击"3D 分析工具"→"转换(Conversion)"→"从 TIN(From TIN)"→"TIN to Raster",打开其对话框,如图 5.11(a)所示。

第七步,在"输入 TIN(Input TIN)"为 tin;"输出栅格"中指定路径和名称,为 DEM;"输出数据类型"为浮点型,"方法"选择线性;"采样距离(Sampling Distance)"设置为 cell size 10。

第八步,点击"确定"按钮,生成 DME 图层,如图 5.11(b)所示。

第九步,山体阴影生成。双击"空间分析工具"→"表面分析(Surface)"→"山体阴影(Hillshade)",打开其对话框。"输入栅格数据"为 dem;在"输出栅格数据"指定路径和命名,为 hillshade;方位角(Azimuth)和高度(Altitude)为系统默认值,分别为 315 和 45;提取该地区的光照晕渲图,作为三维背景。

第十步,将生成的 DEM 在"Effect"工具条下做透视 30%处理,在 ArcMap 中显示三维 DEM 可视晕渲图,三维 DEM 结果如图 5.12 所示。

第 5 章 数字高程模型的建立和应用

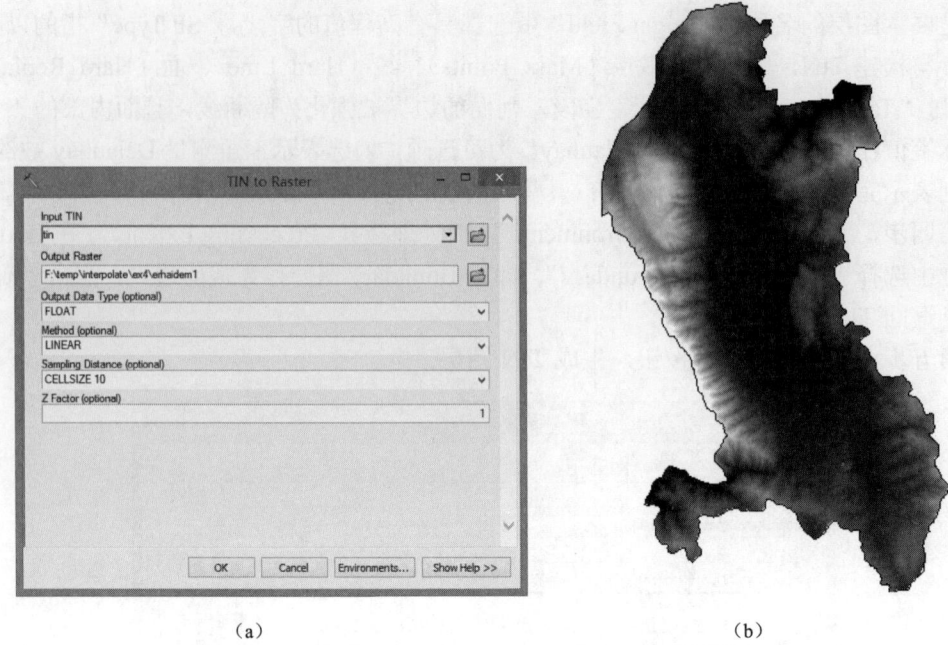

(a)   (b)

图 5.11   TIN 转栅格对话框和 DEM 生成结果图

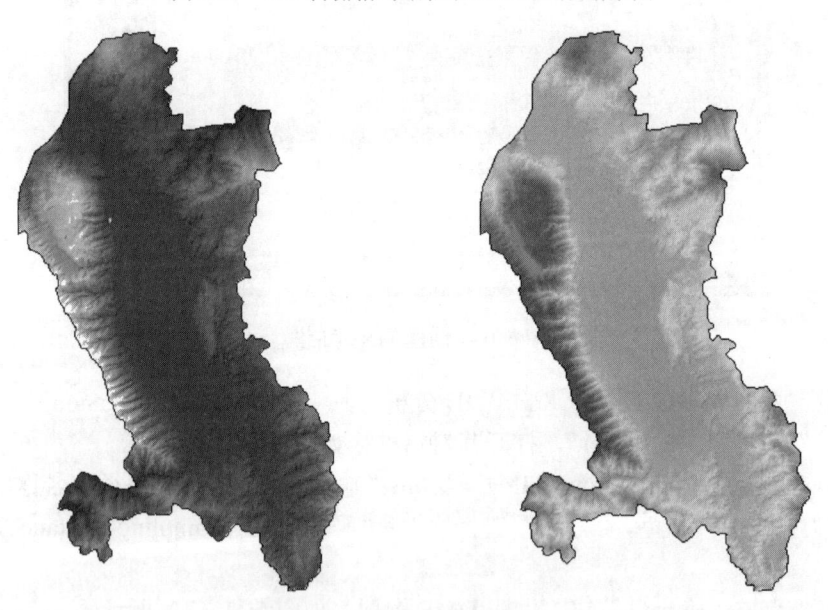

图 5.12   三维 DEM 可视晕渲结果图

5.2 基于 DEM 的基本坡面因子和特征因子提取

地形分析是对地形环境认知的一种重要手段，随着计算机技术的快速发展、DEM 的出现和广泛应用，使得从地形属性中提取各类地形参数和特征因子更加的简洁方便和准确。

5.2 基于 DEM 的基本坡面因子和特征因子提取

用来描述地形特征和空间分布的参数很多，本节重点介绍和水文气象专业密切相关的基本坡面因子和特征因子的提取和分析。

5.2.1 基本坡面因子提取

地形坡面因子是为有效研究与表达地貌形态特征所设定的具有一定意义的参数或指标。常用的坡面地形因子有坡度、坡向、曲率、地形起伏度、粗糙度和切割深度等。本节重点介绍坡度、坡向和曲率的提取分析。

（1）坡度提取。坡度是指过该点的切平面与水平面的夹角，表示地表面在该点的倾斜程度。常用坡度和坡度百分比两种表示方法。坡度是水平面与地形面之间夹角。坡度百分比是高程增量与水平增量之比的百分数。坡度最常用的求解方法是曲面拟合法，一般采用二次曲面，即在 3*3 的 DEM 栅格分析窗口中进行，每个栅格中心为一个高程值，分析窗口在 DEM 数据矩阵中连续移动完成整个区域的计算工作。具体操作步骤如下：

第一步，启动 ArcToolbox，双击"空间分析工具（Spatial Analyst Tools）"→"表面分析（Surface）"→"坡度（Slope）"，打开坡度对话框，如图 5.13（a）所示。

第二步，在"输入栅格数据（Input raster）"文本框中输入 DEM；在"输出栅格数据"文本框中指定坡度栅格的输出名称和路径；"输出坡度单位（Output measurement）"为可选，可以选择度（Degree）或者百分数（Percent_rise）；"Z factor"为可选，默认为 1。

第三步，单击"确定"按钮，完成坡度的计算，结果如图 5.13（b）所示。

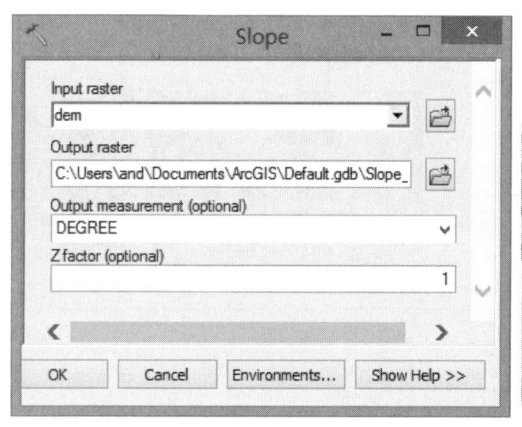
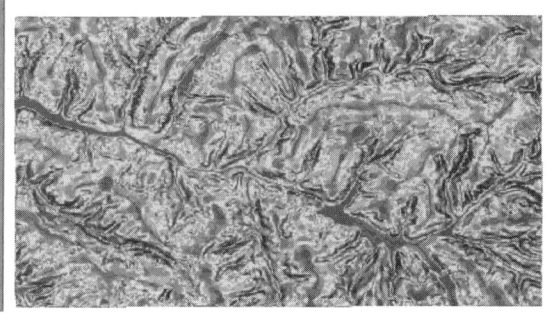

（a） （b）

图 5.13 坡度对话框和坡度提取结果图

（2）坡向提取。坡向是地表面上一点的切平面的法线矢量 n 在水平面的投影 n_{xoy} 与过该点的正北方向的夹角。坡向值有如下规定：正北方向为 0°，顺时针方向计算，取值范围为 0°～360°，坡向及其地理意义示意图如图 5.14 所示，此图适用于北半球，南半球与之刚好相反。具体操作如下：

第一步，启动 ArcToolbox，双击"空间分析工具"→"表面分析"→"坡向（Aspect）"，打开坡向对话框，如图 5.15（a）所示。

第二步，在"输入栅格数据"文本框中输入 DEM；在"输出栅格数据"文本框中指定坡向栅格的输出名称和路径。

第 5 章 数字高程模型的建立和应用

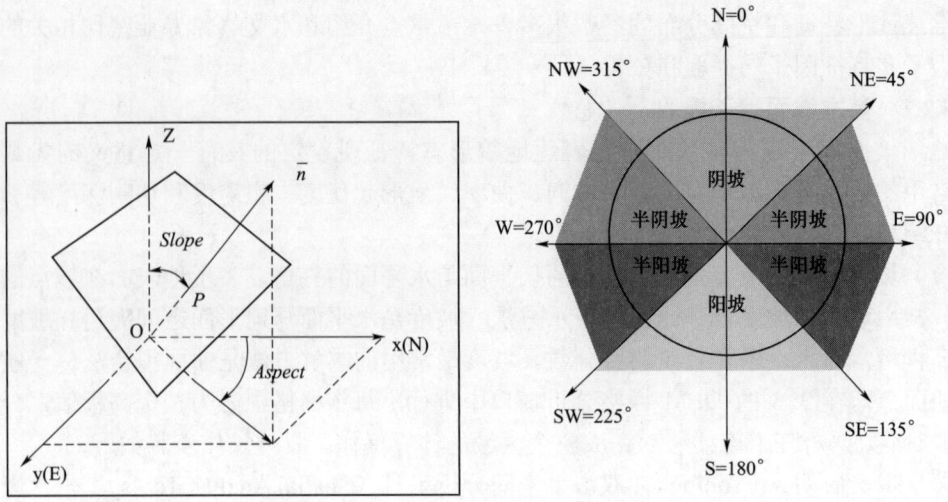

图 5.14 坡向示意图和坡向地理意义示意图

第三步，单击"确定"按钮，完成坡向的计算，结果如图 5.15（b）所示。

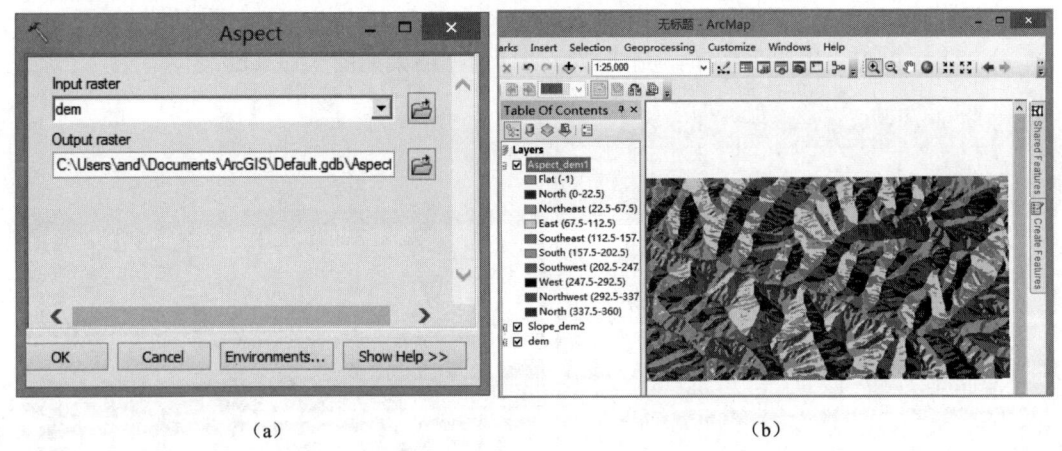

图 5.15 坡向对话框和坡向提取结果图

（3）曲率提取。曲率对地形表面一点扭曲变化程度的定量化度量因子，有剖面曲率和平面曲率。剖面曲率：是对地面坡度沿最大坡降方向地面高程变化率的度量；平面曲率：指在地形表面上，具体到任何一点 P，用过该点的水平面沿水平方向切地形表面所得的曲线在该点的曲率值。曲率因子提取算法的基本原理：首先，在 DEM 数据的基础上，根据其离散的高程数值，把地表模拟成一个连续的曲面；然后从微分几何思想出发，模拟曲面上每一点所处的垂直于和平行于水平面的曲线；最后利用曲线曲率的求算方法推导得出各个曲率因子的计算公式。曲率提取步骤流程图如图 5.16 所示（引自参考文献 [9]）。

第一步，启动 ArcToolbox，双击"空间分析工具"→"表面分析"→"曲率（Curvature）"，打开曲率对话框，如图 5.17 所示。

第二步，在"输入栅格数据"文本框中输入 DEM；在"输出曲率栅格数据（Output

5.2 基于 DEM 的基本坡面因子和特征因子提取

curvature raster)"文本框中指定曲率栅格的输出名称和路径;"输出剖面/平面曲率栅格（Output profile/plan curve raster)"为可选，根据需要选择输出为剖面曲率或者平面曲率，"Z factor"为可选，一般默认为 1。

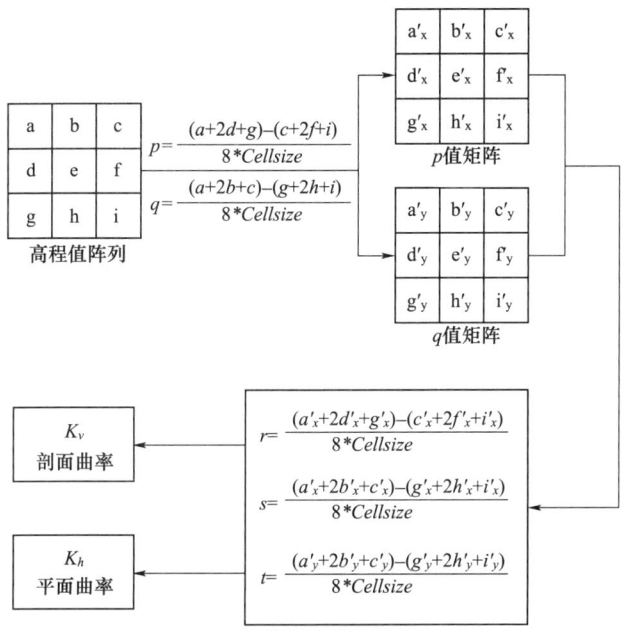

图 5.16 曲率提取流程图

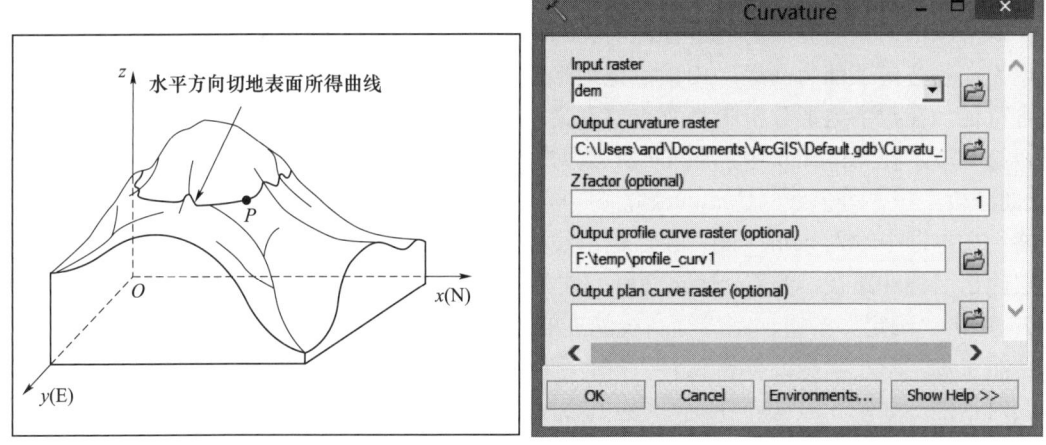

图 5.17 曲率示意图和曲率对话框

第三步，单击"确定"按钮，完成剖面曲率和平面曲率的计算，结果如图 5.18 所示。

5.2.2 地形特征因子提取

地形特征提取主要是指地形特征点、线和面的提取，并通过基本要素组合进行地表形态分析。本节主要从常用的地形特征点、山谷线和山脊线的提取进行详细介绍。

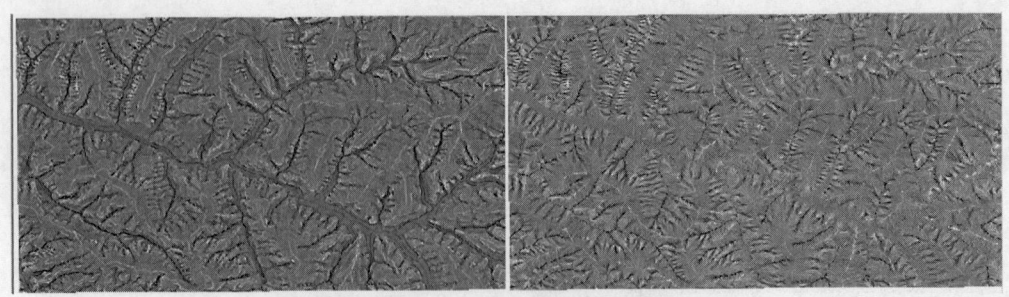

图 5.18　剖面曲率和平面曲率提取结果图

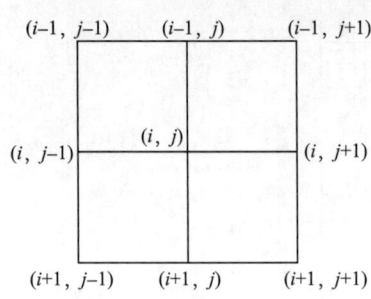

图 5.19　地形特征点判断示意图

（1）地形特征点提取。地形特征点主要包括山顶点、凹陷点、脊点、谷点、鞍点和平地点等。常利用中心格网点和 8 个邻域格网点的高程关系来进行地形特征点（VR）的判断。

其中，$VR(i,j)$ 为 -1、1、2 和 0 分别表示谷点、脊点、鞍点和其他点。

分两种情况：

如果 $(Z_{i,j-1} - Z_{i,j})(Z_{i,j+1} - Z_{i,j}) > 0$：① 当 $Z_{i,j+1} > Z_{i,j}$，则 $VR(i,j) = -1$；② 当 $Z_{i,j+1} < Z_{i,j}$，则 $VR(i,j) = 1$。如果 $(Z_{i-1,j} - Z_{i,j})(Z_{i+1,j} - Z_{i,j}) > 0$：③ 当 $Z_{i+1} > Z_{i,j}$，则 $VR(i,j) = -1$；④ 当 $Z_{i+1} < Z_{i,j}$，则 $VR(i,j) = 1$。

如果①和④或②和③同时成立，$VR(i,j) = 2$；如果以上条件都不成立，$VR(i,j) = 0$。

本节以山顶点的提取为例进行说明。山顶点指的是在局部区域内海拔高程的极大值点，表现为在各方向上都为凸起。山顶点是地形的重要特征点，它的分布与密度反映了地貌的发育特征，在数字地形分析中具有重要意义。具体操作如下：

第一步，在 ArcMap 中加载 DEM 数据；启动 ArcToolbox，双击"空间分析工具"→"表面分析"→"等值线（Contour）"，打开等值线对话框，如图 5.20（a）所示。在"输入栅格"文本框中输入 haihe_ext；在"输出线要素（Output polyline features）"文本框中指定图层输出名称和路径，为 Contour_200；在"等高线间隔（Contour inerval）"文本框中输入 200；单击"确定"按钮，完成等高线的提取，结果如图 5.20（b）所示。

第二步，双击"空间分析工具"→"邻域分析"→"焦点统计（Focal Statistics）"，打开其对话框，如图 5.21（a）所示。在"输入栅格数据"文本框中输入 DEM（haihe_ext）；在"输出栅格数据"文本框中指定栅格的输出名称和路径，为 maxpoint1；在"邻域分析（Neighborhood）"选择长方形（Rectangle）；在"邻域设置（Neighborhood Setting）"中分析窗口选择 51*51，即分析该窗口下的最大值；在"统计类型（Statistics type）"中选择最大值（MAXIMUM）。

第三步，双击"空间分析工具"→"地图代数（Map Algebra）"→"栅格计算器（Raster Calculator）"，打开其对话框，如图 5.21（b）所示。在文本框中输入 sd="maxpoint1"-"Haihe_ext"==0，在"输出栅格数据"中输入 sd。

5.2 基于 DEM 的基本坡面因子和特征因子提取

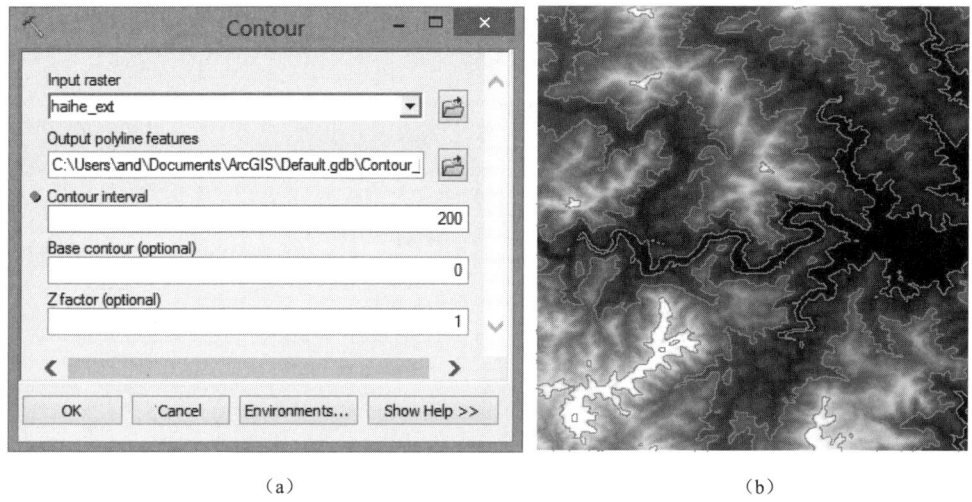

图 5.20 等值线对话框和等值线间隔 200 的结果生成图

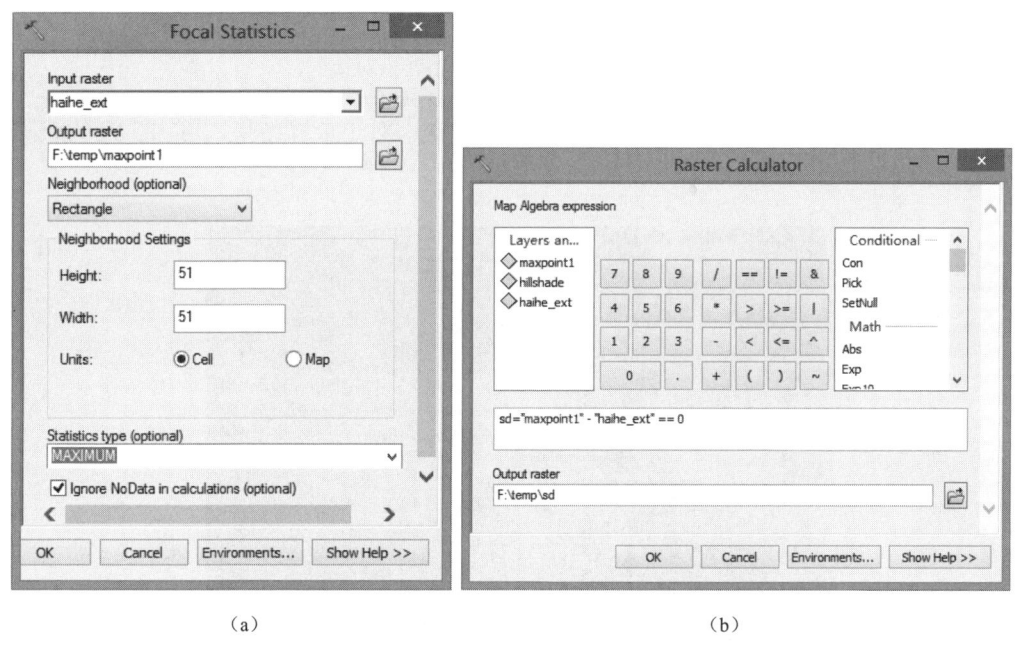

图 5.21 焦点统计对话框和栅格计算器对话框

第四步，对 sd 栅格重分类。双击"空间分析工具"→"重分类（Reclass）"→"重分类（Recalssify）"，打开其对话框 5.22（a）所示。在"输入栅格数据"中输入 sd；在"输出栅格数据"中指定栅格的输出名称和路径，为 re_sd；在"重分类"区域中的新属性（New values）下重新设置分类，如图 5.22 所示；山顶点提取的多少和开窗大小有关，窗口越大，提取的点越少，会漏掉一些重要的山顶点，用户结合当地的 DEM 合理设置窗口大小。

第五步，将重分类的栅格转为矢量点。双击"转换工具（Conversion Tools）"→"由栅格转出（From Raster）"→"栅格到点（Raster to Point）"，打开其对话框，如图 5.22（b）

所示。在"输入栅格数据"中输入 re_sd;在"输出栅格数据"中指定栅格的输出名称和路径,为 Point。

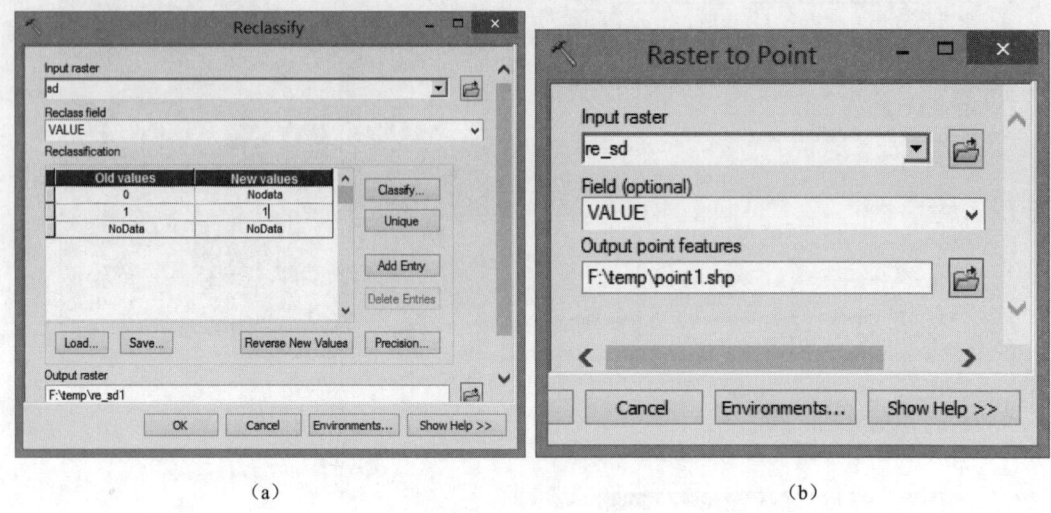

图 5.22 重分类对话框和栅格转点对话框

第六步,点击"确定"按钮,完成山顶点的提取。对于计算结果,可人工判断删除局部点,最后提取结果如图 5.23 所示。

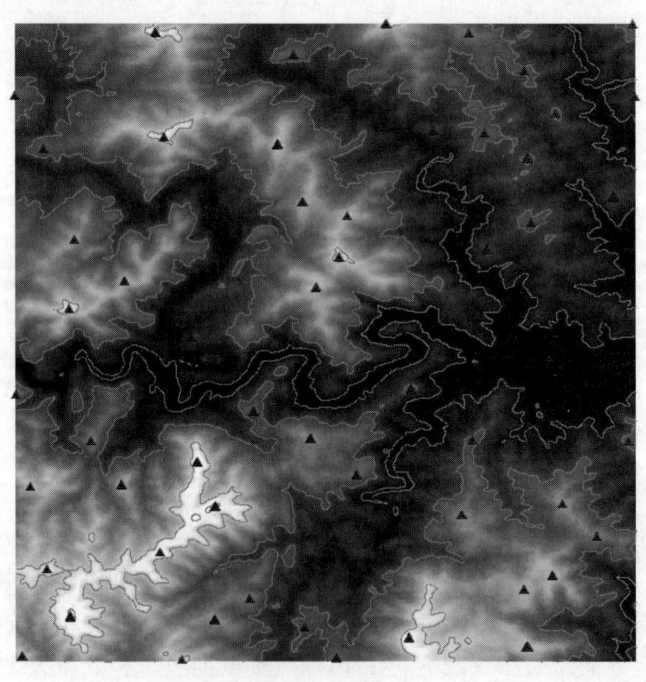

图 5.23 山顶点提取结果图

(2) 山脊线和山谷线提取。作为地形特征线的山脊线和山谷线对地形、地貌具有一定的控制作用。山脊线和山谷线的提取：一方面，山脊线和山谷线构成了地形起伏变化的分界线，因此它对于地形地貌研究具有重要的意义。另一方面，山脊、山谷分别表示分水线与汇水线，这一特性又使得它们在工程应用方面有着特殊的意义。主要有以下 5 种提取方法（参考文献 [9]）：

基于数字图像处理中的技术原理来设计算法。主要思路是：① 设计一个 2*2 窗口以对 DEM 格网阵列进行扫描；② 第一次扫描中，将窗口中的具有最低高程值的点进行标记，自始至终未被标记的点，即为山脊线上的点；③ 第二次扫描中，将窗口中的具有最高高程值的点进行标记，自始至终未被标记的点，即为山谷线上的点。主要缺陷：① 取特征点时必须排除 DEM 中噪声的影响；② 特征点连接成线时的算法设计较为困难。

基于地形表面几何形态分析原理。基本思想：地形断面曲线上高程的极大值点就是分水点，而高程的极小值点就是汇水点。主要过程：① 找出 DEM 的纵向与横向的两个断面上的极大、极小值点，作为地形特征线上的备选点；② 根据一定的条件或准则将这些备选点划归各自所属的地形特征线。主要缺陷：① 它忽略了每条地形特征线必然存在的曲率变化现象，会丢失许多地形特征线上的点。② 计算的地形特征线与实际的地形特征线有一定的差异。

基于地形表面流水物理模拟分析原理。基本思想和过程：按照流水从高至低的自然规律，顺序计算每一栅格点上的汇水量，然后按汇水量单调增加的顺序，由高到低找出区域中的每一条汇水线。根据得到的汇水线，通过计算找出各自汇水区域的边界线，就得到了分水线。主要缺陷：① 导致低处非地形特征线上的点的汇水量也较大而被误认为地形特征线上的点，而位于高处的地形特征线上的点会因为汇水量小而被排除，造成两端效果很差。② 由于该算法将汇水区域的公共边界视为分水线，因此它所确定的分水线均为闭合曲线，这与实际的地形特征线（山脊线）不符。

基于地形表面几何形态分析和流水物理模拟分析相结合的原理。基本思想：首先采取较稀疏的 DEM 格网数据，按流水物理模拟算法去提取区域内概略的地形特征线；然后用其引导，在其周围邻近区域对地形进行几何分析，来精确地确定区域的地形特征线。基本过程：① 概略 DEM 的建立；② 地形流水物理模拟；③ 概略地形特征线提取；④ 地形几何分析；⑤ 地形特征线精确确定。

平面曲率与坡位组合法。基本思想和过程：首先利用 DEM 数据提取地面的平面曲率及地面的正负地形，取正地形上平面曲率的大值即为山脊，负地形上平面曲率的大值为山谷。优点：提取的山脊、山谷的宽度可由选取平面曲率的大小来调节，方法简便，效果好。实际应用中：由于平面曲率的提取比较繁琐，而坡向变率（SOA）在一定程度上可以很好地表征平面曲率。因此，提取过程常用 SOA 代替平面曲率。

本节以常用的跟水文气象专业密切相关的基于地形表面流水物理模拟分析原理和平面曲率与坡位组合法两种方法为例对山脊线和山谷线的提取进行说明。具体操作如下：

1）基于地形表面流水物理模拟分析原理。

第一步，启动 ArcMap，加载 DEM 数据；启动 ArcToolbox，双击"空间分析工具"→"邻域分析"→"焦点统计"，打开对话框。在其对话框中，"输入栅格数据"为 dem；在"输出栅格数据"指定输出数据的路径和名称，为 meandem；"邻域分析"选择长方形；"邻域设置"区域的分析窗口选择 11*11;"统计类型"选择平均值。

第二步,双击"空间分析工具"→"地图代数"→"栅格计算器",打开其对话框。在文本框中输入"dem"-"meandem",在"输出栅格数据"中指定输出数据的路径和名称,为 diffdem,均值 DEM 和差值 DEM 如图 5.24 所示。

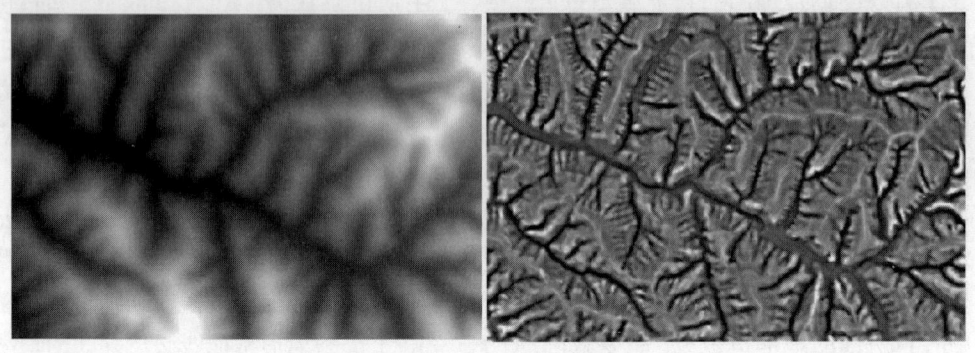

图 5.24 meandem 结果和 diffdem 结果图

第三步,双击"空间分析工具"→"重分类"→"重分类",打开其对话框。点击右侧的"分类(Classify)"按钮,打开分类设置对话框,如图 5.25 所示;在"Classes"里面改成 2 级,在"break values"里面设置分级界线(0,18.3127),点击"确定"按钮,返回重分类对话框;"输入栅格数据"为 diffdem;在"重分类(Reclassification)"区域中,将小于 0 的区间从新赋值为 0,大于 0 的区间赋值为 1;"输出栅格数据"为 positer;反之,将小于 0 的区间从新赋值为 1,大于 0 的区间赋值为 0,"输出栅格数据"为 negater。

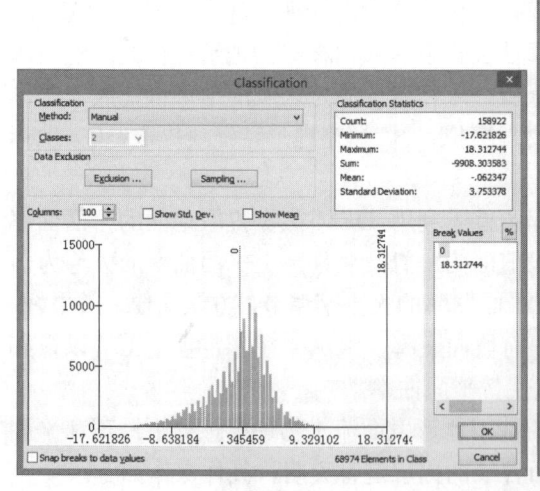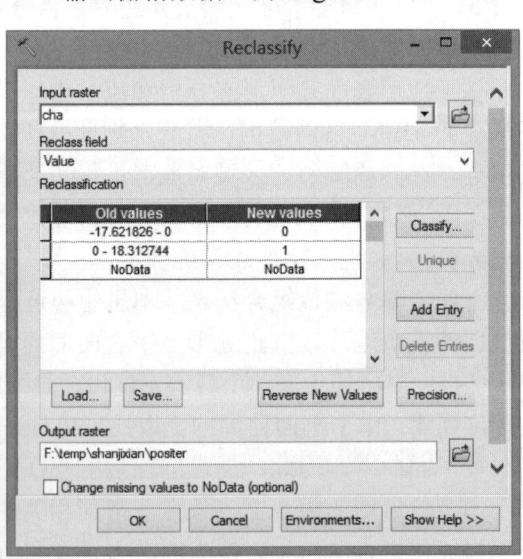

图 5.25 分级设置对话框和重分类对话框

第四步,点击"确定"按钮,完成正地形和负地形的提取,如图 5.26 所示。

第五步,流向提取。双击"空间分析工具(Spatial Analyst Tools)"→"水文分析

(Hydrology)"→"流向（Flow Direction）",打开流向对话框;"输入表面栅格数据（Input surface raster）"为 dem;在"输出流向栅格数据（Output flow direction raster）"文本框中指定流向栅格的输出名称和路径,为 fd;点击"确定"按钮,完成流向的提取,结果如图 5.27（a）所示。

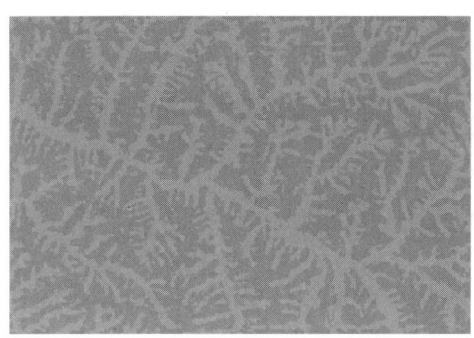
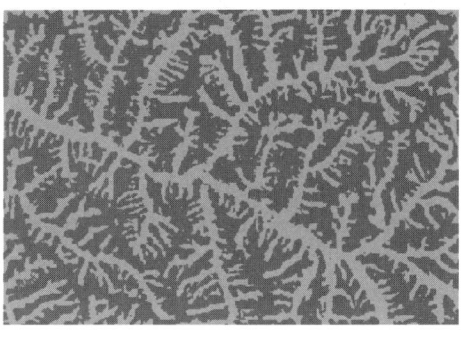

图 5.26 正地形和负地形结果图

注意:这里的流向提取是基于无洼地的 DEM 的提取,如果原始的 DEM 存在洼地,首先要进行填洼处理,填洼处理和流向提取的原理在流域提取部分有详细的介绍。

第六步,汇流累积量计算。双击"水文分析"→"流量（Flow Accumulation）",打开流量对话框;"输入流向栅格"为 fd;输出蓄积栅格数据（Output accumulation raster）指定为 facc;点击"确定"按钮,完成流量的提取,结果如图 5.27（b）所示。

（a）   （b）

图 5.27 流向和流量累计结果图

第七步,双击"空间分析工具"→"地图代数"→"栅格计算器",打开其对话框。在文本框中输入"facc"== 0,在"输出栅格数据"中输入 facc0;加载 facc0 图层,会发现许多地方并不是山脊线,需做均值处理。在邻域分析下的焦点统计对话框中,开 3*3 窗口,求均值,处理后的数据输出命名为 neibor-facc0,结果如图 5.28 所示。

第八步,山体阴影生成。双击"空间分析工具"→"表面分析（Surface）"→"山体阴影（Hillshade）",打开其对话框,如图 5.29（a）所示。在其对话框中,"输入栅格数据"为 dem;在"输出栅格数据"指定路径和命名,为 hillshade;方位角（Azimuth）和高度（Altitude）

为系统默认值，分别为 315 和 45；提取该地区的光照晕渲图，作为三维背景，结果如图 5.29（b）所示。

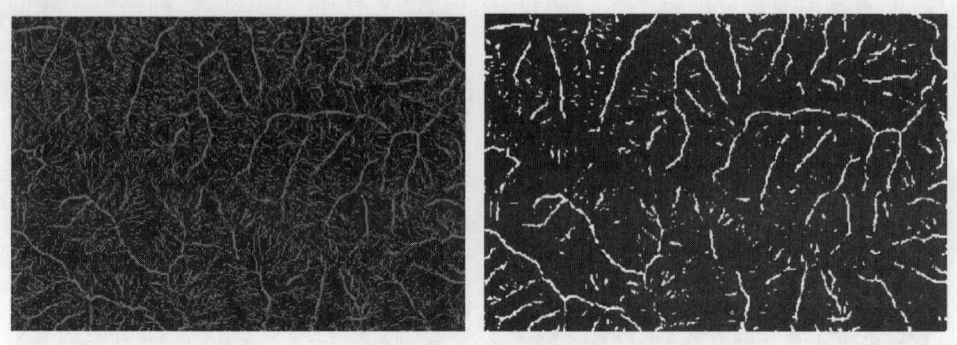

图 5.28 均值处理前后汇流累积量为零值的结果图

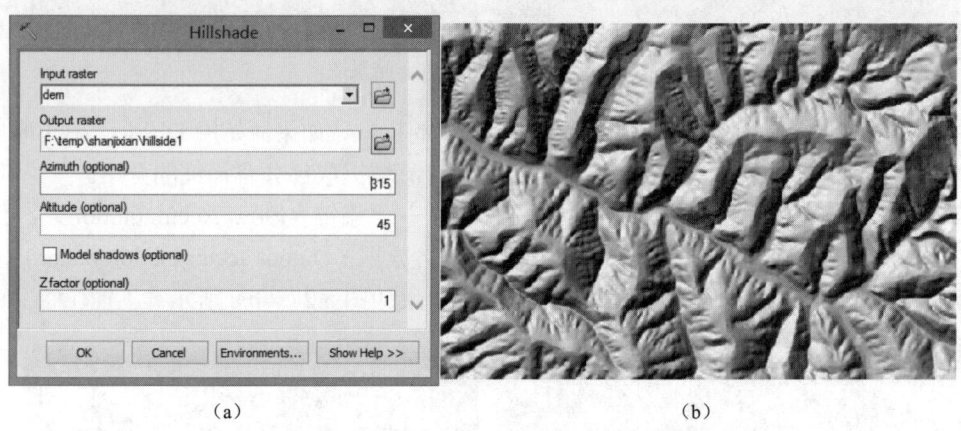

图 5.29 山体阴影对话框和山体阴影结果图

第九步，将汇流累积量为零的 neibor-facc0 图层进行重新分级，分为 2 级；属性值越接近于 1 的栅格越有可能是山脊线的位置，分界阈值要结合山体阴影图不断调试，最终取 0.50；对分级后的属性区间重新赋值，将 0～0.5 的区间赋值为 0，0.5～1 的区间赋值为 1。

第十步，消除错误的山脊线。双击"空间分析工具"→"地图代数"→"栅格计算器"，打开其对话框。在文本框中输入"neibor-facc0"*"positer"，可以消除存在于负地形区域的错误的山脊线；将计算结果再重新分类和赋值，将栅格值不为 1 的都赋值为 Nodata，就得到了山脊线（ridge），如图 5.31（a）所示。

第十一步，山谷线的提取。山谷线的提取首先要先获取反地形，双击"空间分析工具"→"地图代数"→"栅格计算器"，在文本框中输入 1153.79-"dem"，其中 1153.79 为 dem 中的最大高程，获取反地形的 DEM（fan-dem），如图 5.30 所示。除了在分级阈值设定为 0.6；在消除正地形产生的错误山谷线时，栅格计算器的文本框中输入"fan-neifacc0"*"negater"，其他的步骤都和山脊线的提取一样，最后获得山谷线，如图 5.31（b）所示。

2）基于平面曲率与坡位组合法。

第一步，加载原始 DEM（dem）、基于地形表面流水物理模拟分析方法计算得到的反

5.2 基于 DEM 的基本坡面因子和特征因子提取

地形 DEM（fan-dem）、平均 DEM（meandem）、山体阴影（Hillshade）栅格图层。

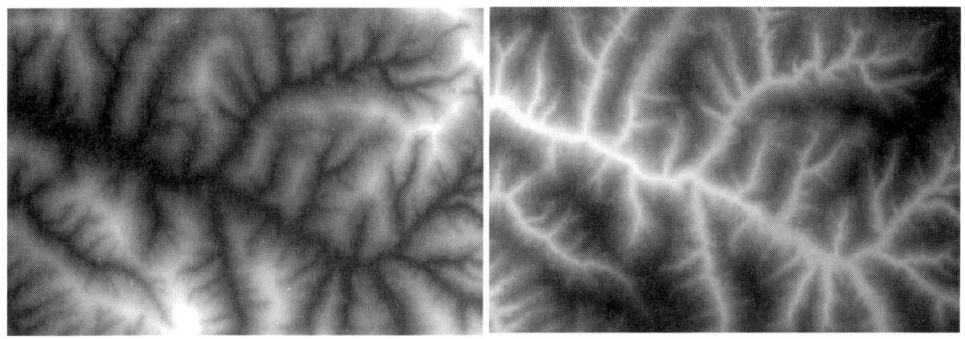

图 5.30 原始 DEM 和反地形 DEM

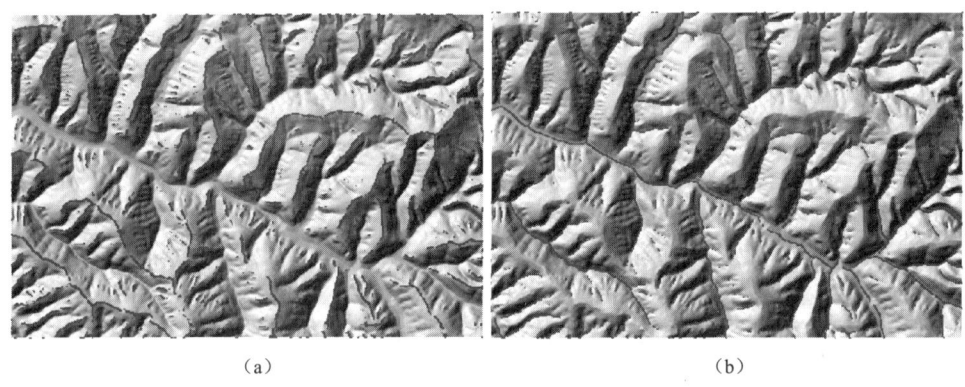

图 5.31 基于地形表面流水物理模拟分析原理提取的山脊线和山谷线结果图

第二步，坡向变率提取。坡向变率即坡向之坡度（Slope of Aspect，SOA），可以很好的反应等高线弯曲程度。① 双击"空间分析工具"→"表面分析"→"坡向"，打开坡向对话框，"输入栅格数据"为 dem；"输出栅格数据"指定为 aspect；② 在坡向的基础上提取坡度，双击"空间分析工具"→"表面分析"→"坡度"，打开坡度对话框，"输入栅格数据"为 aspect；"输出栅格数据"指定为 SOA1；坡向和坡向变率结果图如图 5.32 所示。

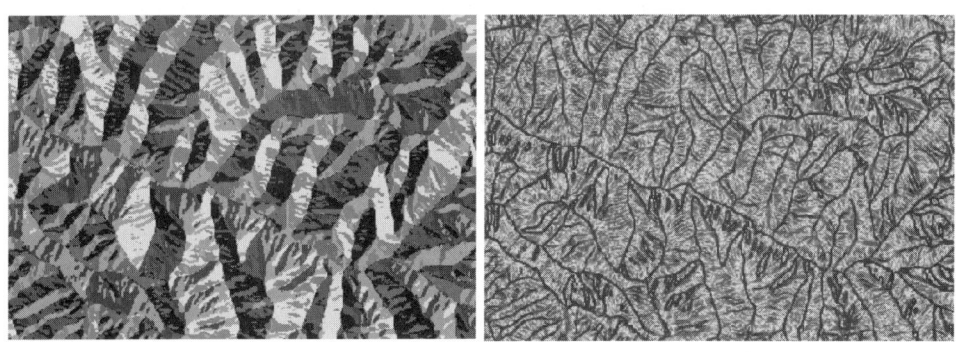

图 5.32 基于原始 DEM 计算的坡向和坡向变率结果图

第三步，求取反地形的坡向变率。方法同第二步，在坡向对话框中，"输入栅格数据"为 fan-dem；"输出栅格数据"为 aspect1；在坡度对话框中，"输入栅格数据"为 aspect1；"输出栅格数据"为 SOA2；结果如图 5.33 所示。

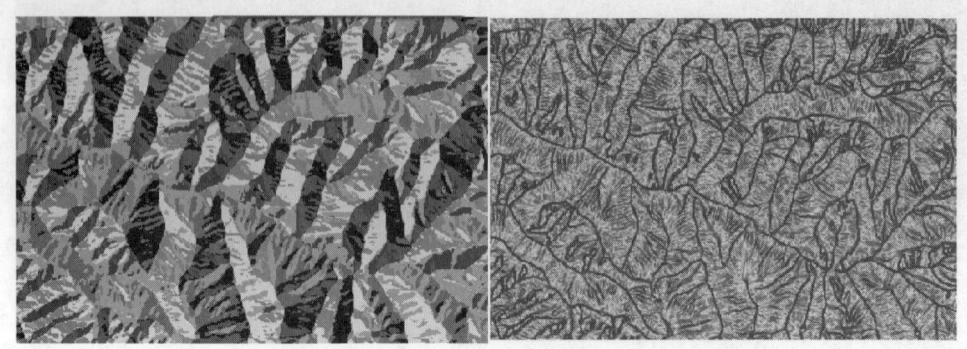

图 5.33 基于反地形计算的坡向和坡向变率结果图

第四步，地面坡向变率计算。在提取的地表坡向矩阵基础上提取地表局部微小范围内坡向的最大变化情况；双击"空间分析工具"→"地图代数"→"栅格计算器"，打开其对话框。在文本框中输入 SOA=(("SOA1"+"SOA2")－Abs("SOA1"－"SOA2"))/2，消除在提取过程中由背面坡产生的误差，"输出栅格数据"指定为 SOA；点击"确定"按钮，完成地面坡向变率的计算，结果如图 5.34 所示。

图 5.34 地面坡向变率计算结果图

第五步，双击"空间分析工具"→"地图代数"→"栅格计算器"，打开其对话框。在文本框中输入 C="dem"-"meandem"，计算原始 DEM 和均值 DEM 的差值，"输出栅格数据"指定为 c。

第六步，山脊线和山谷线的提取。双击"空间分析工具"→"地图代数"→"栅格计算器"，打开其对话框。在文本框中输入 D=("c">0)&("SOA">70)，地面坡向变率越大越有可能是山脊线，这里阈值设为 70，"输出栅格数据"为 ridge；山谷线提取需在文本框中输入 D=("c"<0) & ("SOA">70)，"输出栅格数据"为 valley；点击"确定"按钮，完成山脊线和山谷线的提取，结果如图 5.35 所示。

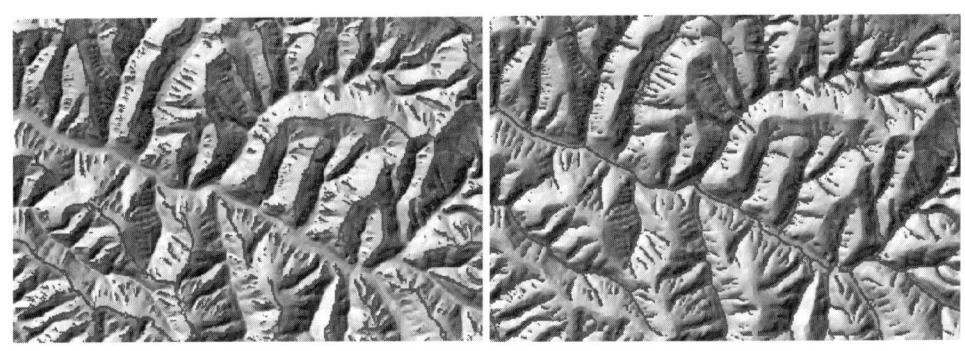

图 5.35　基于平面曲率和坡位组合法提取的山脊线和山谷线结果图

从上面两种方法提取的山脊线和山谷线结果图可知：基于平面曲率与坡位组合法的效果要好于基于地表流水物理模拟分析方法的计算结果，平面曲率与坡位组合方法简单，提取的山脊和山谷可由选取平面曲率的大小来调节。因此，在实际应用中，常采用此方法来提取山脊线和山谷线。

5.3　基于 DEM 的流域提取

流域又称集水区域，是指流经其中的水流和其他物质从一个公共的出水口排出而形成的一个集中的排水区域。把相邻集水区之间的最高点连接成的不规则曲线，就是两条河流或水系的分水线。因此，流域也可以说是河流分水线以内的地表范围。分水岭之间的边界被称为流域分界线，出水口是分水岭边界上的最低点。基于 DEM 的流域地形分析，主要包括 DEM 洼地填充、汇流累计量、水流长度、河网提取、集水流域生成 5 个部分。具体流程如图 5.36 所示。

5.3.1　DEM 洼地填充

由于数据噪声、内插方法的影响，DEM 数据中常包含一些"洼地"，导致水流不畅，不能形成完整的流域网络。因此，在基于 DEM 进行流域地形分析时，首先要对 DEM 进行填洼处理。具体操作步骤如下：

（1）水流方向提取。水流方向指水流离开格网时的流向，目前有单流向和多流向两种。在流域分析中，常在 3*3 窗口中找出 8 个周边单元中最陡的坡度。在 ArcGIS 中，常采用 D8 算法对栅格进行编码，即通过计算中心栅格与邻域栅格的最大距离权落差来确定。栅格中的数值表示每个栅格的流向，如图 5.37 所示。ArcGIS 中水流方向的提取具体步骤如下：

第一步，启动 ArcToolbox，双击"空间分析工具（Spatial Analyst Tools）"→"水文分析（Hydrology）"→"流向（Flow Direction）"，打开流向对话框，如图 5.38（a）所示。流域提取中的各项分析都是在水文分析模块下进行，后面将不再重复说明。

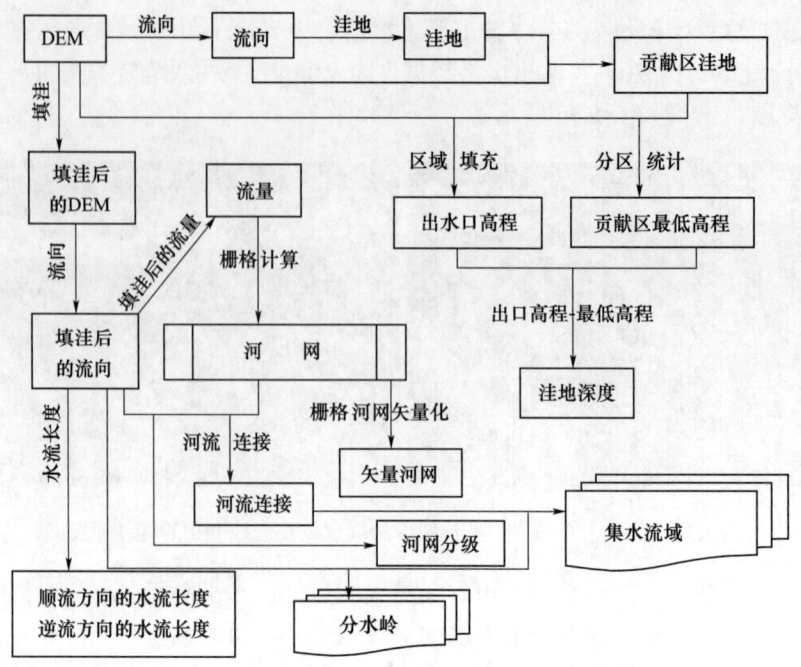

图 5.36 流域提取流程

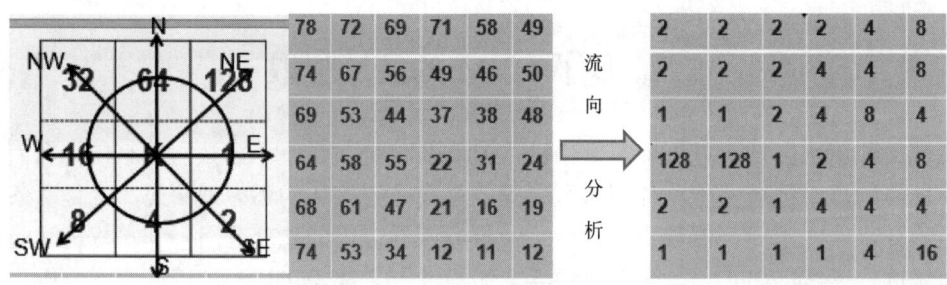

图 5.37 水流流向编码、原始 DEM 栅格和流向栅格（左、中和右）

第二步，在"输入表面栅格数据"文本框中输入原始 DEM；在"输出流向栅格数据（Output flow direction raster）"文本框中指定流向栅格的输出名称和路径；"输出下降率栅格数据（Output drop raster）"为可选，表示的是该栅格在其水流方向上与其临近的栅格之间的高程差与距离的比值，以百分比形式表示输出。

第三步，单击"确定"按钮，完成流向的计算，结果如图 5.38（b）所示。

（2）洼地计算。洼地是水流方向不合理的地方，可以通过流向来判断哪些地方是洼地，然后对其填充。在进行填注之前，要先计算洼地深度，判断哪些地方是由于数据误差造成的洼地，然后设置合理的填充阈值进行填充。具体操作如下：

第一步，洼地提取。"水文分析"→"汇（Sink）"，打开洼地对话框，如图 5.39（a）所示；在"输入流向栅格数据（Input flow direction raster）"文本框中输入流向计算结果图层（FD）；在"输出栅格（Output raster）"文本框中指定洼地生成的数据名称及路径，为 fd-sink；点击"确定"按钮，完成洼地生成结果，如图 5.39（b）所示。

5.3 基于 DEM 的流域提取

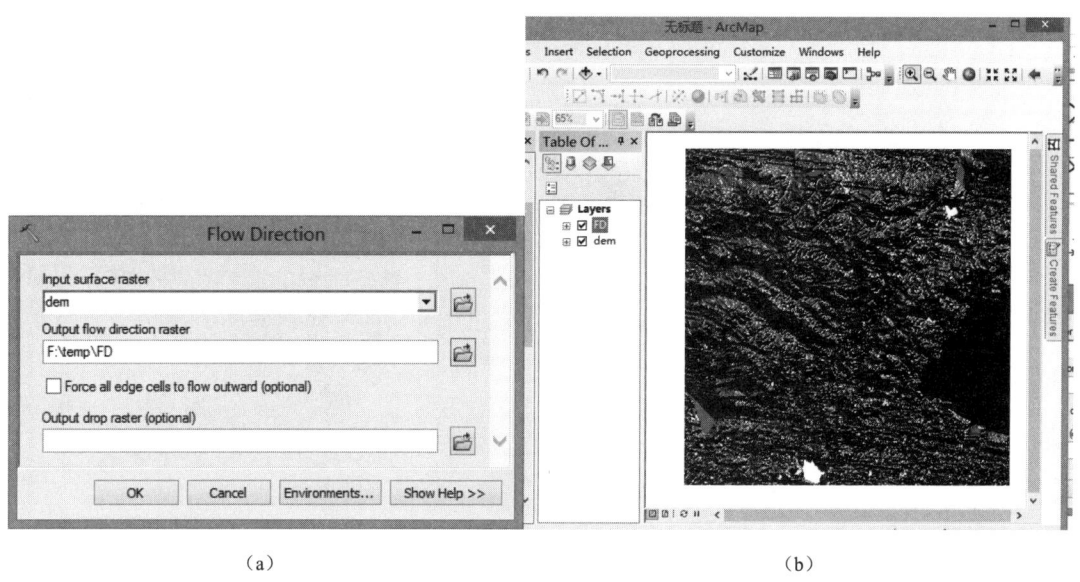

(a) (b)

图 5.38 流向对话框和流向计算结果

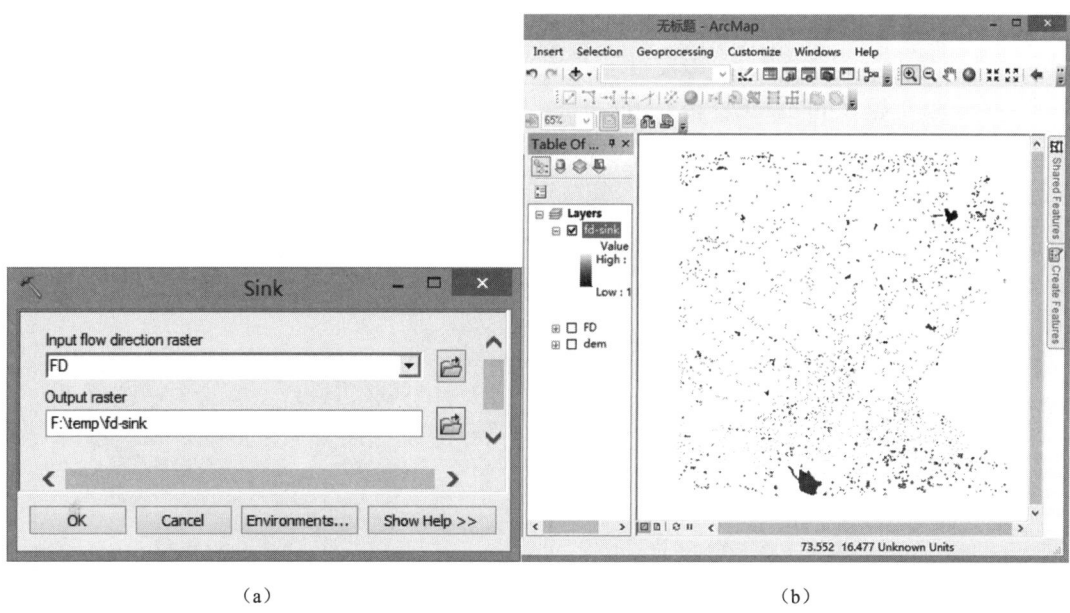

(a) (b)

图 5.39 洼地计算对话框和洼地生成结果图

第二步，洼地深度计算。

1）计算洼地的贡献区域。"水文分析"→"集水区（Watershed）"，打开集水区对话框，如图 5.40（a）所示；在"输入流向栅格数据"文本框中输入 FD；在"输入数据或要素倾泻点数据（Input raster or feature pour point data）"中输入洼地计算结果，为 fd-sink；在"输出栅格"文本框中指定洼地的贡献区域名称及路径，为 water-sink；点击"确定"按钮，完成洼地生成结果，如图 5.40（b）所示。

第 5 章 数字高程模型的建立和应用

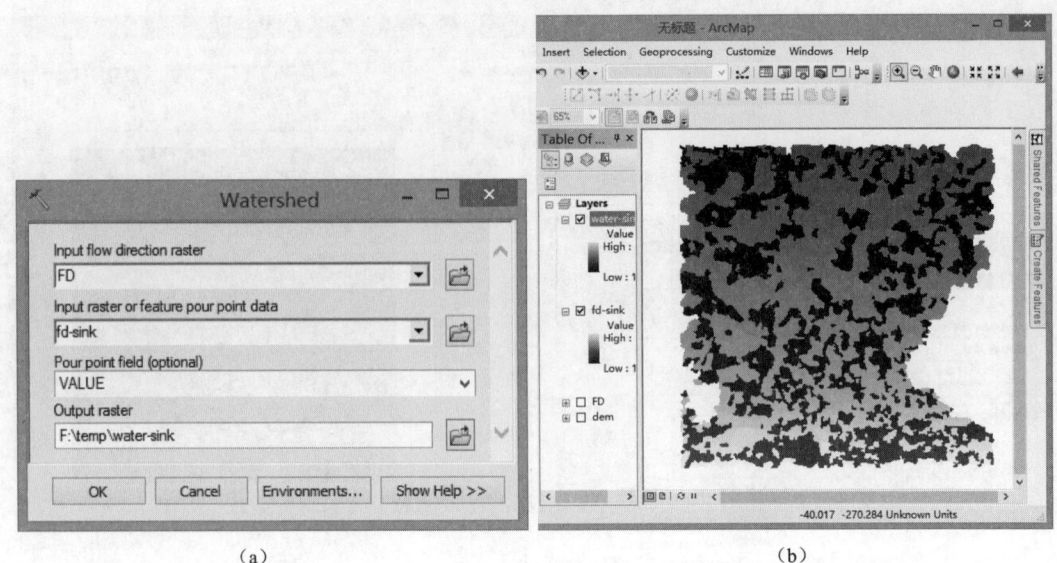

图 5.40 洼地贡献区计算对话框和计算出的洼地贡献区域

2）计算每个洼地所形成的贡献区域的最低高程。双击"空间分析工具"→"区域分析（Zonal）"→"分区统计（Zonal Statistics）"，打开其对话框，如图 5.41（a）所示；"输入栅格或要素区域数据（Input raster or feature zone data）"为 water-sink；"输入赋值栅格（Input value raster）"为 dem；在"输出栅格"中指定为 zonal-min；在"统计类型（Statistics type）"中选择 minimum；点击"确定"按钮，完成贡献区最低高程计算，如图 5.41（b）所示。

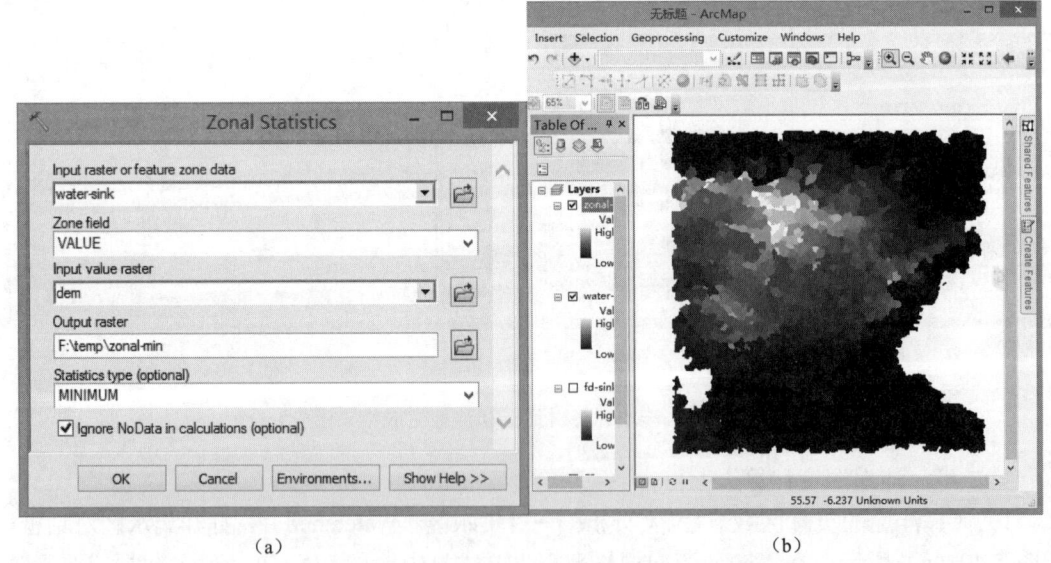

图 5.41 分区统计对话框和贡献区域最低高程计算结果

3）计算出水口高程。双击"空间分析工具"→"区域分析"→"区域填充（Zonal Fill）"，打开其对话框，如图 5.42（a）所示；"输入区域栅格数据（Input zone raster）"为 water-sink；

5.3 基于 DEM 的流域提取

"输入权重栅格（Input weight raster）"为 dem；在"输出栅格"中指定为 zonal-max；点击"确定"按钮，完成出水口高程计算，如图 5.42（b）所示。

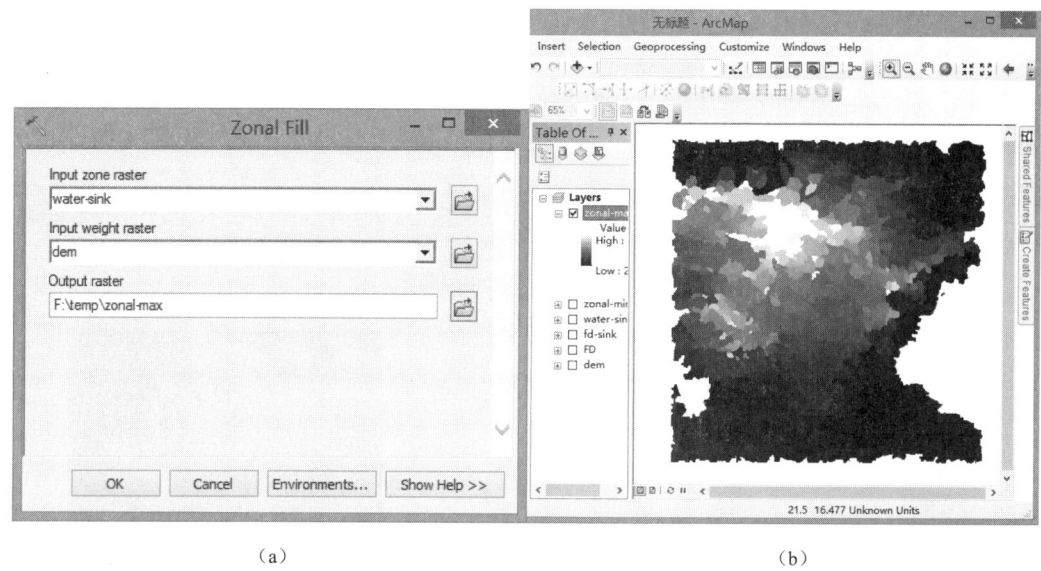

图 5.42 区域填充对话框和出水口高程计算结果

4）计算洼地深度。双击"空间分析工具"→"地图代数（Map Algebra）"→"栅格计算器（Raster Calculator）"，打开其对话框，如图 5.43（a）所示；在文本框中输入 sinkdep=（"zonal-max"-"zonal-min"）；在"输出栅格"中指定为 sinkdep；点击"确定"按钮，完成洼地深度计算，如图 5.43（b）所示。

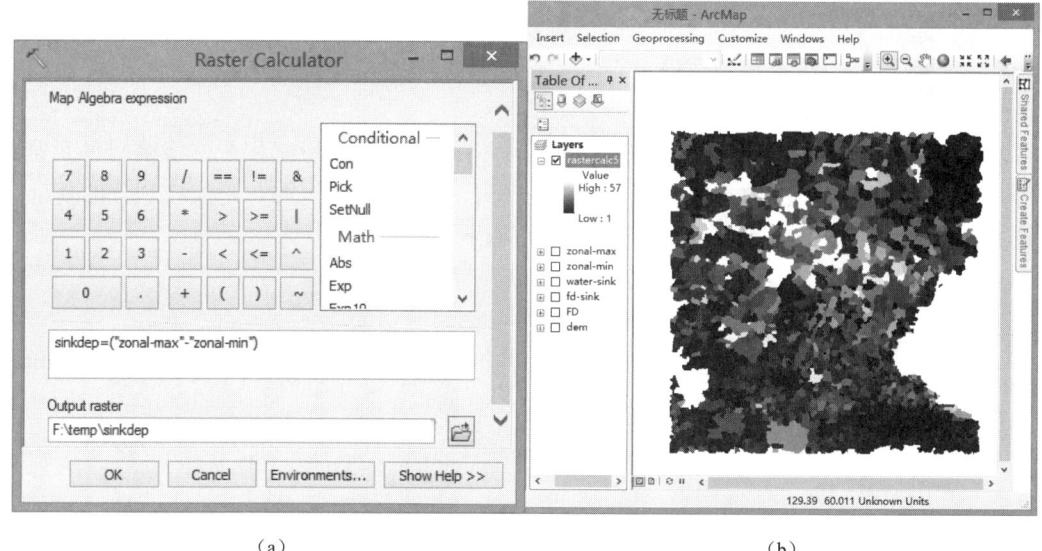

图 5.43 栅格计算器对话框和洼地深度计算结果

通过以上 4 步可以计算出所有洼地贡献区域的洼地深度。根据洼地深度来设置合理的填洼阈值，一般取最大深度+1，本图中洼地深度阈值取 58。

（3）洼地填充。双击"水文分析"→"填洼（Fill）"，打开填洼对话框，如图 5.44（a）所示；"输入表面栅格数据（Input flow direction raster）"为 dem；在"输出栅格（Output raster）"文本框中指定洼地生成的数据名称及路径，为 dem-fill；在"Z 限制（Z limit）"文本框中输入洼地阈值，58；点击"确定"按钮，完成 DEM 的填洼，填洼后的 DEM 如图 5.44（b）所示。

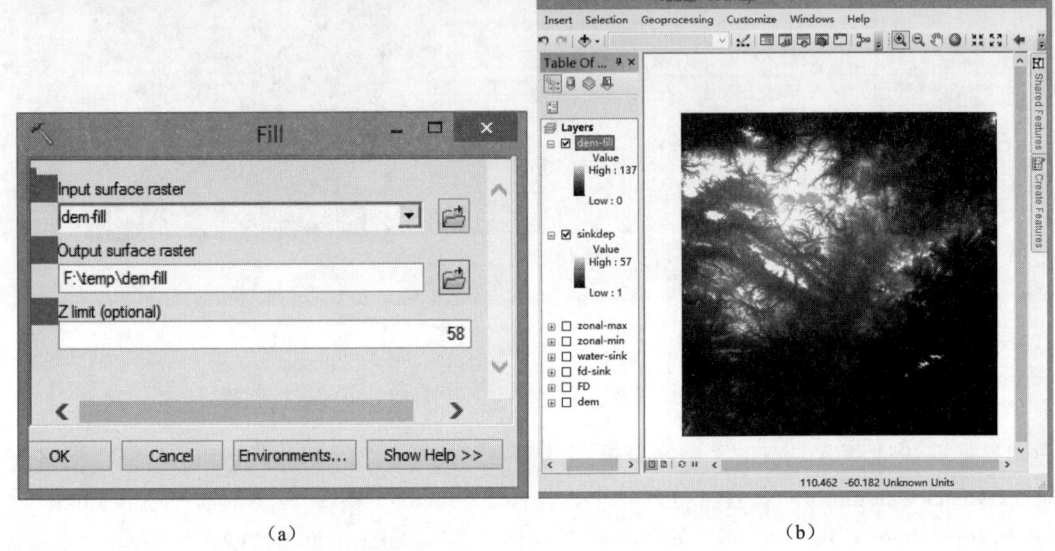

图 5.44 填洼对话框和洼地填充后生成的无洼地 DEM

以填洼后的 DEM 为输入表面栅格，重新计算流向和填洼。如果还有洼地，重复上面的步骤，直到所有的洼地都被填平。

5.3.2 汇流累积量

水流累计矩阵是指流向该格网的所有的上游格网单元的水流累积量，将格网单元看做是等权的，以格网单元的数量或面积计。它是基于水流方向确定的，是流域划分的基础。流量累计矩阵示意图如图 5.45 所示。具体操作如下：

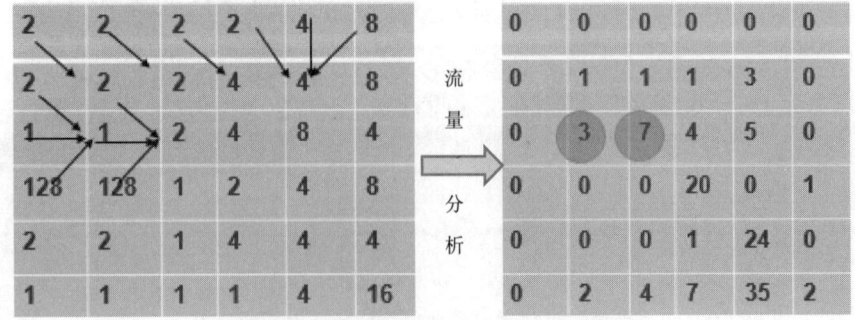

图 5.45 流向矩阵和流量矩阵示意图

5.3 基于DEM的流域提取

第一步，流向计算。双击"水文分析"→"流向"，打开流向对话框。"输入表面栅格数据"为填洼后的 DEM，即 dem-fill 图层；"输出流向栅格数据"指定为 fd-fill；点击"确定"按钮，完成流向计算，结果如图 5.46 所示。

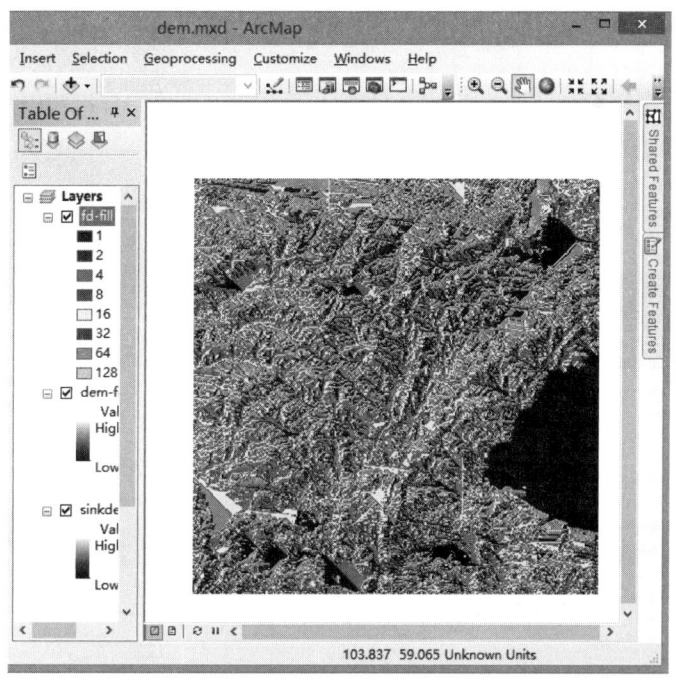

图 5.46 填洼后 DEM 计算的流向图层

第二步，汇流累积量计算。双击"水文分析"→"流量（Flow Accumulation）"，打开流量对话框，如图 5.47（a）所示；"输入流向栅格"为 fd-fill；"输出蓄积栅格数据（Output accumulation raster）"指定为 flow-acc；在"输入权重栅格数据（Input weight raster）"文本框中输入栅格的权重矩阵，它跟降水、植被、土壤等下垫面有关，能够更详细地模拟地表特征，如无权重数据，系统默认的所有栅格权重为 1。

第三步，点击"确定"按钮，完成汇流累积量计算，结果如图 5.47（b）所示。

5.3.3 水流长度

水流长度指地面上某一点沿水流方向到其起点或终点之间的最大地面距离在水平面上的投影长度，它直接影响着地面径流的速度，进一步影响土壤的侵蚀情况，因此在水土保持等方面具有重要的意义。水流长度的提取方式有顺流和逆流计算两种。顺流/逆流计算指的是每一点沿水流方向到流域出水口/流向起点的最大地面距离的水平投影。具体操作如下：

第一步，双击"水文分析"→"水流长度（Flow Length）"，打开其对话框，如图 5.48 所示。

第二步。"输入流向栅格"为 fd-fill；"输出栅格"指定为 flow-len-down；在"测量方向（Direction of measurement）"下拉框中可以选择"顺流方向（downstream）"或者"逆流方向（upstream）"；"输入权重栅格数据"这里的含义同流量累计矩阵。

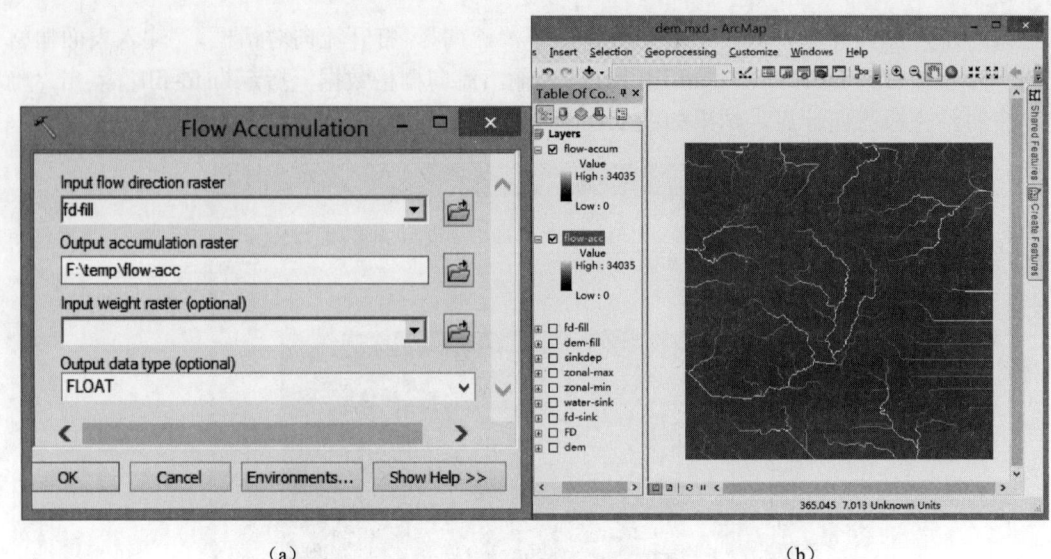

(a)　　　　　　　　　　　　　　(b)

图 5.47　汇流累积量对话框和计算生成的汇流累积量图

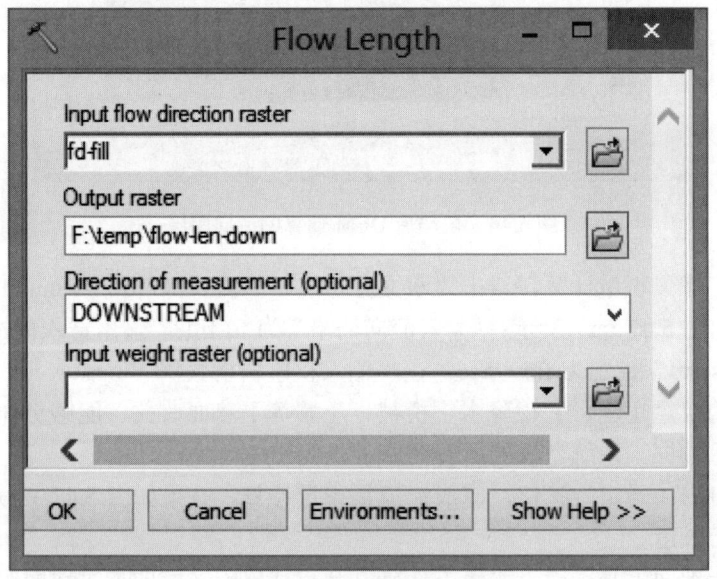

图 5.48　流量长度对话框

第三步，点击"确定"按钮，完成顺流和逆流方向上的水流长度计算，结果如图 5.49 所示。

5.3.4　河网提取

河网提取是 DEM 水文分析的重要内容之一，它是基于汇流累积量提取的，当汇流累积到一定程度时，就形成地表径流，所有汇流量大于临界值的栅格就是潜在的水流路径，由这些水流路径构成的网络就是河网。目前主要的提取方法是地表径流漫流模型。河网提取主要包括河网生成、河流连接和河网分级三部分。

5.3 基于 DEM 的流域提取

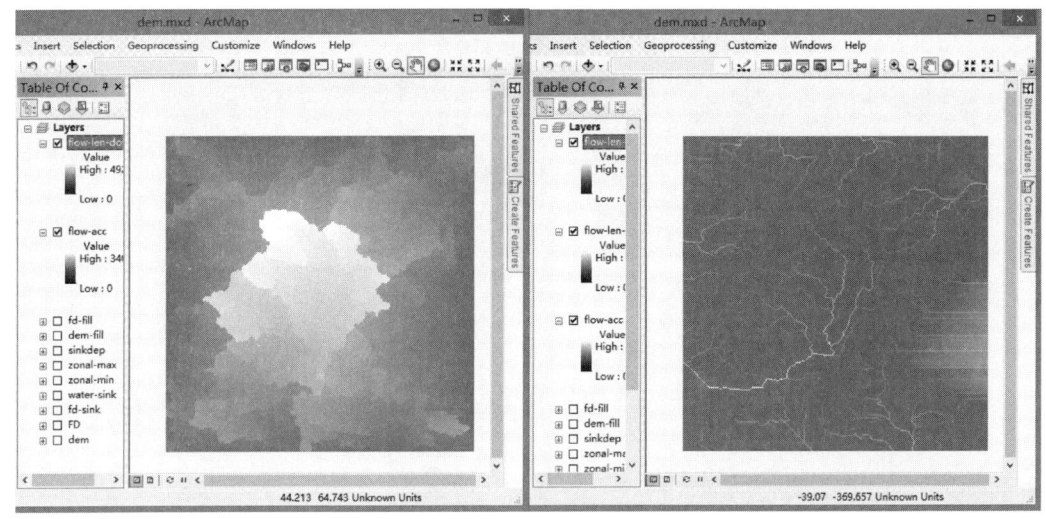

（a）顺流　　　　　　　　　　　　　　（b）逆流

图 5.49　顺流方向和逆流方向上的水流长度图

（1）河网生成。河网生成主要由四个部分组成，具体操作如下：

第一步，河流累积量生成。其生成过程同第 5.3.2 节。

第二步，阈值设定。不同级别的河流对应不同的阈值，应根据不断的实验和现有地形图来确定合适的阈值。

第三步，栅格河网的生成。双击"空间分析工具"→"地图代数"→"栅格计算器"，打开其对话框；在文本框中输入"flow-acc">300；在"输出栅格"中指定为 streamnet300；点击"确定"按钮，完成栅格格网生成，结果如图 5.50 所示。

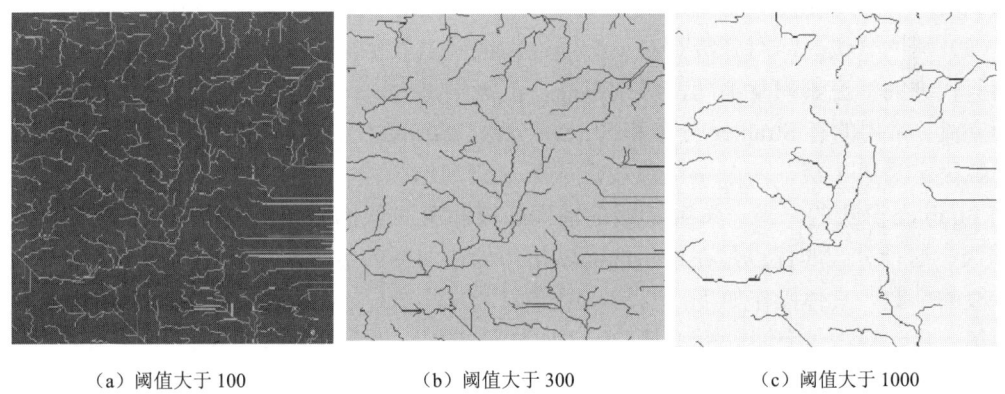

（a）阈值大于 100　　　　（b）阈值大于 300　　　　（c）阈值大于 1000

图 5.50　基于汇流累积量栅格中栅格单元值分别大于不同阈值提取的栅格河网图

第四步，栅格河网矢量化。双击"空间分析工具"→"水文分析"→"栅格河网矢量化（Stream to Feature）"，打开其对话框，如图 5.51（a）所示；在输入河流栅格数据（Input stream raster）文本框中输入 streamnet300；在"输入流向栅格"中输入 fd-fill；在"输出栅格"中指定路径和名称，为 stream-fea；点击"确定"按钮，完成栅格河网矢量化，结果如

图 5.51 (b) 所示。

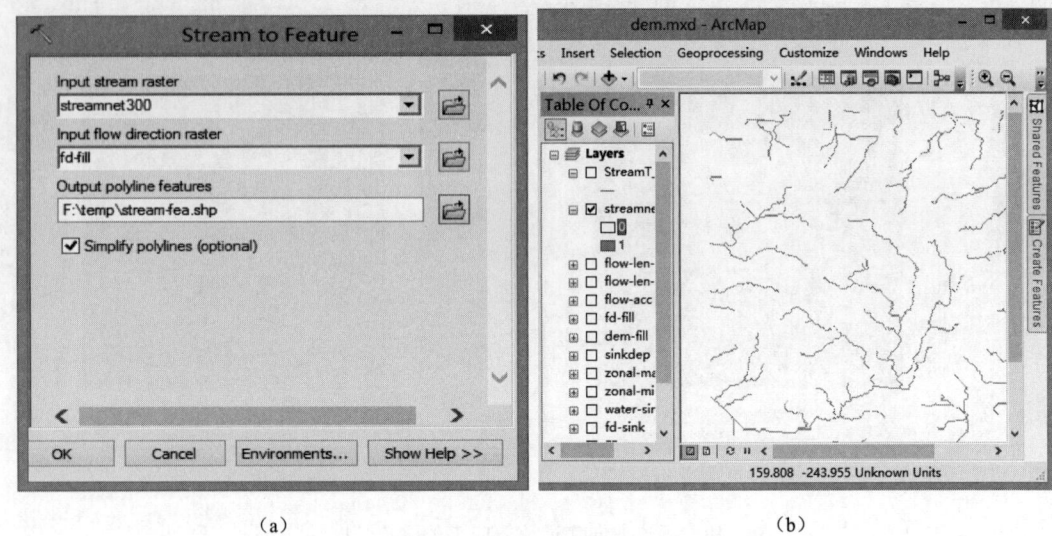

(a)　　　　　　　　　　　　　(b)

图 5.51　栅格河网矢量化对话框和矢量河网图

（2）河流连接。河流连接主要记录河网的结构信息，每条弧段连接着两个作为出水点或汇水点的结点。出水点为下一步的流域分割做好准备，对于水土流失等有着重要意义。具体步骤：

第一步，双击"空间分析工具"→"水文分析"→"河流连接（Stream Link）"，打开其对话框。

第二步，在"输入河流栅格数据"文本框中输入 streamnet300；在"输入流向栅格"中输入 fd-fill；在"输出栅格"中指定为 stream-link；点击"确定"按钮，完成河流连接计算。

（3）河网分级。河网分级是对一个线性的河网以数字标识的形式划分级别。不同级别的河流代表的汇流累积量不同，级别越高，汇流量越大，一般为干流；反之级别较低的一般为支流。常用的有 Strahler 分级和 Shreve 分级。Strahler 分级是将所有河网中没有支流的河网弧段定为第 1 级，两个 1 级弧段汇成第 2 级河网弧段，依次类推；Shreve 分级的第 1 级同 Strahler 分级的，当一条第 2 级的河网弧段和第 3 级的弧段汇流形成新的河网弧段为第 5 级，这种分级的优点是在最后的流域出口处，河网的级数刚好是该河网中所有一级河网弧段的个数。具体操作如下：

第一步，双击"空间分析工具"→"水文分析"→"河网分级（Stream Order）"，打开其对话框。

第二步，在"输入河流栅格数据"文本框中输入 streamnet300；在"输入流向栅格"中输入 fd-fill；在"输出栅格"指定路径和名称，为 stream-order；在"河流分级方法（Method of stream ordering）"下拉框中可以选择 Strahler 或 Shreve；点击"确定"按钮，完成河网分级计算，两种分级方法的河网结果如图 5.52 所示。

注意：采用 Strahler 分级将河网分为 3 级，采用 Shreve 分级将河网分为 24 级。

5.3 基于 DEM 的流域提取

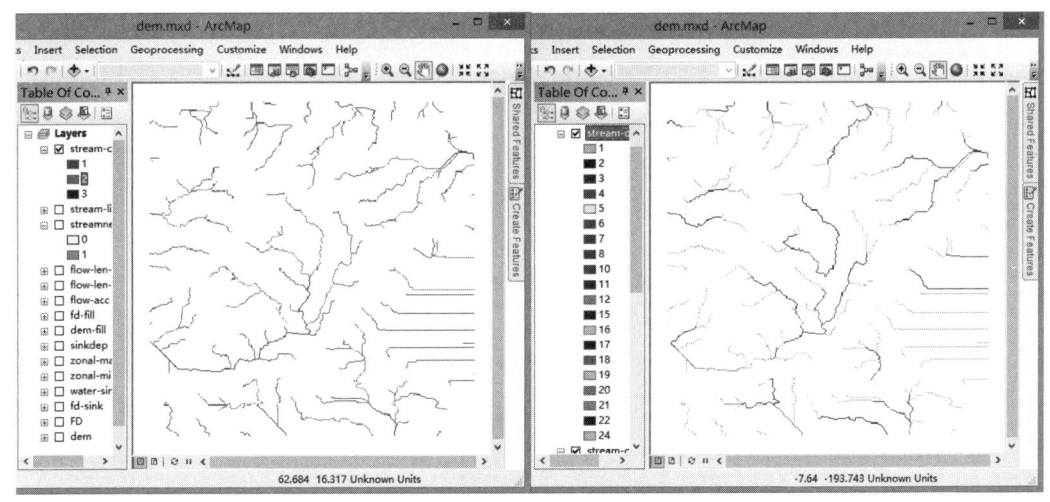

图 5.52 Strahler 分级和 Shreve 分级的河网结果图

5.3.5 流域生成

流域可以用流域盆地（basin）、集水盆地（catchment）、集水区域（watershed）等描述。本节以流域盆地和集水区域为例说明流域生成过程。具体步骤为：

（1）流域盆地。第一步，双击"空间分析工具"→"水文分析"→"盆地分析（basin）"，打开其对话框，如图 5.53（a）所示。

第二步，在"输入流向栅格"中输入 fd-fill；在"输出栅格"中指定路径和名称，为 basin；点击"确定"按钮，完成流域盆地生成。利用提取的河网与流域盆地叠加，可将感兴趣的流域划分出来，结果如图 5.53（b）所示。

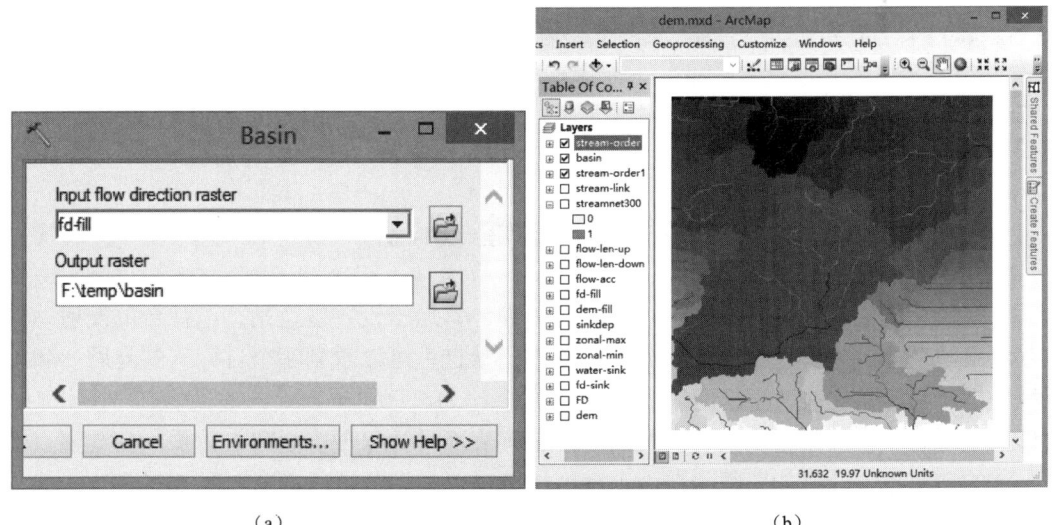

　　　　　　（a）　　　　　　　　　　　　　　　　（b）

图 5.53 盆地对话框和流域盆地结果图

（2）集水区域。在水文分析中，经常要基于更小的流域单元来进行分析。因此，需要

109

对流域再进一步的分割，即要确定流域单元出水口的位置。有两种方法确定出水口的位置。一是利用"水文分析"→"扑捉倾泻点（Snap Pour Point）"寻找，但是需要流域单元出水口位置的点数据为基础。如果没有这个点数据，可以采用第二种方法。二是利用生成的河流连接数据作为汇水区的出水点，因为河流连接隐含着每一条弧段连接信息，弧段的终点可以看做是汇水区出水口的位置。具体步骤如下：

第一步，双击"空间分析工具"→"水文分析"→"集水区域（Watershed）"，打开其对话框，如图 5.54（a）所示。

第二步，在"输入流向栅格"中输入 fd-fill；在"输入栅格或要素倾泻点数据"中输入 stream-link；在"输出栅格"中指定路径和名称，为 watershed；点击"确定"按钮，完成集水区域生成，结果如图 5.54（b）所示。可以看出以河流连接作为出水口得到的集水区域是每一条河网弧段的集水区域，也就是最小沟谷的集水区域。

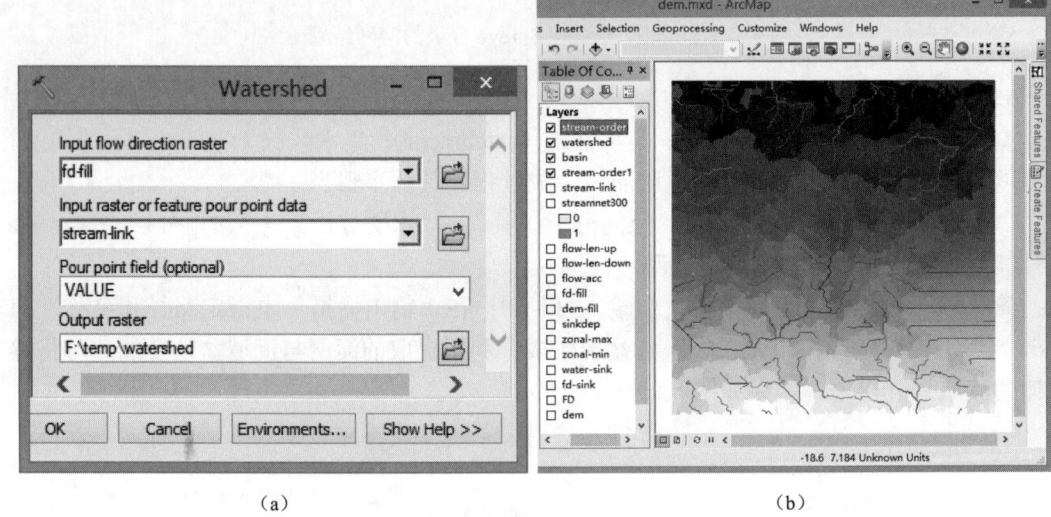

(a)   (b)

图 5.54 集水区域对话框和集水区域结果图

5.4 可视性分析

可视性分析实质属于对地形进行最优化处理，常用于设置雷达站、电视台的发射站、设置观察哨所等。主要包括通视性分析（回答"从这里可以看到哪个目标"的问题）和可视域分析（回答"从这里能看到什么"的问题）。比如，已知一个或一组观察点，找出某一地形的可视区域；欲观察到某一区域的全部地形表面，计算最少观察点数量；在观察点数量一定的前提下，计算能获得的最大观察区域等。可视性分析示意图如图 5.55 所示。

5.4.1 通视性分析

通视性分析：显示两点之间的通视情况，从而判断从一个观察点是否可以看到目标物。它实质属于对地形进行最优化处理的范畴，比如设置雷达站、电视台的发射站、设置观察哨所等。

5.4 可视性分析

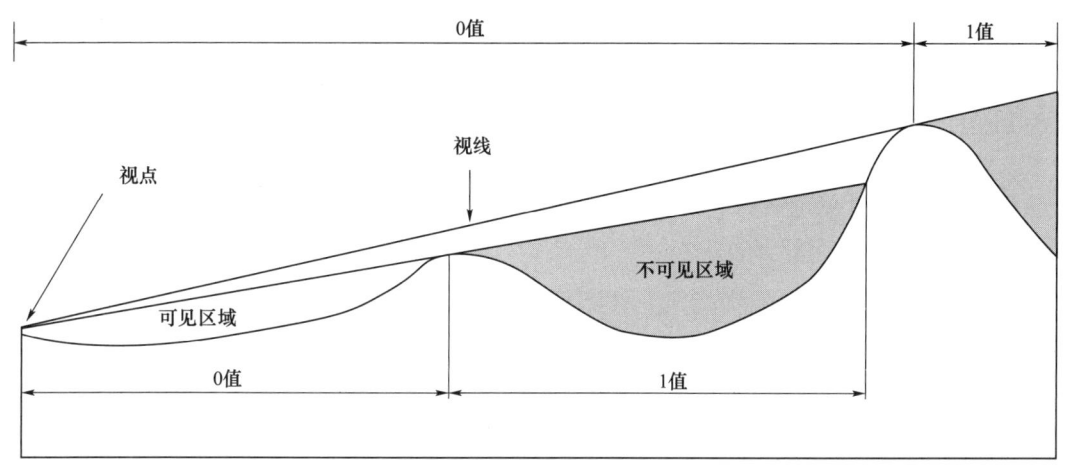

图 5.55 可视性分析示意图

基于 DEM 判断两点之间通视的两种主要算法。第一种是常见算法。① 确定过观察点和目标点所在的线段与 xy 平面垂直的平面 S；② 求出地形模型中与平面 S 相交的所有边；③ 判断相交的边是否位于观察点和目标点所在的线段之上，如果有一条边在其上，则观察点和目标点不可视。第二种是"射线追踪法"：对于给定的观察点 V 和某个观察方向，从观察点 V 开始沿着观察方向计算地形模型中与射线相交的第一个面元，如果这个面元存在，则不再计算。具体操作如下：

第一步，在主菜单空白处右击快捷菜单，加载 3D Analyst 工具条。

第二步，单击视线瞄准线（Create Line of Sight）工具，打开其对话框，结果如图 5.56（a）所示；在观察点偏移量（Observer offset）文本框中输入观测的离开地面的高度；在目标偏移量（Target offset）文本框中输入目标的离开地面的高度。

第三步，在 DEM 图层中输入观测点和目标点的位置，生成通视线，红色表示不可视，绿色表示可视，结果如图 5.56（b）所示。

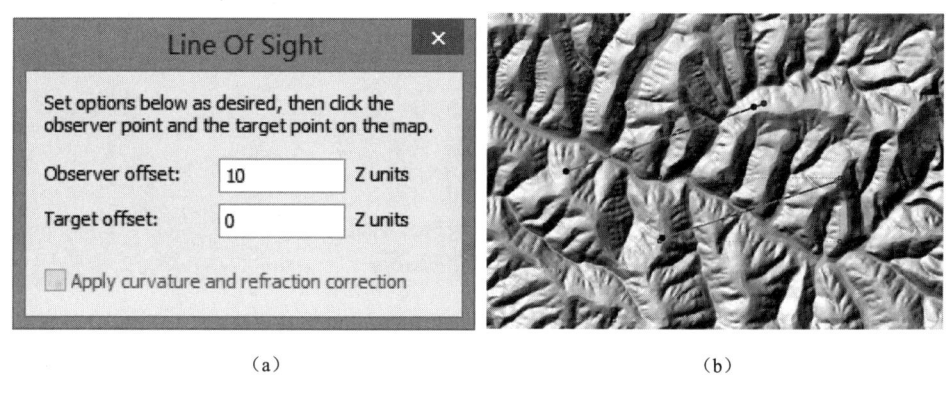

（a） （b）

图 5.56 通视分析对话框及分析结果图

5.4.2 可视域分析

可视域分析是确定从一个或多个观察点可以观测到的区域。基于规则格网 DEM 的可视域算法在 GIS 分析中应用较广。常用的一种简单的方法：沿着视线的方向，从视点开始到目标格网点，计算与视线相交的格网单元（边或面），判断相交的格网单元是否可视，从而确定视点与目标视点之间是否可视。其缺点是：存在大量的冗余计算，相应的时间消耗比较大。针对规则格网 DEM 的特点，采用并行处理缩短时间。具体操作如下：

第一步，双击"空间分析工具"→"表面分析"→"可视域（Visibility 或者 Viewshed）"，打开其对话框，如图 5.57 所示。

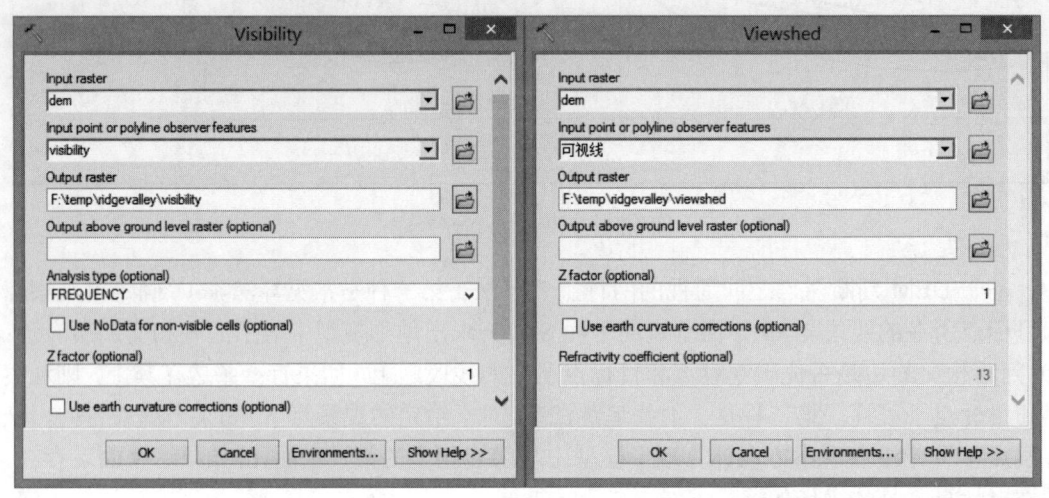

图 5.57　可视域对话框

第二步，在"输入流向栅格"中输入 dem；在"输入点或线观测要素"中输入 visibility；观测点数一般不要超过 16 个。在"输出栅格"中指定输出的路径和名称，为 visibility；

第三步，点击"确定"按钮，完成可视域计算，结果如图 5.58 所示。

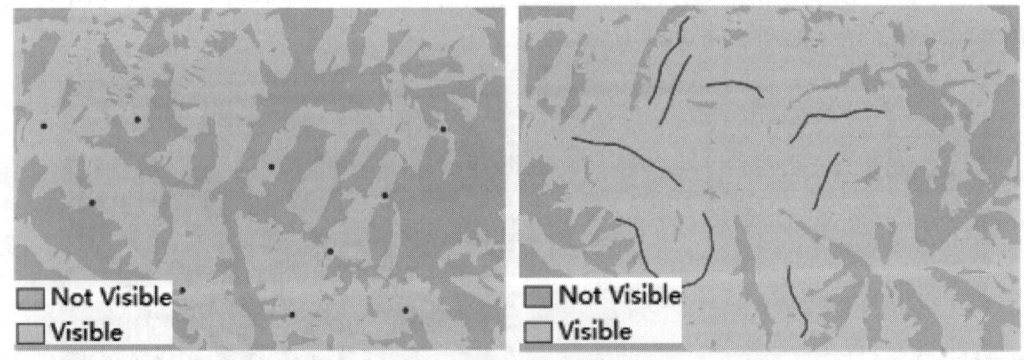

图 5.58　基于点要素和线要素分别生成的可视域结果图

第6章 专题地图制图

专题地图是指突出而尽可能完善、详尽地表示制图区内的一种或几种自然或人文要素的地图。专题地图的制图领域宽广，凡具有空间属性的信息数据都可用其来表示。其内容、形式多种多样，能够广泛应用于国民经济建设、教学和科学研究、国防建设等行业部门。相比普通地图，专题地图具有主题化、特殊化、多元化、多样化和前瞻化等独特特征。专题地图的编制是一个非常复杂、专业性很强的过程。如何制作一幅既符合主题要求又美观精致（信息丰富、表达完整、视觉效果好）的专题地图，是本章主要介绍的内容。具体从地图页面布局、数据符号化、专题地图的编制和专题地图输出四个方面进行介绍专题地图制图。

6.1 地图页面布局

正式输出地图之前，应该首先进入版面视图进行地图页面布局，即地图版面设置和辅助要素设置。

6.1.1 制图版面设置

（1）地图模板操作。用户将常用的地图输出的式样制作成模板保存，方便直接调用。具体操作如下：

第一步，启动 ArcMap，单击"文件"主菜单下的"新建（New）"命令，打开"新建文档（New Document）"对话框。

第二步，单击"我的模板（My Templates）"中的"空白地图（Blank Map）"，点击"确定"，创建了空白地图模板，根据需要对空白模板进行自行设计。

第三步，单击"文件"下的"另存为（Save As）"命令，将设置后的模板保存为 design.mxd，保存路径选择 C:\Users\Administrator\AppData\Roaming\ESRI\Desktop10.2 \ArcMap\Templates\design，其中 design 是用户自己新建的文件夹。再次启动 ArcMap 时，自己设定的模板就会和系统给定的模板一样，出现在新建文档对话框中，如图 6.1 所示。

（2）图面尺寸设置。正式输出地图之前，应该根据地图的用途、比例尺、打印机的型号等设置布局尺寸。具体操作步骤如下：

第一步，在 ArcMap 中，单击主菜单"视图"进入"布局视图（Layout View）"状态；单击主菜单"文件"下的"页面打印设置（Page and Print Setup）"命令，打开"页面设置"对话框，如图 6.2 所示。

第二步，在"打印机设置（Printer Setup）"区域选择打印机的名称类型；在"注释（Comments）"区域选择纸张的大小、来源和方向等；在"地图页面大小（Map Page Size）"区域中，如果勾选"使用打印机纸张设置（Use Printer Paper Settings）"，则"页"子区中默认尺寸为该类型的标准尺寸；如果删除勾选"使用打印机纸张设置"，可以在"宽度"和"高度"框中自定义尺寸及单位。

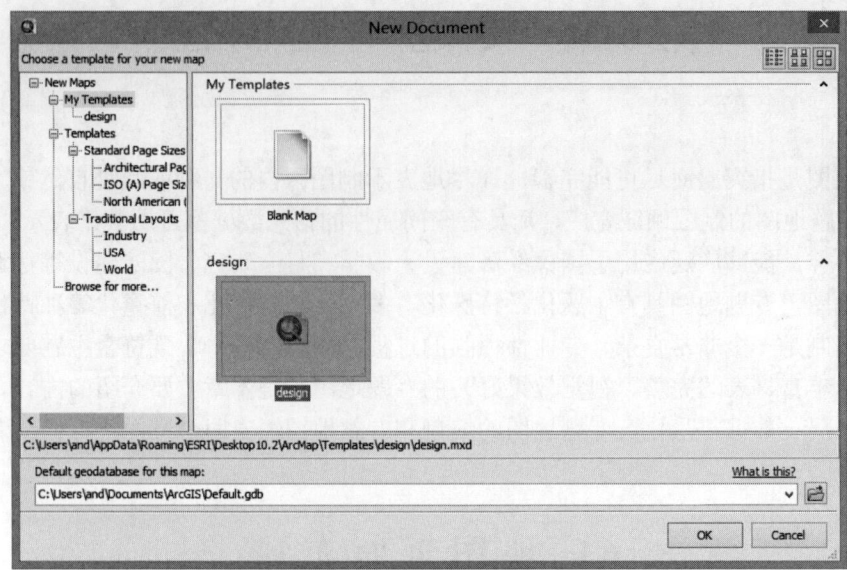

图 6.1　自定义的地图模板 design.mxd

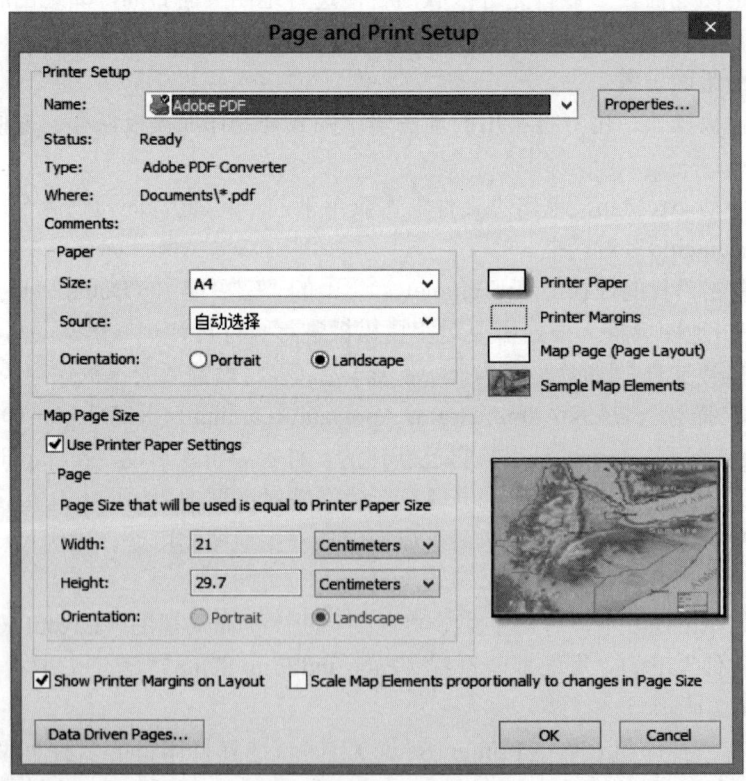

图 6.2　页面和打印设置对话框

第三步，如果勾选"Show Printer Margins on Layout"，则在地图输出窗口打印边界；如果勾选"Scale Map Elements proportionally to change in Page Size"，则纸张尺寸自动调整比例尺，这时根据自己需要调整的尺寸和方向将不起作用。

第四步，单击"确定"按钮，完成图面尺寸的设置。

6.1.2 辅助要素设置

辅助要素可以协助地图要素，使其排列更加规则。

首先切换到布局视图，在图形区域外侧，右击快捷菜单，选择标尺（Rulers）、参考线（Guides）、格网（Grid）、页边距（Margins）等，进行辅助要素的设置；然后还可通过其相应的二级菜单捕捉到标尺（Snap to Rulers）、扑捉到参考线（Snap to Guides）等实现要素的对齐。

6.2 数据符号化

数据符号化的目的是直观表达地图数据的基本特征，让读者能够通过地图符号直接查找到自己所需要的地图信息。本节主要按照数据符号化的原则和要求来选择和制作数据符号。

6.2.1 符号的选择与修改

符号化是以图形方式对地图中的地理要素、标注和图记进行描述、分类和排列，让读者能够通过地图符号查找到自己所需要的信息。符号的选择在制图中至关重要，选取的原则主要按照实际形状确定地图符号的基本形状，以符号的颜色或形状区分事物的属性。地图符号一般分为点、线和面三种符号，通过不同的形状、尺寸和色彩进行组合来表达地理实体。符号化方法一般有单一符号、分类符号、分级色彩和统计符号等。符号的选择与修改的操作步骤如下：

第一步，启动 ArcMap，添加图层（例如，Haihe_MetroSite.shp）。

第二步，在"内容列表"中单击站点图层（Haihe_MetroSite.shp）标签下的符号，打开"符号选择器（Symbol Selector）"对话框，如图 6.3 所示。

第三步，在符号库中选择自己所需的符号，并在"当前符号（Current Symbol）"区域进行颜色、大小和角度的简单设置；或者单击"编辑符号（Edit Symbol）"按钮，打开其对话框进一步的修改和设置；如果符号库中没有满足自己需求的符号，可以通过搜索文本框中输入符号的名称、类别等来搜索适用的符号。

第四步，单击"另存为（Save As）"按钮，打开其对话框，输入名称、类别、标签，将其保存到相应的样式库中，以供重复使用。

6.2.2 矢量数据符号化

无论点状、线状和面状要素，都可以根据要素的属性特征采取分类符号、分级符号、统计符号和组合符号等多种表达方法实现矢量数据的符号化，编制满足需求的各种地图。本节将重点介绍这四种符号化的表达方法。

（1）分类符号设置。分类符号主要根据图层要素属性值来设置地图符号。属性值相同的归为同一类，采用相同的符号表示，反之相反。具体操作如下：

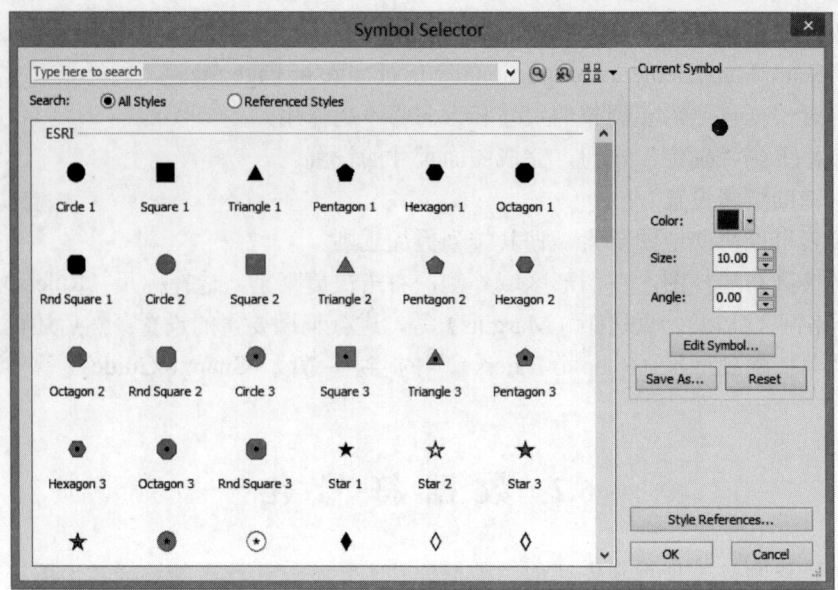

图 6.3 符号选择器对话框

第一步，启动 ArcMap，添加图层（例如，Hh_Quantile53.shp），在"内容列表"中右击该图层，打开"图层属性"对话框，切换到"符号系统（Symbology）"选项卡，如图 6.4 所示。

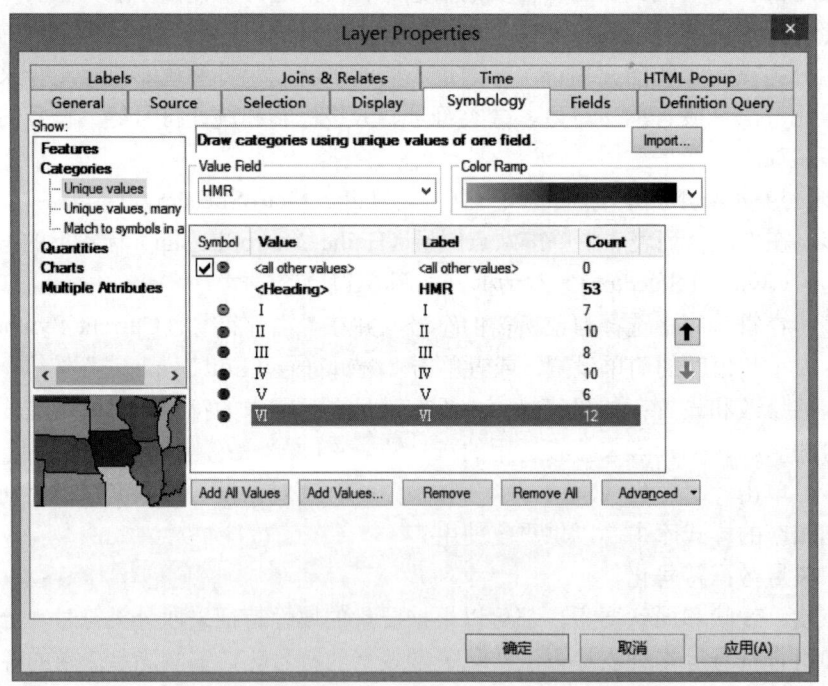

图 6.4 "符号系统"下"分类符号设置"对话框

第二步，在"显示（Show）"列表框中，选择"类别（Categories）"，其下有"唯一值

(Unique values)"、"唯一值、多个字段(Unique values, many fields)"和"与样式中的符号匹配(Match to symbols in a style)"三个选项,三者选一。这里以"唯一值"选项来进行说明。

第三步,在"属性字段(Value Field)"中选择 Homo,即一致区的等级;在"色带(Color Ramp)"中选择自己所需的颜色带。

第四步,单击"添加属性值(Add Values)"按钮,打开其对话框选择需添加的等级字段;或者单击"添加所有属性值(Add All Values)"按钮,即可把所有字段(一致区等级)都添加进来。如果对系统默认的符号样式不满意,可以双击"值(Value)"名称前面的"符号(Symbol)",进入样式选择库,选择所满意的样式,还可对样式进行编辑修改。

第五步,完成设置返回"图层属性"对话框,单击"确定"按钮,完成分类符号设置,结果如图 6.5 所示。

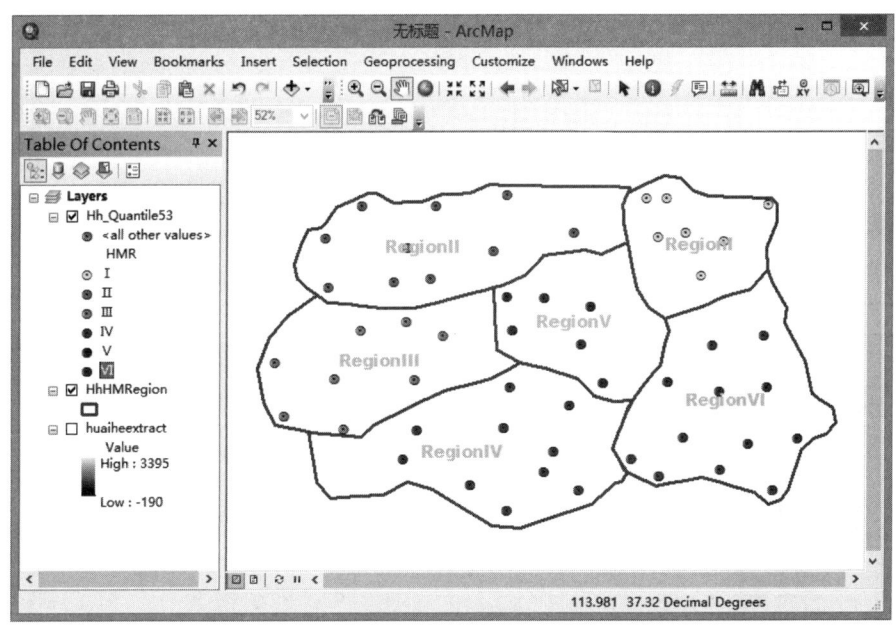

图 6.5 分类符号后的站点一致区分布图

(2) 分级符号设置。分级符号是采用不同的符号表示不同级别的要素属性值。符号形状取决于制图要素的特征,符号大小取决于分级数值的大小或者级别高低。具体操作如下:

第一步,与分类符号选择图层一样,切换到"符号系统"选项卡,如图 6.6 所示。

第二步,在"显示(Show)"列表框中,选择"数量(Quantities)",其下有"分级色彩(Graduated colors)"、"分级符号(Graduated symbols)"和"比例符号(Proportional symbols)"三个选项,三者选一。这里以"分级符号"选项来进行说明。

第三步,字段的"值"在这里选择 Q100y,"归一化(Normalization)"选 none;"分类级数(Classes)"根据需要自行设定,如系统默认的分级范围不符合需求,可点击分类右侧的"classify"按钮自行设定;"符号大小(Symbol Size)"范围可根据需要自行设定,符号样式如不满足需求,可点击符号右侧的"模板(Template)"进行编辑修改。

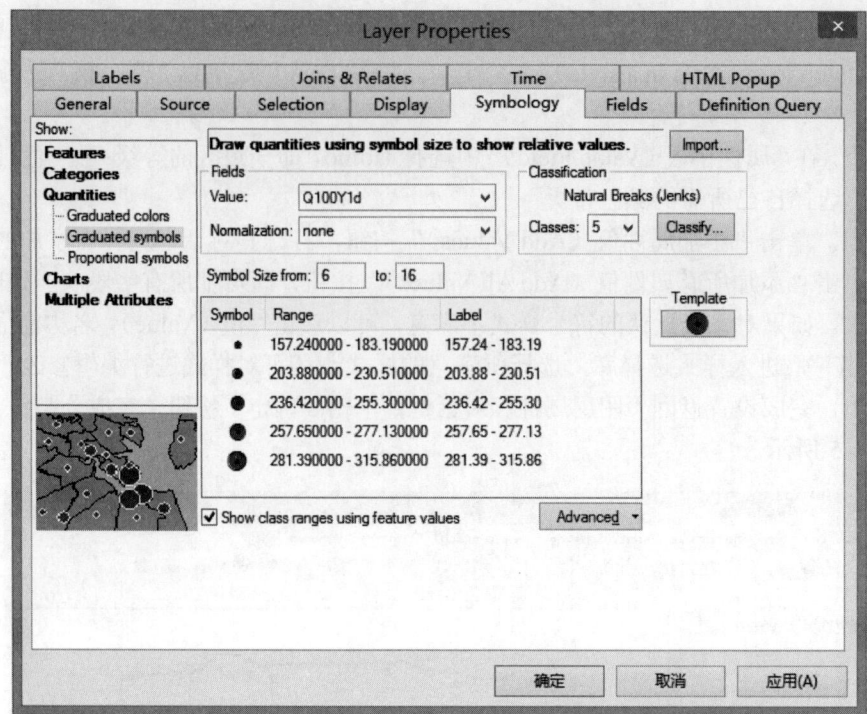

图 6.6 "符号系统"下"分级符号设置"对话框

第四步,单击"确定"按钮,完成分级符号设置,结果如图 6.7 所示。

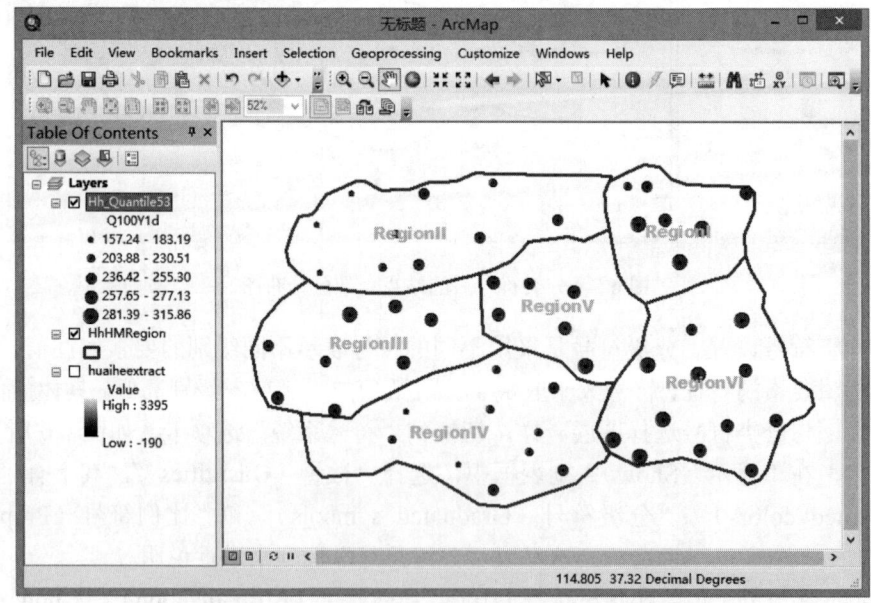

图 6.7 分级符号后的站点百年一遇极值降雨频率估计(Q100y)分布图

(3)统计符号设置。主要用于表示制图要素的多项属性。常用的有饼图和柱状图。饼图常用来表示制图要素的组成部分与整体之间的比例关系，柱状图常用于表示制图要素的可比较的两项及以上的属性关系及变化趋势。具体操作如下：

第一步，如同分类和分级符号设置一样，切换到"符号系统"选项卡，如图 6.8 所示。

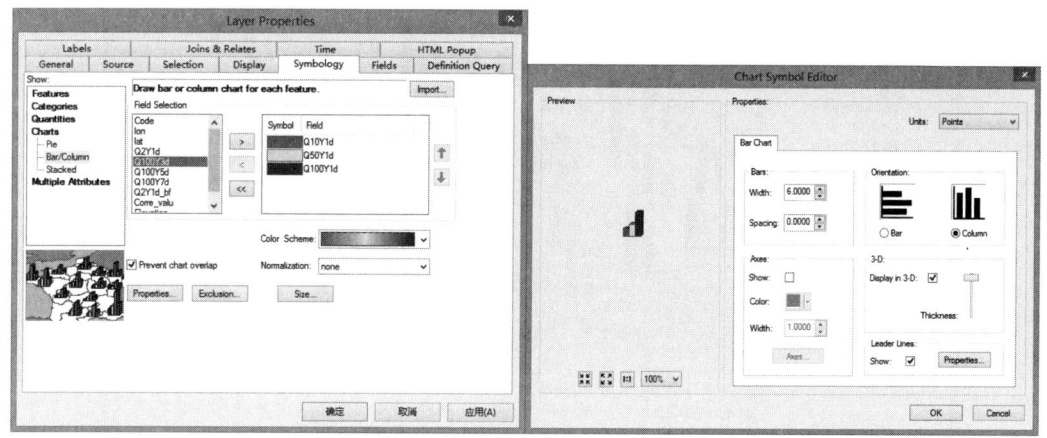

图 6.8　"符号系统"下"图表"对话框及"柱状图"下的"图表符号选择器"对话框

第二步，在"显示（Show）"列表框中，选择"图表（Charts）"，其下有"饼图（Pie）"，"条形图/柱状图（Bar/Column）"和"堆叠（Stacked）"三个选项，三者选一。这里以"柱状图"选项来进行说明。

第三步，在"字段选择（Field Selection）"列表中选择字段"Q10y、Q50y 和 Q100y"，然后单击向右箭头，字段自动加入右边的列表框中，在"符号"下的颜色上双击，可对符号的颜色和样式进行修改编辑。

第四步，在"色带"下拉框中选择所需颜色，"归一化"选择无；点击"属性"按钮进入"图表符号选择器（Chart Symbol Selection）"对话框，可进行宽度、方向、坐标轴和 3-D 等显示设置。

第五步，单击"确定"按钮，完成统计符号设置，结果如图 6.9 所示。

（4）组合符号设置。上述分类符号、分级符号和统计符号都是针对单一项要素进行设置的，然而在实际应用中，仅针对单个要素进行符号设置是不够的，需要多种符号组合表达复杂的地理实体和现象。本节以分类和分级组合为例说明，具体操作如下：

第一步，进入"符号系统"对话框（同上），如图 6.10 所示。

第二步，在"显示（Show）"列表框中，选择"多个属性（Multiple Attributes）"下的"按类别确定数量（Quantity by category）"。

第三步，在"值"字段中选择"Homo"字段，单击"添加所有值"，一共有 5 种类型（5 个一致区）被添加到列表中。

第四步，单击选中某一种类型，为其设置不同的级别。点击"变化依据（Variation by）"中的"符号大小（Symbol Size）"，打开其对话框，如图 6.11 中的右图所示。在"值"中选择"Q100y"作为分级字段，将其分为 4 类，"符号大小范围"可根据需要自行设定，"模板"修改其符号的样式等。单击"确定"返回"图层属性"对话框。

119

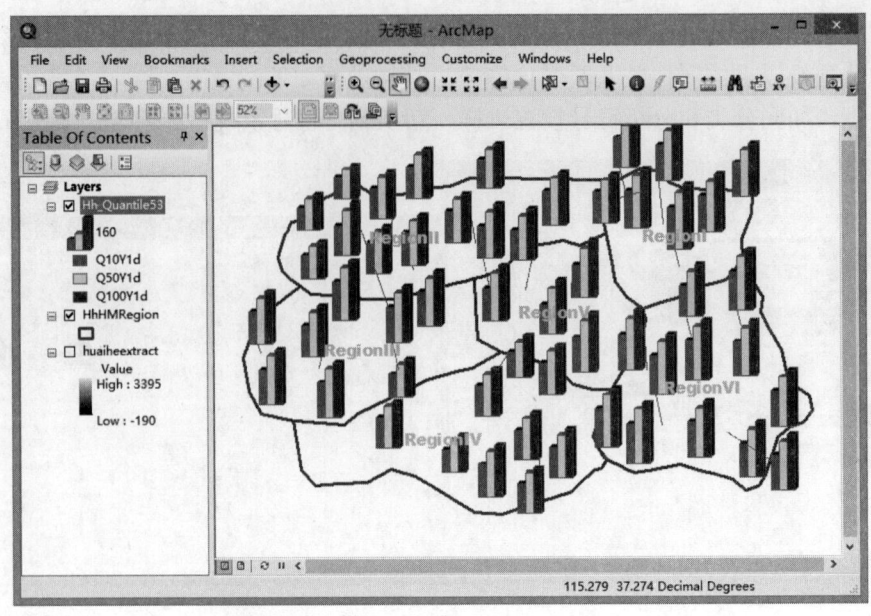

图 6.9　统计符号设置后的站点 Q10y、Q50y 和 Q100y 分布图

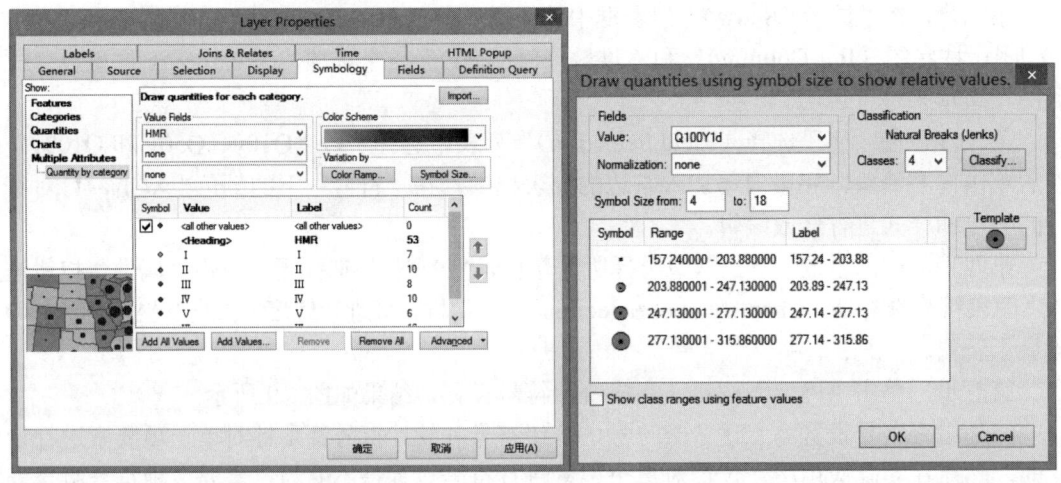

图 6.10　"符号系统"下"多个属性"对话框及"符号大小"对话框

第五步，单击"确定"按钮，完成组合符号设置，结果如图 6.11 所示。通过对多种属性的符号设置，最终得到一张集水文气象分区和极值降雨频率估计值为一体的地图，比单一属性表现的内容更丰富。

6.2.3　栅格数据符号化

专题栅格数据是栅格数据中一种重要类型，其符号化方法有分类栅格符号设置、分级栅格符号设置、栅格影像设置等。如何显示栅格文件依赖于它所包含的数据类型及用户需求。

（1）分级栅格符号设置。分级栅格符号值栅格数据所表示数量特征的分级图，多用于制作地形图等。具体操作如下：

6.2 数据符号化

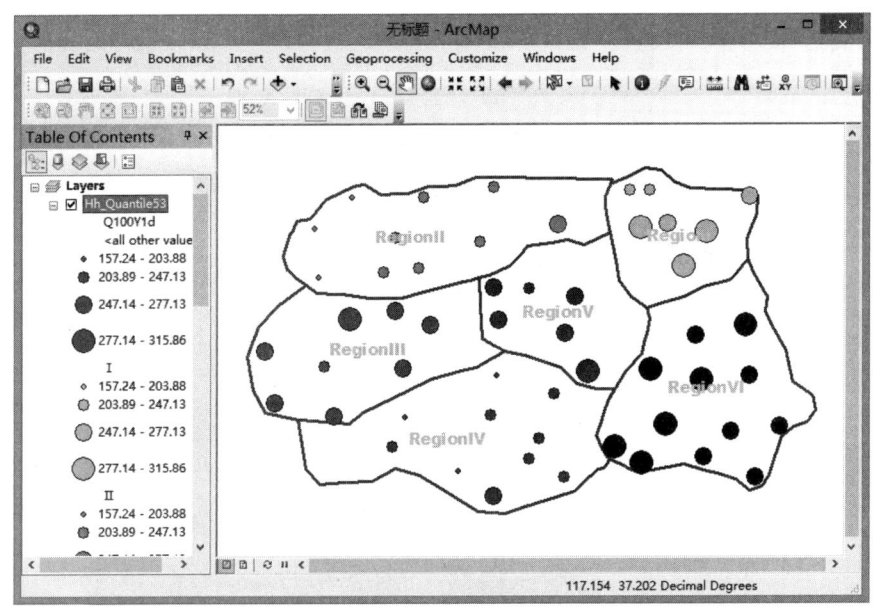

图 6.11 组合符号设置后的各一致区内站点 Q100y 分布图

第一步，加载流域 DEM 栅格影像（HhDEM），进入"符号系统"对话框（同上），界面如图 6.12 所示。

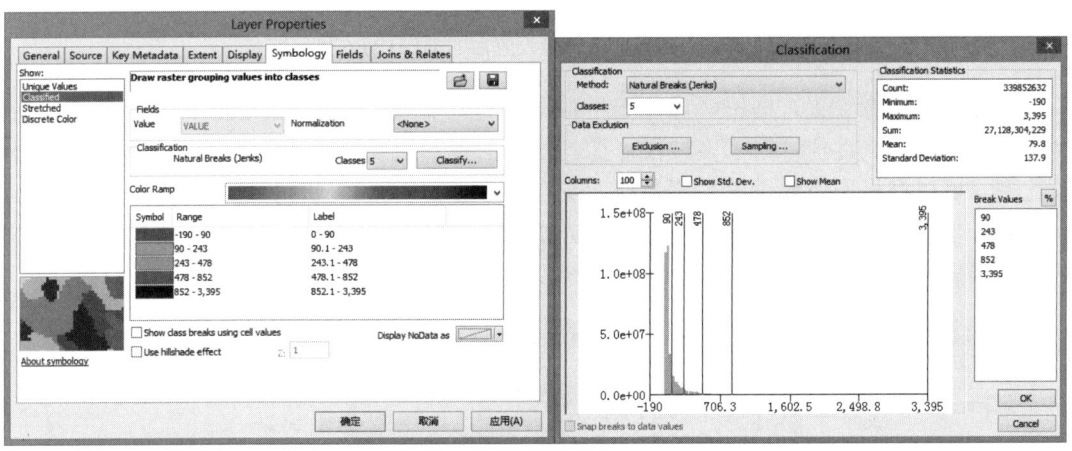

图 6.12 "符号系统"下"分级符号设置"对话框级"分类"按钮对话框

第二步，在"显示（Show）"列表框中，有"唯一值（Unique Values）"，"已分类（Classified）"，"离散颜色（Discrete Color）"和"拉伸（Stretched）"四个选项，四者选一。这里以"已分类"选项来进行说明。

第三步，将分类设置为 5 类，如需调整分级方法和分级界限，可点击右侧的"分类"按钮；根据需要在色带下拉框选择一种色彩方案；勾选"用像元值显示分类间隔（Show class breaks using cell values）"，默认状态下是以分级方法计算出的结果进行标注数字。

第四步，单击"确定"按钮，完成分级栅格符号设置，结果如图 6.13 所示。

121

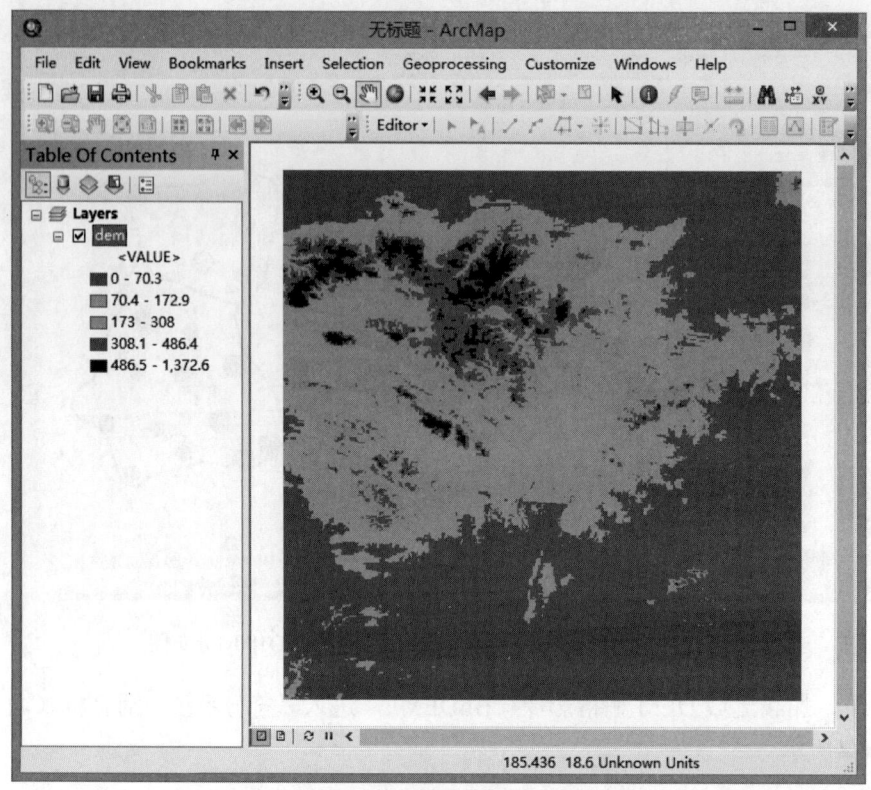

图 6.13 分级栅格符号设置后的 DEM 分布图

（2）栅格影像设置。栅格影像是栅格数据中的主要类型。对于单波段图像，影像的灰度反映了像元的属性值；对于多波段影像，影像的色彩主要取决于红绿蓝三个波段的组合及比例。所以栅格影像的设置主要是像元灰度或色彩的表达。具体操作如下：

第一步，加载一个多波段栅格影像（例如，Ly_TM.img，数据引自参考文献［5］），打开"图层属性"对话框，切换到"符号系统"选项卡，如果 6-14 所示。

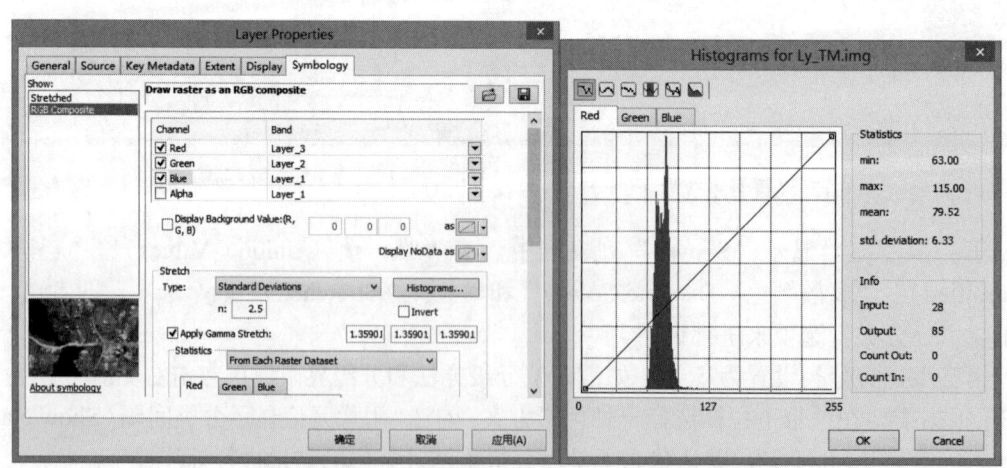

图 6.14 栅格影像的"符号系统"和"直方图"对话框

第二步，在显示列表框中选择红绿蓝合成（RGB Composite），在 channel 列表框中，红、绿、蓝色分别选择波段 3、2、1；在拉伸列表中，类型选择标准差，点击"直方图（Histograms）"按钮，打开其对话框可调节红绿蓝三个波段的直方图来改变影像的彩色效果。

第三步，单击"确定"按钮，完成栅格影像设置，结果如图 6.15 所示。

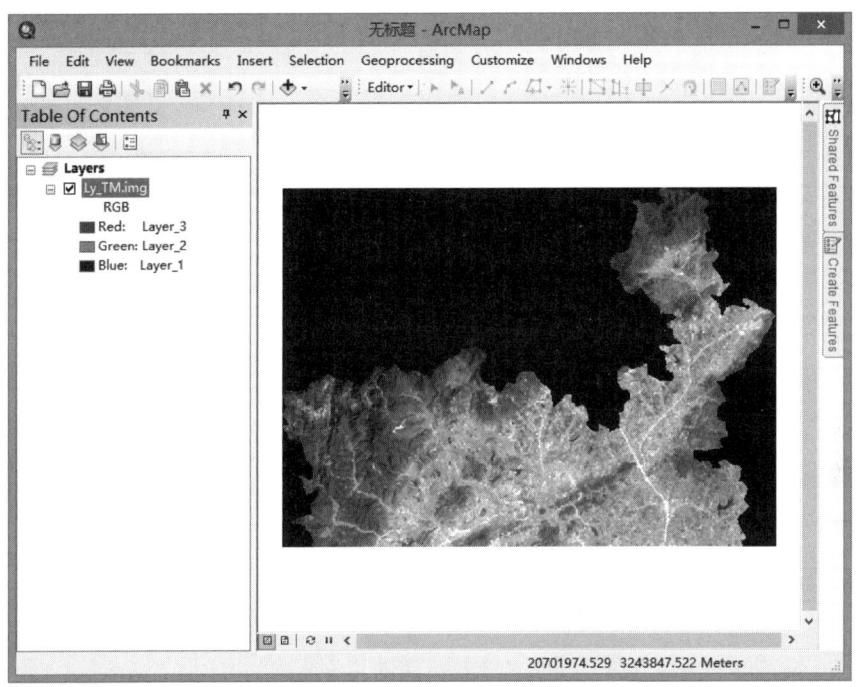

图 6.15　栅格影像设置后的 TM 遥感影像图

6.3　专 题 地 图 编 制

专题地图编制是地图生产过程的一个重要环节，同时又是一个非常复杂的过程。本节主要从地图数据操作、地图注记和制图元素设置三个方面来介绍。

6.3.1　地图数据操作

一幅地图通常包含多个数据框，数据框的添加、复制、旋转，每个数据框的框架样式是地图数据操作的主要内容。

（1）设置图框与底色。

第一步，在"内容列表"中的"数据框（Data Frame）"上右击，点击"属性"打开对话框，切换到"框架（Frame）"选项卡，如图 6.16（a）所示。

第二步，单击"边框（Border）"的下拉框，或者单击边框右侧的"样式选择器（Style selector）"按钮，打开对话框进行边框样式、属性等的修改；同理单击"背景（Background）"和"下拉阴影（Drop Shadow）"下拉框进行背景阴影样式的修改；单击"颜色"来选择边框需要的颜色，单击"间距（Gap，X 和 Y）"进行边框边距的设置。

第三步，切换到"大小和位置（Size and Position）"选项卡，可进行数据框的大小位置的设置，如图 6.16（b）所示。

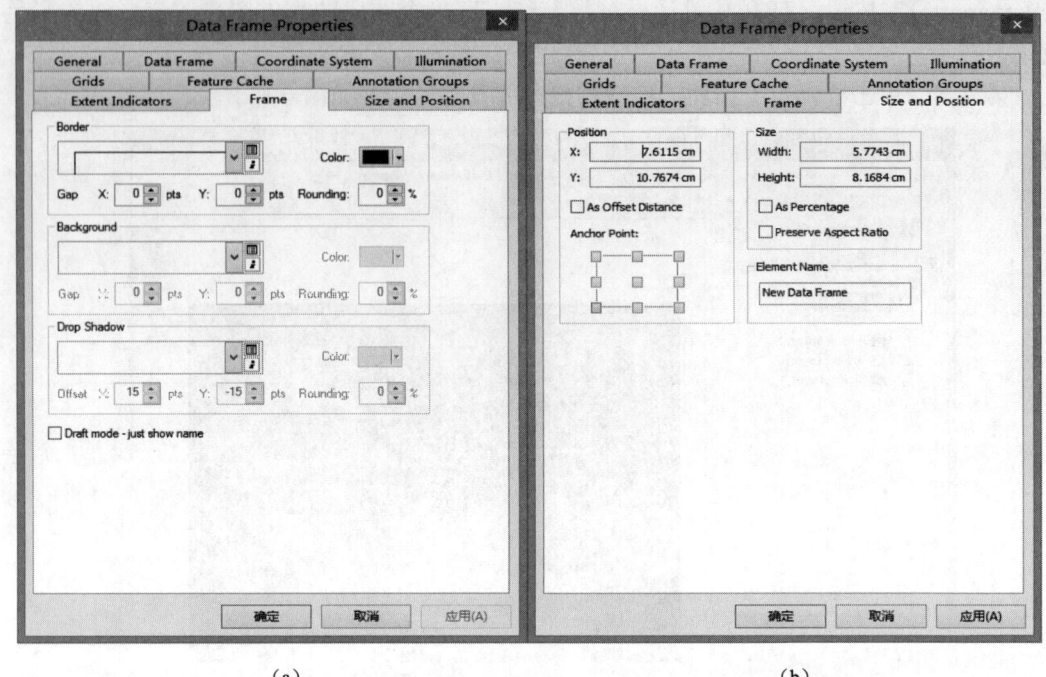

图 6.16 "数据框属性"下的"框架"和"大小和位置"选项卡对话框

第四步，单击"确定"按钮，完成图框和底色的设置。

（2）添加、复制和旋转数据框。

第一步，添加数据框。在 ArcMap 主菜单中单击"插入"菜单，选择"数据框"，在内容列表中将自动添加一新数据框，处于激活状态，可向该框中添加数据。

第二步，复制数据框。ArcMap 窗口切换到"布局视图"，选择要复制的数据框，右击"复制"，在数据框以外的图面上单击"粘贴"，地图输出窗口增加了一个复制数据框，同时内容列表中也增加了一个复制后的数据框，如图 6.17 所示。

第三步，旋转数据框。在 ArcMap 主菜单中单击"自定义（Customize）"菜单，选择"工具条（Toolbars）"下的"数据框工具（Data Frame Tools）"，加载其工具条。在工具条中选择"旋转数据框"图标按钮，进行数据框的旋转设置。

（3）绘制坐标格网。

第一步，在"内容列表"中需要放置坐标格网的数据框上右击，点击"属性"打开数据框属性对话框，切换到"格网（Grid）"选项卡，单击"新建格网（New grids）"按钮，打开"格网和经纬网向导（Grids and Graticules Wizard）"对话框，如图 6.18 所示。

第二步，在"格网和经纬网向导"对话框中有"经纬网（Graticule）""方里格网（Measured Grid）"和"参考格网（Reference Grid）"三个选项，这里以"经纬网"为例说明。单击"经纬网"单选按钮，并在"Grid name"中输入格网名称，点击"下一步"按钮。

6.3 专题地图编制

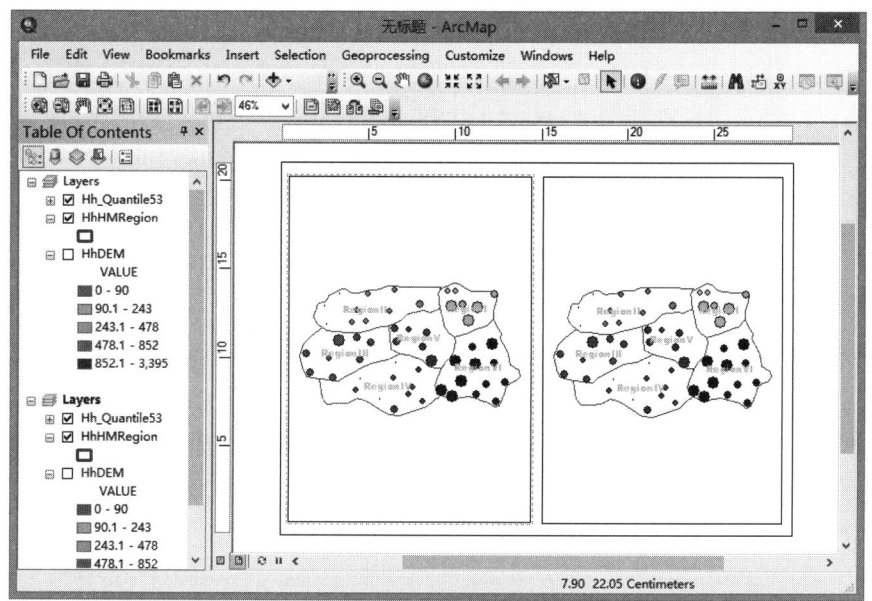

图 6.17 复制数据框之后的布局视图

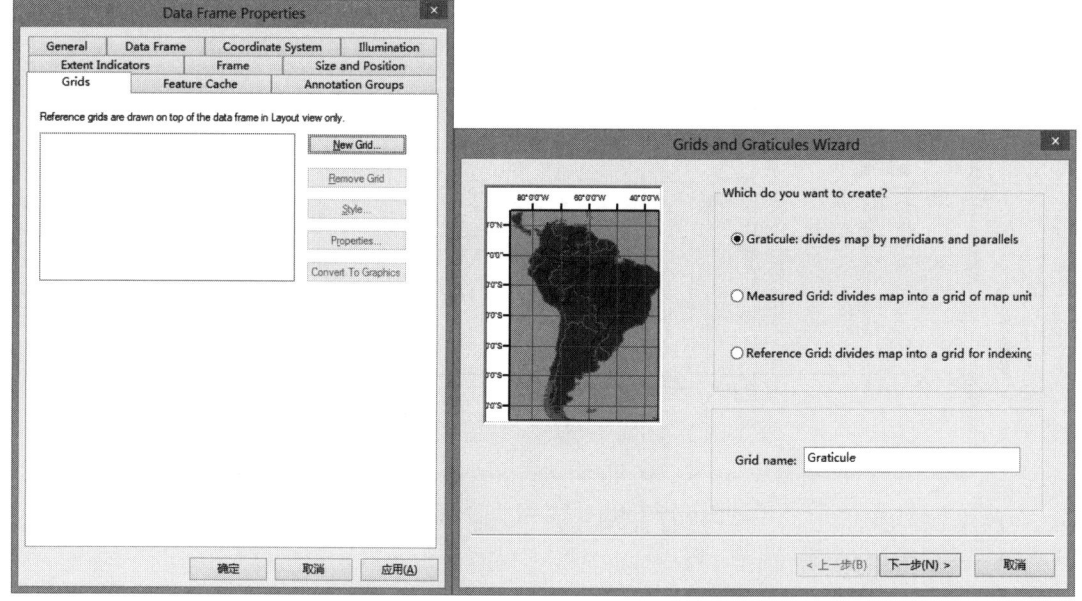

图 6-18 "格网"对话框及其下的"格网和经纬网向导"对话框

第三步,打开"创建经纬网(Create a graticule)"对话框,选中"经纬网和标注(Graticule and labels)"单选按钮,并在"样式(Style)"中选择经纬线的样式;在"放置纬线和经线间隔(Place parallels/meridians every)"文本框中输入 2 度 0 分 0 秒;单击"下一步"按钮。

第四步,打开"轴和标注(Axes and labels)"对话框,"轴"区域有"长轴主刻度(Major division ticks)"和"短轴主刻度(Minor division ticks)"复选框,长轴主刻度绘制主要格网标注线,短轴主刻度绘制次要格网标注线,这里只绘制主要格网,点击"长轴主刻度"复

125

选按钮,并在"线样式(Line style)"框中进行格网线样式的设置;在"标注(Labeling)"区域点击"文本样式(Text style)"进行文本符号的设置。单击"下一步"按钮。

第五步,打开"创建经纬网(Create a graticule)"对话框,在"经纬网边框(Graticule Border)"区域中,有"经纬网边缘放置简单/整饰边框(Place a simple/calibrated border at edge of graticule)"两个单选框,这里选择放置简单边框;在"内图廓线(Neatline)"区域,选择在"格网外部放置边框(Place a border outside the grid)";在"经纬网属性(Graticule Properties)"区域,有"存储可编辑的静态图形(Store as a static graphic that can be edited)"和"存储随数据框变化而更新的固定格网(Store as a fixed grid that updates with changes to the data frame)"两个单选按钮,这里选择随变化而更新的按钮;单击"完成(Finish)"按钮,完成经纬网参数的设置。

第六步,单击"确定"按钮,经纬网将出现在布局视图中,如图 6.19 所示。如果对经纬网样式不满意时,可在"格网"选项卡下,点击"样式(Style)"和"属性"按钮继续相应的修改设置。

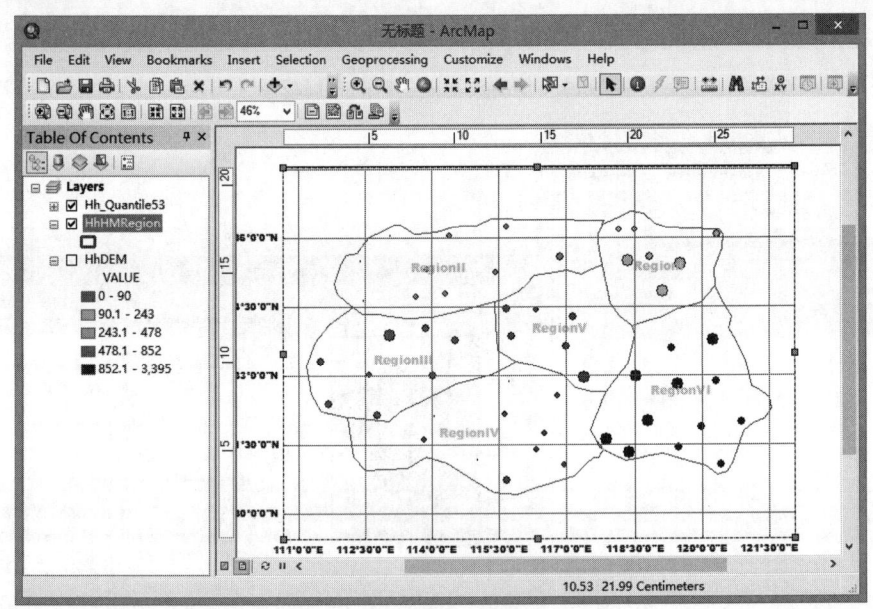

图 6.19　绘制经纬网后的布局视图

6.3.2　地图标注

地图上说明图面要素的名称、质量与数量特征的文字或数字,统称为地图注记。图形与注记结合,形成一个有机整体,才能更有效传达地图信息。地图上的注记分为名称注记、说明注记和数字注记三种。

地图注记的形成过程就是地图的标注。根据其类型、来源等将标注分为三种:交互式、自动式和链接式。大多数情况下,使用自动式标注方法。它的前提条件是:标注的内容包含在属性表中,只能为要素添加文本,不能编辑单个标注的显示属性,并且标注内容布满整个图层或若干个数据层。这样的情况下,可以应用自动标注方式来放置地图注记。自动标注方式多种多样,本节以全部要素、分类要素和多种属性标注三种方式进行说明。

(1) 全部要素标注。

第一步，加载站点图层（例如，Hh_Quantile53.shp），在"内容列表"该图层上右击"属性"打开对话框，切换到"标注（Labels）"选项卡。

第二步，勾选"标注此图层的要素（Label features in this layer）"，标注方法选择"以相同方式为所有要素加标注（Label all the features the same way）"；"标注字段（Label Field）"选择 Stname；在"文本符号（Text Symbol）"中为标注设置字体、颜色和字号等样式。

第三步，单击"确定"按钮，完成站点分区全部要素的标注，如图 6.20 所示。

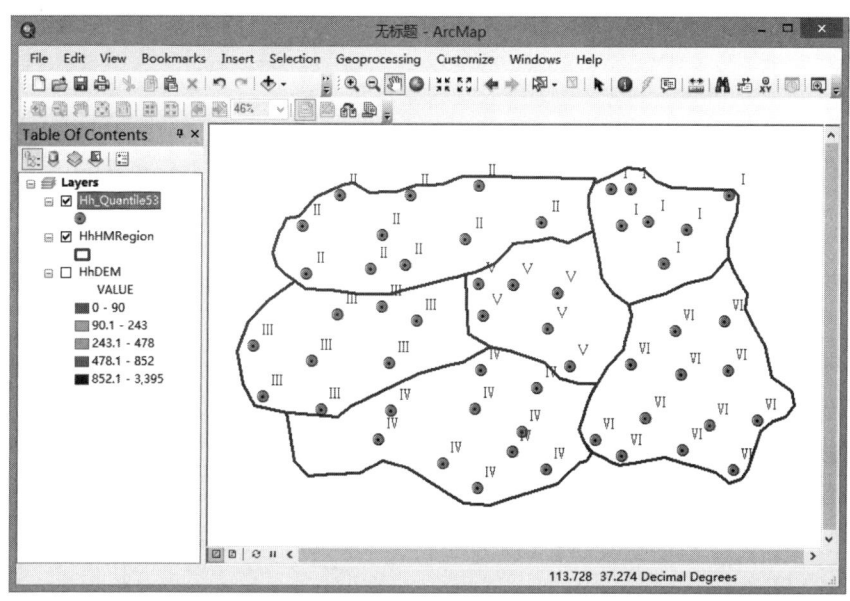

图 6.20 全部要素标注后的站点分布图

(2) 分类要素标注。

第一步，同全部标注要素的第一步，切换到"标注"选项卡，如图 6.21 (a) 所示。

第二步，选中"标注次图层的要素"，标注方法选择"定义要素类并且为每个类加不同的标注（Define classes of features and label each class differently）"，点击"SQL 查询（SQL Query）"打开对话框，如图 6.21 (b) 所示；在"选择条件框"中输入"Homo"="Ⅳ"，即只显示 4 区的站点名称；其他设置同全部要素标注。

第三步，单击"确定"按钮，完成站点分类要素的标注，如图 6.22 所示。

(3) 多种属性标注。

第一步，同全部标注要素的第一步，切换到"标注"选项卡。

第二步，选中"标注次图层的要素"，标注方法可以选择"定义要素类或者全部要素"二者之一；如果选择"定义要素类"，还需要在 "SQL 查询"对话框输入相应的条件；单击"表达式（Expression）"按钮，打开对话框，在表达式输入框中输入"[StnID]+ [Symht]"，或者直接双击这两个字段，表示同时标注站点的代码和符号，用户可根据自己的需求来输入相应的字段组合；其他设置同全部要素标注。

第三步，单击"确定"按钮，完成站点多种要素的标注，如图 6.23 所示。

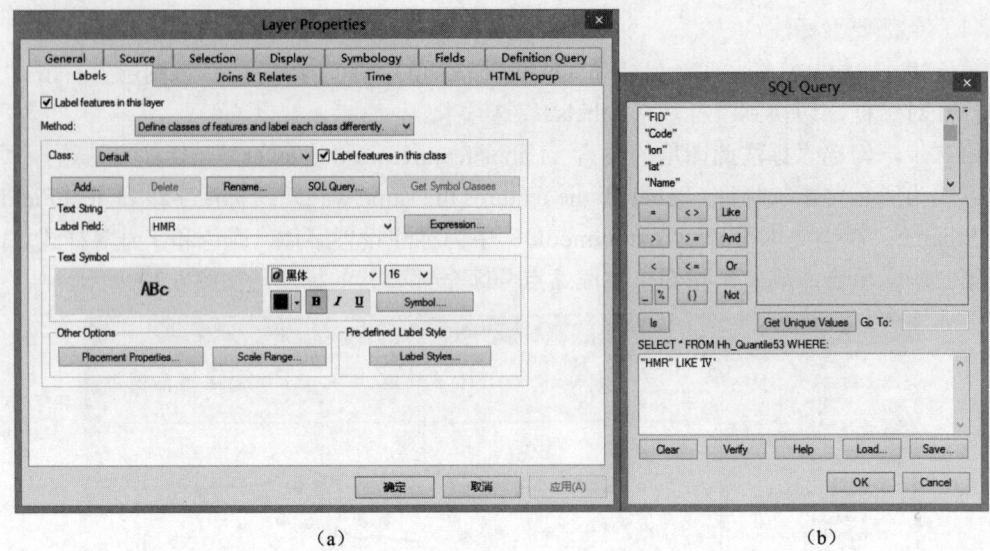

图 6.21　图层属性下的标注选项卡和 SQL 查询对话框

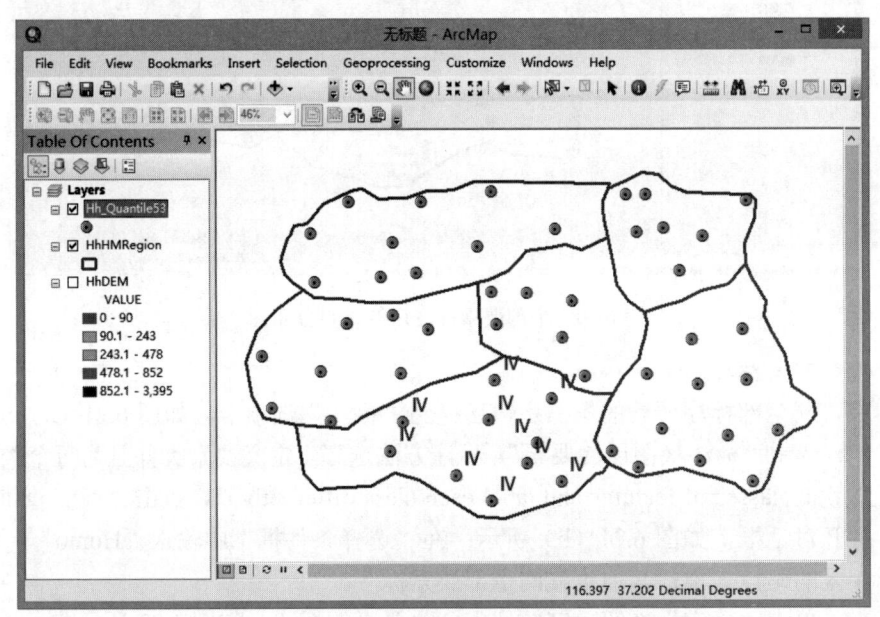

图 6.22　分类要素标注后的 4 区站点分布图

6.3.3　制图元素设置

一幅完整的地图除了包括反映地理数据的线划和色彩外，还应该包括与地理数据有关的图名、比例尺、指北针、图例、统计图表等制图元素，可在布局视图中添加这些元素使地图更加完整和表达更丰富的信息。

（1）标题设置。

第一步，在 ArcMap 主菜单中单击"插入"子菜单，选择"标题（Title）"，打开其对话框，在"文本框（What title would you like to give your map）"中输入地图的标题。

6.3 专题地图编制

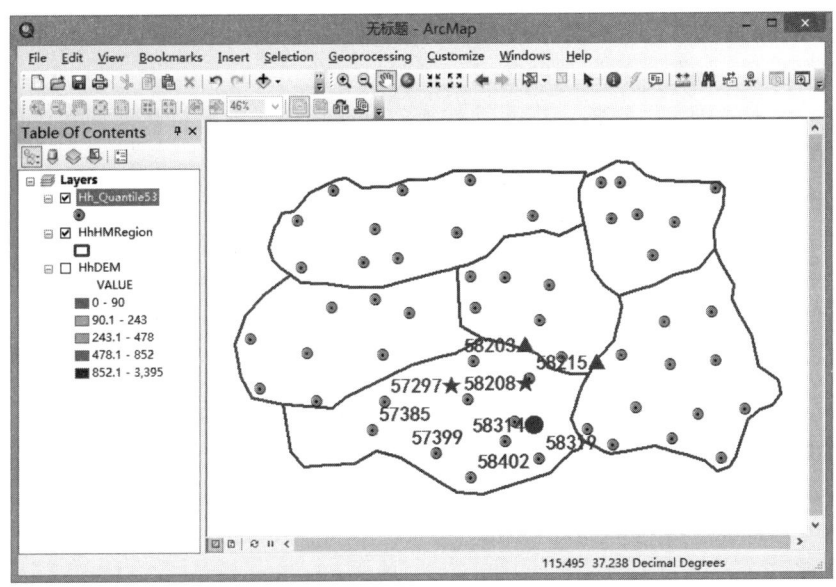

图 6.23 站点名称和代码标注后的 2 区分布图

第二步，标题被加载到布局视图中，单击标题框，按住鼠标左键拖动到数据框合适的位置；双击标题框，打开"标题属性"框，在"文本（Text）"选项卡下，可对标题的字体、大小、颜色等进行修改设置；在"大小位置（Size and Position）"选项卡下，可进行标题的位置等设置；

第三步，单击"确定"按钮，完成标题的添加和修改设置。

（2）指北针设置。

第一步，在 ArcMap 主菜单中单击"插入"子菜单，选择"指北针（North Arrow）"，打开"指北针选择器（North Arrow Selector）"对话框，如图 6.24 所示。

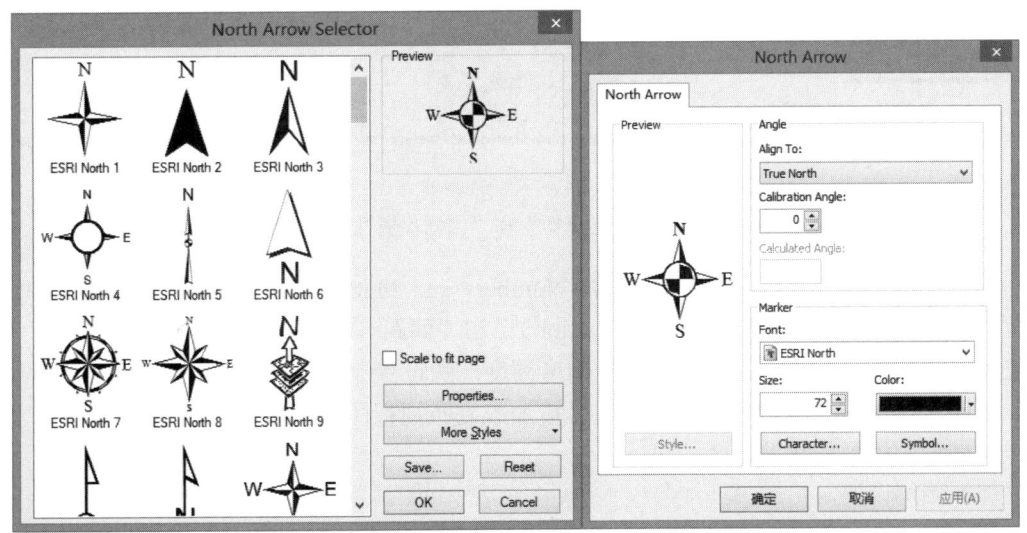

图 6.24 "指北针选择器"和"指北针属性"对话框

129

第二步，在对话框中选择一种系统提供的指北针类型，单击"属性（Properties）"按钮，可对指北针的大小、颜色、旋转角度等进行设置。

第三步，单击"确定"按钮，指北针被加载到布局视图中，将其拖动到合适的位置，完成指北针的添加和修改设置。

（3）比例尺设置。

第一步，在 ArcMap 主菜单中单击"插入"子菜单，选择"比例尺（Scale Bar）"，打开"比例尺选择器（Scale Bar Selector）"对话框，如图 6.25（a）所示。

第二步，选择一种比例尺类型，比如"Double Alternating Scale Bar1"；单击"属性"按钮，打开"比例尺"对话框，切换到"比例和单位（Scale and Units）"选项卡，如图 6.25（b）所示；在"Number of divisions"和"Number of subdivisions"数值框中分别输入主刻度数和分刻度数；在"调整大小（When resizing）"下拉框中选择"调整分割值（Adjust division Units）"；在"主刻度单位（Division Units）"和"标注位置（Label Position）"根据需要选择相应的单位和位置；在"间距（Gap）"数值框输入标注与比例尺之间的距离。

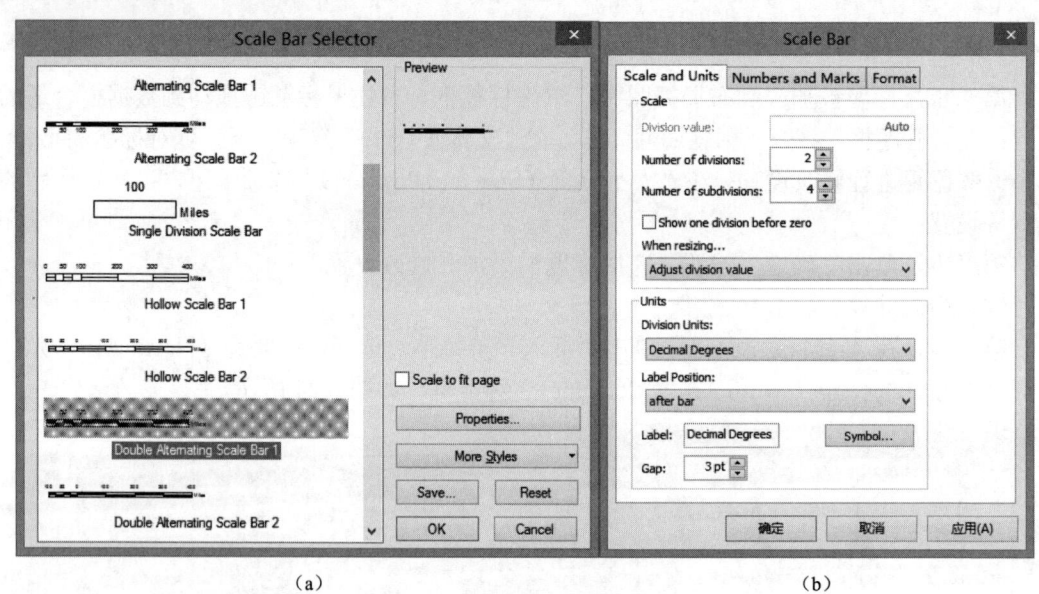

图 6.25 "比例尺选择器"和"比例尺属性"对话框

第三步，切换到"数字和刻度标签（Numbers and Marks）"选项卡；在"数字"组可进行"频数（Frequency）"、"位置（Position）"和"间距（Gap）"的设置；在"刻度"组可进行"频数"、"位置"、"主刻度和分刻度高度"的设置。

第四步，单击"确定"按钮，比例尺被加载到布局视图中，将其拖动到合适的位置，完成比例尺的添加和相关参数的设置。

（4）图例设置。

第一步，在 ArcMap 主菜单中单击"插入"子菜单，选择"图例（Legend）"，打开"图例向导（Legend Wizard）"对话框，如图 6.26（a）所示。

第二步，在"地图图层（Map Layers）"列表框中选择要包含在图例中的图层，单击"向右箭头"，添加到"图例项（Legend Items）"列表框中，"向上和向下箭头"可调整图层在图例中排列的顺序；在"Set the number of columns in your"数值框中输入图例的列数；单击"下一步"按钮进入"图例标题"对话框，如图 6.26（b）所示。

第三步，在"Legend Title"文本框中输入图例标题，在"图例标题字体属性（Legend Title font properties）"区域中对标题的颜色、字体和大小进行设置；单击"下一步"按钮进入"图例框架"对话框。

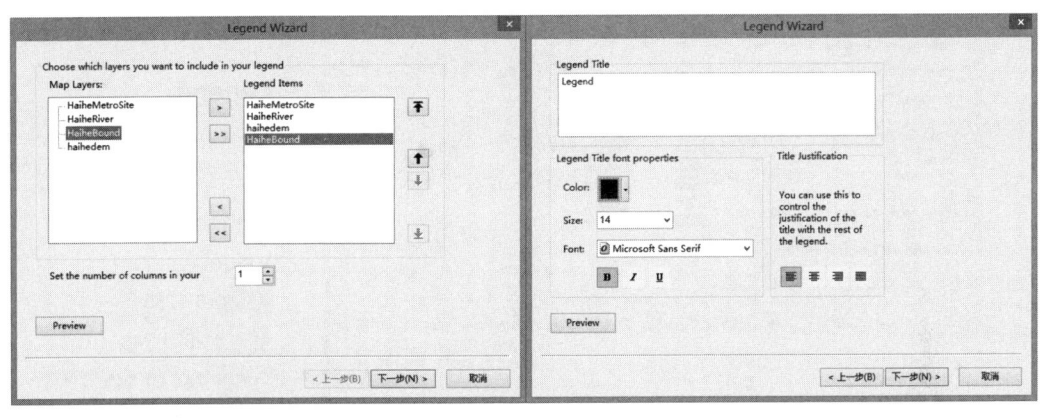

(a)　　　　　　　　　　　　　　　(b)

图 6.26　"图层和图例项"及"图例标题"对话框

第四步，在"图例框架（Legend Frame）"区域，进行"边框（Border）"、"背景（Background）"和"下拉阴影（Drop Shadow）"的设置；在"Gap"和"Rounding"数字框中设置间距和圆角，如图 6.27 所示；单击"下一步"按钮进入"图例框大小和样式"对话框。

第五步，在"面（Patch）"区域中，通过"Width"和"Height"文本框输入图例方框的宽度和高度；通过"Line"和"Area"下拉框选择线和面的样式；单击"下一步"按钮进入设置图例各部分之间距离的对话框。

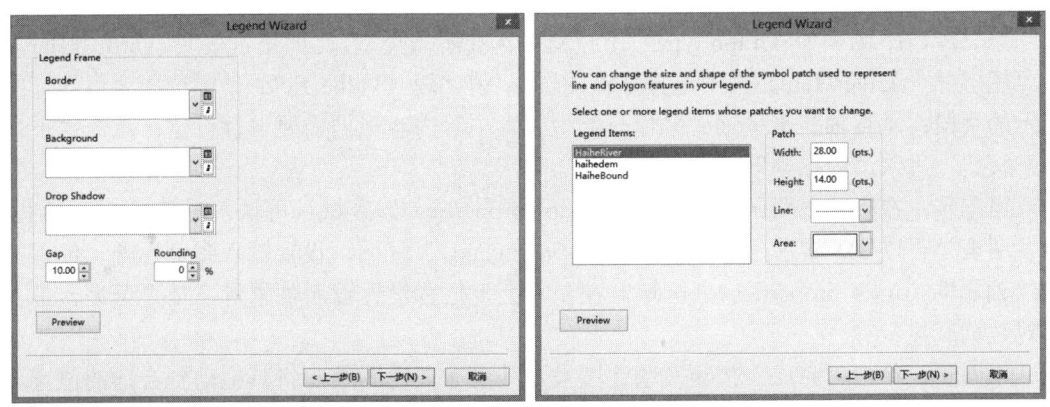

图 6.27　"图例框架"及"图例框大小和样式"对话框

第六步,在"以下内容之间的间距(Spacing between)"区域中,设置"标题与图例""图例""列""标题和类""标注和描述""面"和"面和标注"之间的距离,如图 6.28 所示。

第七步,单击"完成"按钮,图例被加载到布局视图中,将其拖动到合适的位置,完成图例的添加和相关参数的设置;如对图例不满意,可双击"图例属性",在其对话框中进行相关参数的修改设置。

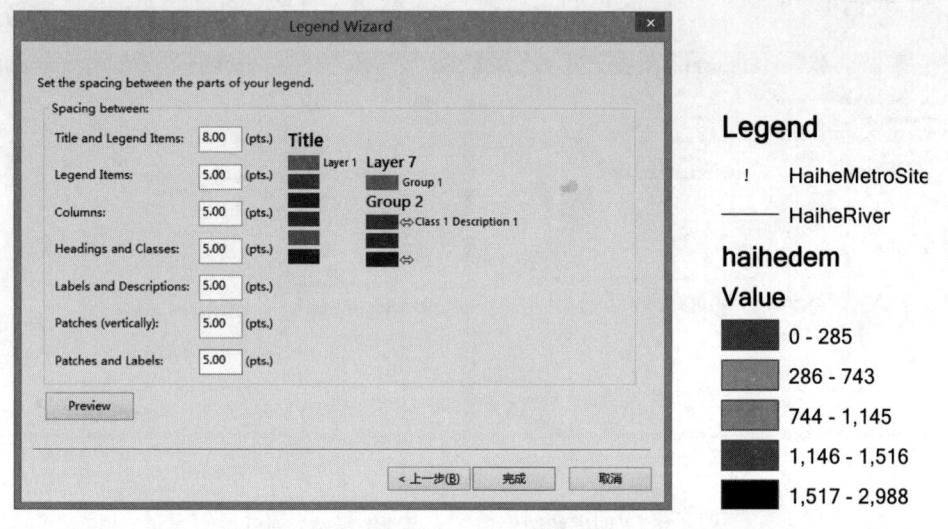

图 6.28 "图例间距"对话框及生成图例

(5)统计图表设置。地图中不仅放置地理数据及图名、比例尺等内容,还需要经常放置一些与数据框有关的图形要素,如统计图表和统计报告等,这里以统计图为例说明具体添加设置。

第一步,在 ArcMap 主菜单中,单击"视图(View)",选择"图(Graph)"→"创建图(Create Graph)"命令,打开"创建图向导(Create Graph Wizard)"对话框,如图 6.29 所示。

第二步,在"图类型(Graph type)"下拉框中选择所需类型,比如垂直条块(Vertical Bar);在"图层/表(Layer/Table)"中选择站点图层,"值字段(Value field)"中选择要以统计图显示的字段;垂直轴、水平轴、颜色、类型、大小等内容根据需要自行设定;点击"下一步"按钮,进入"图标题"对话框。

第三步,在"基本图属性(General graph properties)"区域,可输入图表标题、脚注,设置图表是否以 3D 显示;在"图例(Graph legend)"区域,设置输入图例标题、位置;在"轴属性(Axis properties)"区域,在左右上下位置设置输入轴题目、是否可见、是否以对数刻度显示等。

第四步,单击"完成"按钮,统计图被加载到布局视图中,将其拖动到合适的位置,完成统计图的添加和设置。

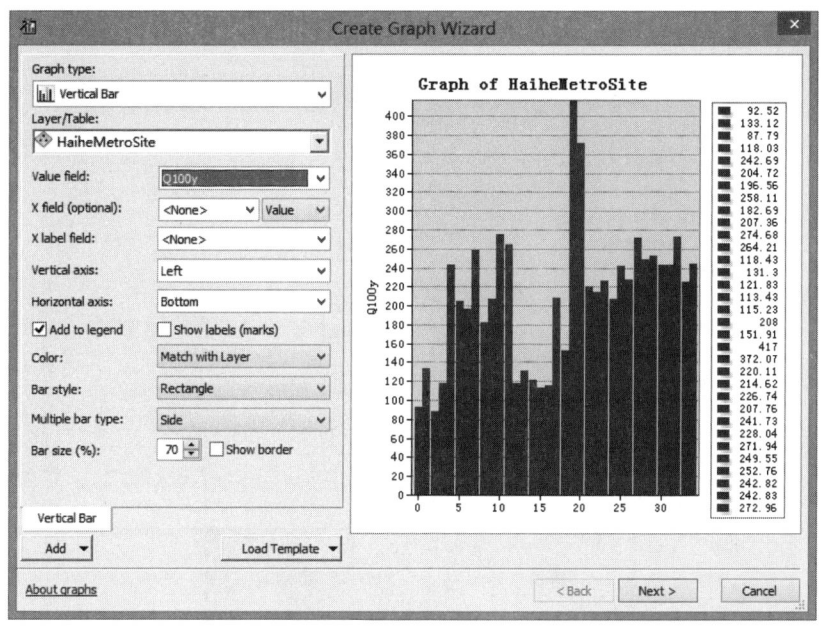

图 6.29 统计图向导对话框

6.4 专题地图输出

编制好的地图主要以打印和转换两种方式输出。打印输出主要借助打印机或绘图仪硬拷贝输出；转换输出主要是将地图文件转换成通用的栅格图形，便于在其他环境系统中应用。

6.4.1 地图打印输出

打印输出主要通过页面打印设置、打印预览和打印三步操作完成。具体为：

（1）页面打印设置。页面打印设置的具体步骤详见第 6.1.1 节内容。

（2）打印预览。单击主菜单"File"→"打印预览（Print Preview）"→打开预览对话框，查看地图是否按照编制过程中所设置的版面打印输出。

（3）打印。单击主菜单"File"→"打印（Print）"→打开打印对话框，如图 6.30 所示。首先查看打印机的型号是否正确，根据需要设置分幅打印（Tile to Printer Paper）的页码，打印份数等。

6.4.2 地图转换输出

ArcMap 提供了多种矢量、栅格格式文件输出，比如*.emf、*.eps、*.pdf、*.jpg 等，便于在其他系统环境中应用。

第一步，单击主菜单"File"→"导出地图（Export Map）"→打开对话框，如图 6.31 所示。

第二步，在对话框中确定文件的目录、名称和类型。

第三步，单击"Options"按钮，切换到 General 选项卡，可进行地图的输出分辨率和图形质量的设置。

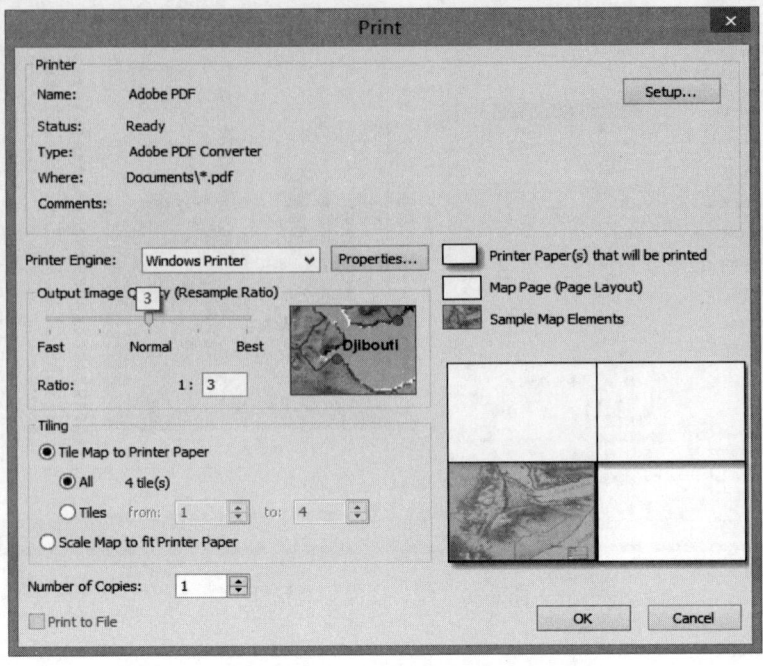

图 6.30　打印对话框

第四步，单击"Options"按钮，切换到 Format 选项卡，可进行输出地图的背景色设置。

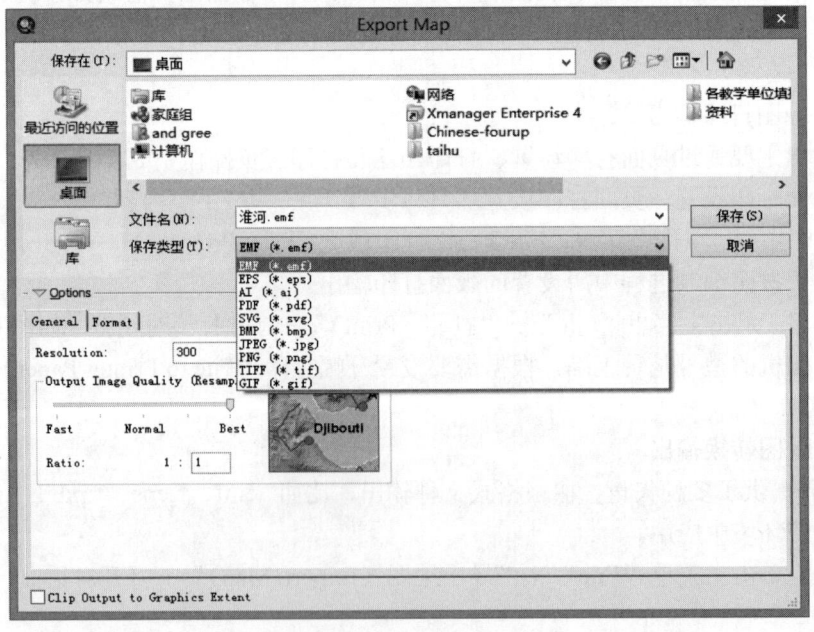

图 6.31　导出地图对话框

第7章 综合应用

本章主要介绍运用 ArcGIS 空间分析方法解决地学类（水文、气象、生态、环境等专业）在业务和生产实际中遇到一些问题，通过综合应用案例分析和操作练习，加深读者对地理信息系统基本概念和基本原理的理解，使读者能够掌握解决实际问题的思路和步骤，达到理论和实际应用的有机结合。

7.1 洪水淹没损失分析

（1）背景。我国是一个洪涝灾害频发的国家，大约有 2/3 的国土面积有着不同类型和不同危害程度的洪水灾害。因此，模拟估测洪水淹没面积和财产损失等情况，对防洪减灾具有重要意义。本例主要通过 GIS 提供的空间分析等操作，考虑与洪水密切相关的地形高程、土地利用类型情况，地基的稳定性等因素来综合分析洪水淹没的情况，估计财产损失情况。需要计算的字段主要包括以下：

财产密度等于财产除以多边形面积，具体表达式为：D_{prop}=property/area。

损失密度为财产密度乘以损失系数，具体表达为：$D_{loss}=D_{prop}×coef$。

财产损失等于损失密度乘以多边形面积，具体表达为：Lprop= D_{loss}×area。

（2）目的和要求。实例分析的目的是通过 ArcGIS 提供的叠加分析模块和空间分析模块进行洪水淹没损失分析，掌握其基本原理及操作方法。

本例中的洪水淹没损失分析和地形高程、土地利用类型、地基类型和地块上的居民及地物财产有关。要求如下：① 地形高程的影响，假定山地和高丘的地形不受洪水淹没影响，洪水淹没只考虑岗地和低丘；② 土地利用影响，只对居民和田地的土地利用类型进行分析；③地基类型影响，地基和土壤质地、地形地貌等因素有关，本例由 base.dbf 中土壤类型和损失系数决定，通过 class 字段和土地利用类型图层进行关联；④地块上的财产影响。由财产 property 决定。

（3）数据。研究区边界图层 boundflood.shp；土地利用类型图层 landusefld.shp；地形图层 landformfld.shp 数据，如图 7.1 所示。

（4）操作步骤。

第一步，多边形的叠合。启动 ArcToolbox，双击"分析工具"→"叠加分析"→"联合"，打开其对话框，如图 7.2（a）所示；在"输入要素"文本框中先加载地形数据 landformfld，再加载土地利用类型数据 landusefld；在"输出要素类"中指定输出的路径和名称，为 union；在"连接属性"中选择 all；单击"确定"按钮，完成叠加操作。

第二步，地基表和土地利用图层属性表的关联。右击 union 图层，选择"连接和关联（Joins and Relates）"→"连接（Join）"，打开对话框执行表的连接，如图 7.2（b）所示；

在"要将哪些内容连接到该图层?"中选择"某一表的属性";在"选择该图层中连接将基于的字段"中选择"class";在"选择要连接到此图层的表或从磁盘加载表"中选择"base";在"选择此表中作为连接基础的字段"中选择"class";勾选"显示此列表中的图层的属性表"和"保留所有记录";点击"完成"按钮,完成表的连接操作。

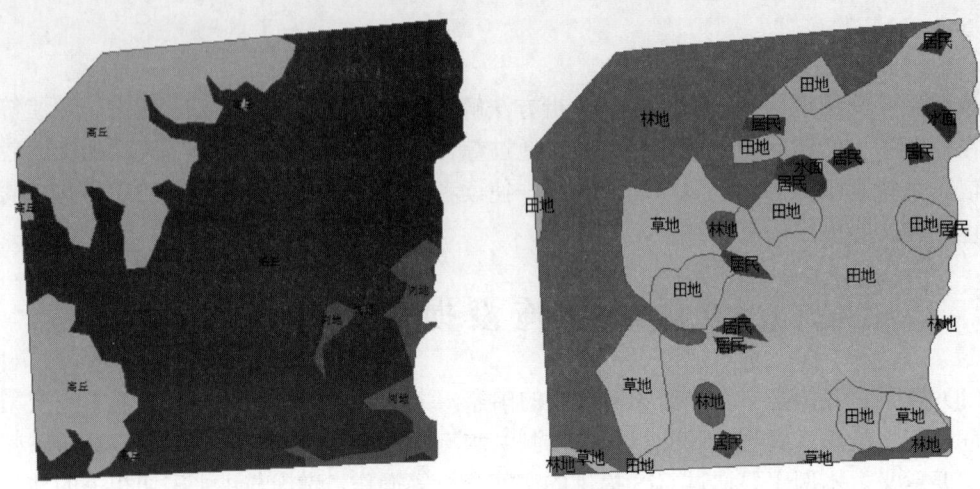

图 7.1　土地利用图和地形图

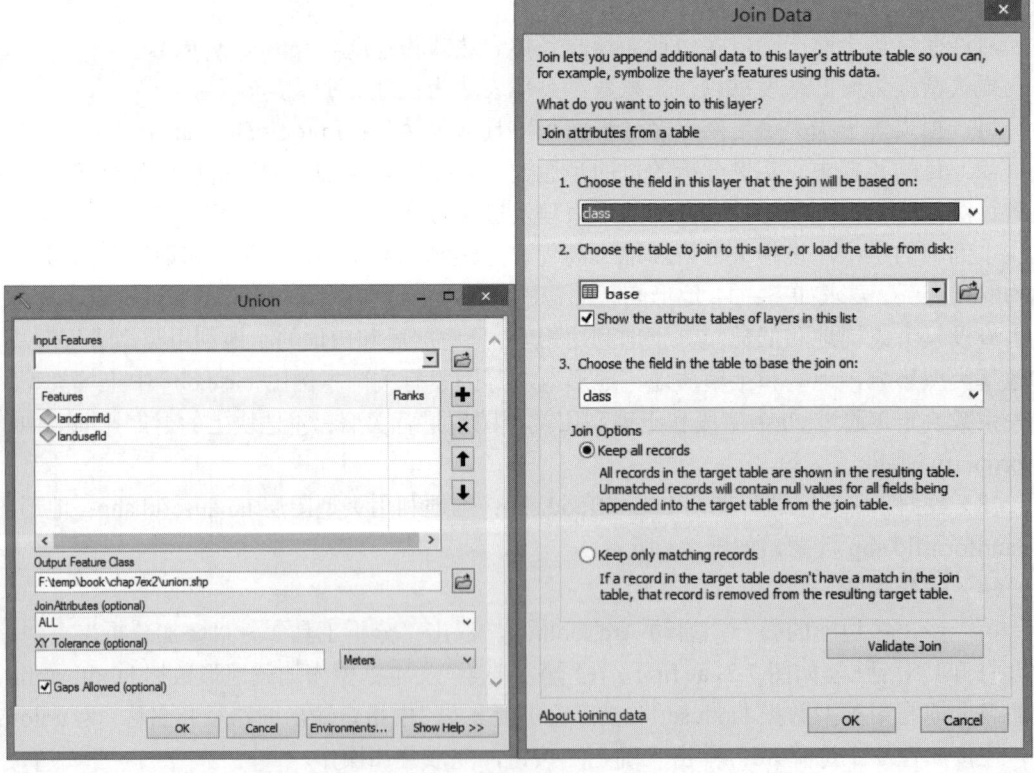

(a)　　　　　　　　　　　　　　　(b)

图 7.2　叠加分析中的联合对话框和连接数据对话框

第三步，添加面积字段和财产密度并计算面积和财产密度。

1）右击 union 图层，打开属性表→在"表属性"下拉菜单中选择"添加字段"，打开字段对话框，如图 7.3 所示；其中，输入"字段名称"为 Narea，"类型"为 double，"precision"为 10，"scale"为 1。

2）右击新添加字段"Narea"，选择"计算几何（Calculate Geometry）"命令→在"property"下拉框中选择 Area，点击"确定"按钮，完成面积字段的计算。

3）同理添加财产密度字段：PA，类型和精度同面积字段。

4）右击字段"PA"，选择"字段计算器"命令→在文本框中输入 union.property/union.Narea，点击"确定"按钮，完成财产密度的计算。

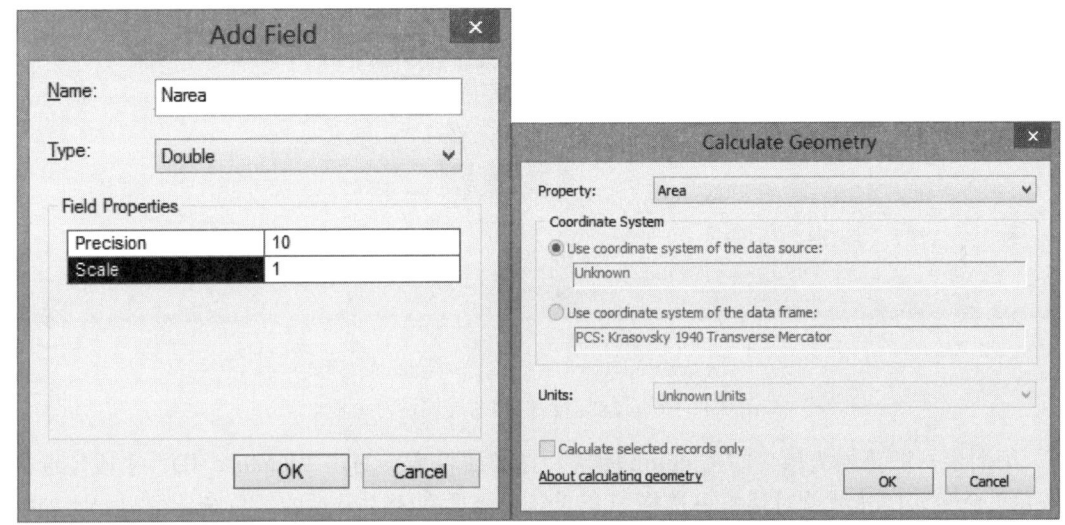

图 7.3　添加字段对话框和计算几何对话框

第四步，计算损失密度和财产损失。

1）添加损失密度字段 Dloss 和财产损失字段 Lprop1，添加方法、类型和精度同面积字段。

2）计算损失密度和财产损失。右击字段"Dloss"，选择"字段计算器"命令→在文本框中输入 union.PA*coef→点击"确定"按钮，完成损失密度的计算；同理右击字段"Lprop1"，选择"字段计算器"命令→在文本框中输入 union.Dloss*union.Narea→点击"确定"按钮，完成财产损失的计算。

第五步，双击 union 图层，打开属性框，切换到"定义查询（Definition Query）"选项卡，如图 7.4（a）所示→点击"Query Builder"按钮，在"select from union_base where"文本框中输入 ("union.LANDFORM" = '低丘' OR "union.LANDFORM" = '岗地') AND("union.LU_NAME" = '居民' OR "union.LU_NAME" = '田地')，点击"确定"按钮，完成要素的条件查询。

第六步，重分类。打开 union 图层的属性框，切换到"符号系统"选项卡，如图 7.4（b）所示→在"显示"区域中选择"数量"→"分级色彩"，在"字段"区域中，"值"选择 union.Dprop，

"归一化"为无;在"类别"中选择3类,并将标注改为低、中、高;点击"确定"按钮,完成淹没损失的分类。

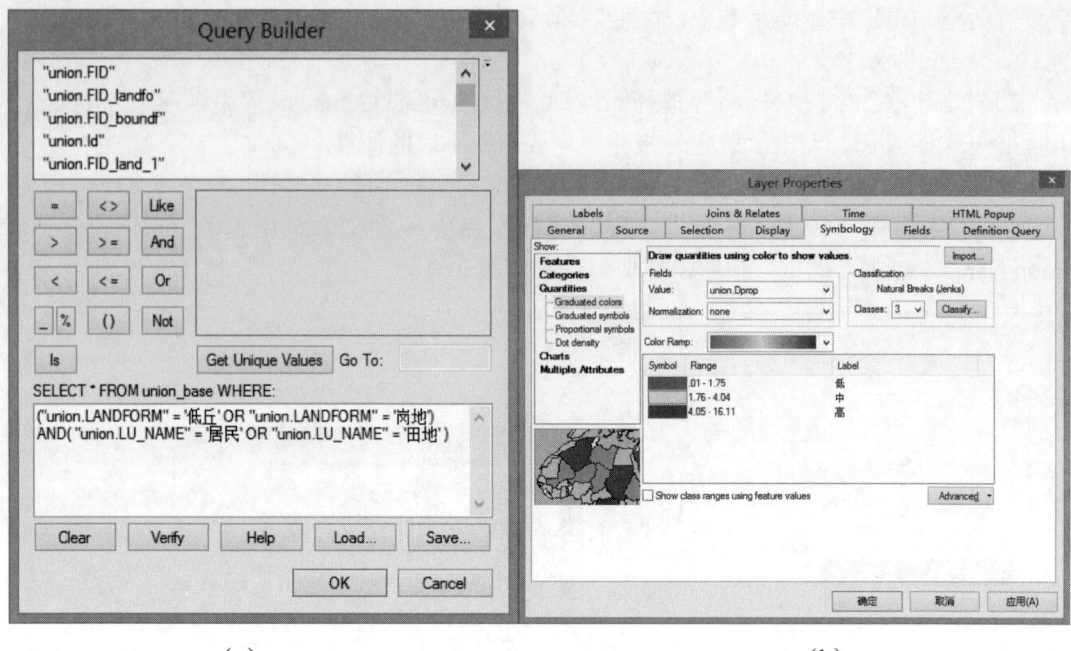

(a)　　　　　　　　　　　　　(b)

图7.4　查询过滤对话框和图层属性对话框

第七步,汇总损失值。右击union图层,打开属性表→右击"landuse_ID"字段,选择"汇总"命令,打开汇总对话框→选择一个或多个需要在表中显示的汇总统计信息,比如统计淹没的面积和损失估计→展开"union.Narea"和"union.Lprop1"字段,勾选"总和";点击"确定"按钮,完成表的汇总,结果如图7.5所示。

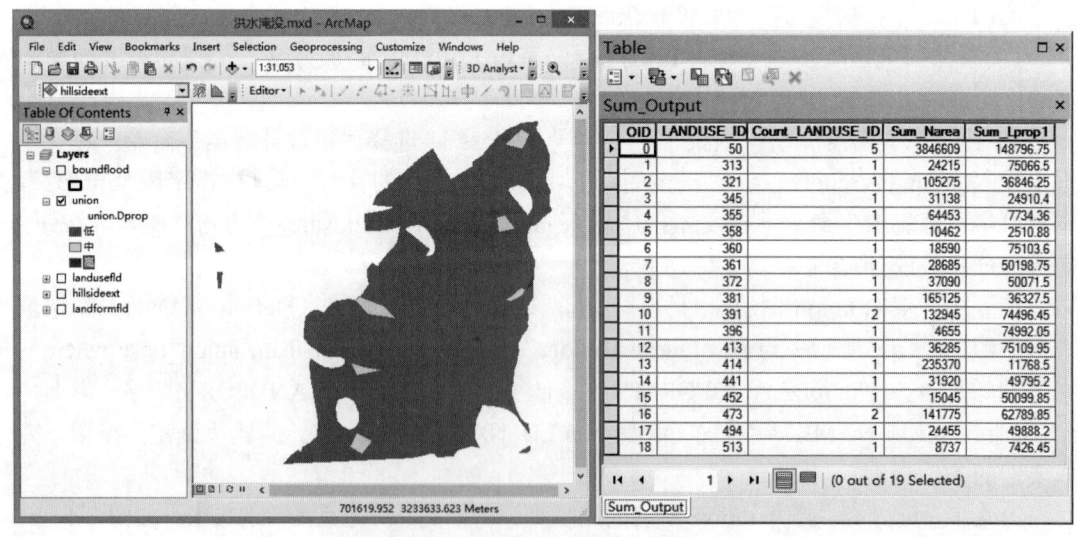

图7.5　淹没损失结果图和汇总损失表

由洪水淹没损失结果图可以看出：研究区的整体受淹没损失的影响较小，主要的土地利用类型以田地为主；居民受淹没损失的影响居中，极个别区域受淹没损失的影响较高，主要分布在地基较差地形较低的岗地上。

7.2 河网沟壑密度及地形指数的计算

（1）背景。河网沟壑密度是描述地面被水道切割破碎程度的一个指标，它与地形、气候、植被下垫面等因素有密切关系。沟壑密度越大，地面越破碎，地表稳定性越差，土壤侵蚀越厉害。因此，河网沟壑密度的计算，对于了解地形特征、水土流失、土壤稳定性等有着重要的意义。

地形是降雨－径流陆面水文过程中的重要影响因素，是流域中气温、降水、土壤、植被等空间分布的主导因子，它反映了重力对水运动状态的控制作用。地形指数是地形特征的数学表达方式，是以地形为基础的 TOPMODEL 半分布式流域水文模型的重要参数。地形指数概念在水文模拟、生态监测、气候变化、地球物理化学等领域已经得到了广泛的应用与发展，具有重要的指导意义。

沟壑密度值单位面积内沟壑或河网的总长度。以公里/平方公里为单位。其计算公式为：

$$D_s = \sum L / A \tag{7.1}$$

式中：D_s 为沟壑密度；$\sum L$ 为研究区内河网沟壑的总长度；A 为研究区的面积。

地形指数是单元栅格的汇流面积和地表坡度的函数关系式。具体计算公式为：

$$TI = \ln(\alpha / \tan\beta) \tag{7.2}$$

式中：TI 为地形指数；α 为研究区单元栅格的汇流面积；β 为栅格的地表坡度。

（2）目的和要求。实例分析的目的是通过 ArcGIS 提供的水文分析模块能够计算出沟壑密度和地形指数，理解他们的基本原理和物理意义。

要求掌握利用空间分析模块，特别是水文分析工具能够提取出河流网络，并计算出河网沟壑的密度；利用空间分析模块的水文分析工具结合表面分析及条件分析工具计算出地形指数。

（3）数据。50 米空间分辨率的 DEM 数据。

（4）操作步骤。

1）河网密度的计算。

第一步，流向计算。启动 ArcToolbox，双击"空间分析工具"→"水文分析"→"流向"，打开流向对话框；"输入表面栅格数据"为 demext，"输出流向栅格数据"为 fd；单击"确定"按钮，完成流向的计算。

第二步，洼地计算。① 洼地提取："水文分析"→"汇"，打开洼地对话框，"输入流向栅格数据"为 fd，"输出栅格"为 fd-sink，点击"确定"按钮，完成洼地提取；② 计算洼地的贡献区域。"水文分析"→"集水区"，打开集水区对话框，"输入流向栅格数据"为 fd，"输入数据或要素倾泻点数据"为 fd-sink，"输出栅格"为 water-sink；③ 计算每个洼地所形成的贡献区域的最低高程。双击"区域分析"→"分区统计"，打开其对话框，"输入栅格或要素区域数据"为 water-sink，"输入赋值栅格"为 demext，"输出栅格"为 zonal-min，

"统计类型（Statistics type）"选择 minimum；④ 计算出水口高程。双击"区域分析"→"区域填充"，打开其对话框，"输入区域栅格数据"为 water-sink；"输入权重栅格"为 demext；"输出栅格"为 zonal-max；⑤ 计算洼地深度。双击 "地图代数"→"栅格计算器"，打开其对话框，在文本框中输入"zonal-max"-"zonal-min"，"输出栅格"为 sinkdep，洼地深度阈值一般为最大深度+1。洼地计算的详细步骤可参见第5章第3节的介绍。

第三步 洼地填充。双击"填洼"，打开填洼对话框，"输入表面栅格数据"为 fd；"输出栅格"为 dem-fill；在"Z 限制"文本框中输入洼地阈值 10；点击"确定"按钮，完成填洼。

第四步，基于无洼地 dem 计算流向。双击"水文分析"→"流向"，打开流向对话框；"输入表面栅格数据"为 dem-fill，"输出流向栅格数据"为 fd-fill；单击"确定"按钮，完成流向的计算。

第五步，汇流累积量的计算。双击"流量"，打开流量对话框，"输入流向栅格"为 fd-fill；输出蓄积栅格数据 ffacc，点击"确定"按钮，完成汇流累积量计算。

第六步，栅格河网的生成。双击"地图代数"→"栅格计算器"，打开其对话框；在文本框中输入"ffacc">10；在"输出栅格"中指定为 streamnet；点击"确定"按钮，完成栅格格网生成。

第七步，栅格河网矢量化。"水文分析"→"栅格河网矢量化"，打开其对话框，在"输入河流栅格数据"为 streamnet；"输入流向栅格"为 fd-fill；"输出栅格"为 stream；点击"确定"按钮，完成栅格河网矢量化。或者通过"栅格转矢量"来完成河网矢量化。

第八步，伪沟谷的删除。手动删除，启动"editor"工具模块，删除那些平形状的伪沟谷。删除伪沟谷后的河网如图 7.6 所示。

第九步，打开河网"stream"的属性表，在"length"字段上右击→选择"统计"命令，弹出统计窗口，可以看出河网的总长度为 L=163.76km，如图 7.7（a）所示。

第十步，计算研究区的面积，双击 demext 图层打开"属性"对话框，切换到"源"选项卡，可以看到栅格的行列号及像元大小，计算出研究区的总面积为 A=52.06km^2，如图 7.7（b）所示。

第十一步，计算研究区的河网密度。Density=L/A=3.146 km/ km^2。

2）地形指数的计算。

第一步，计算汇水面积。双击"地图代数"→"栅格计算器"，打开其对话框；在文本框中输入 ("ffacc"+1)*50*50；在"输出栅格"中指定为 faccA；点击"确定"按钮，完成汇水面积的计算；这里"ffacc"+1 避免最后计算结果出现负值，50 为栅格分辨率，如图 7.8（a）所示。

第二步，确定流向宽度。洼地填充后生成的流向是 8 个方向，对于水平或者垂直方向，流向宽度为格网间距 L，剩下的四个对角线方向的流向宽度为 sqrt（2）*L；用条件语句 Con 计算流向宽度；双击"空间分析工具"→"条件（Conditional）"→"条件函数（Con）"，打开其对话框；在"输入条件栅格（Input conditional raster）"中输入 fd-fill；在"表达式（Expression）"文本框中输入（"VALUE"=1 OR "VALUE" =4 OR "VALUE" =16 OR "VALUE" =64）；在"输入结果为真的栅格或者数值（Input true raster or constant value）"中输入栅格长度 50；在"输入结果为假的栅格或者数值（Input false raster or constant value）"中输入栅格对角线长度

7.2 河网沟壑密度及地形指数的计算

70.7；点击"确定"按钮，完成流向宽度的计算，如图7.8（b）所示。

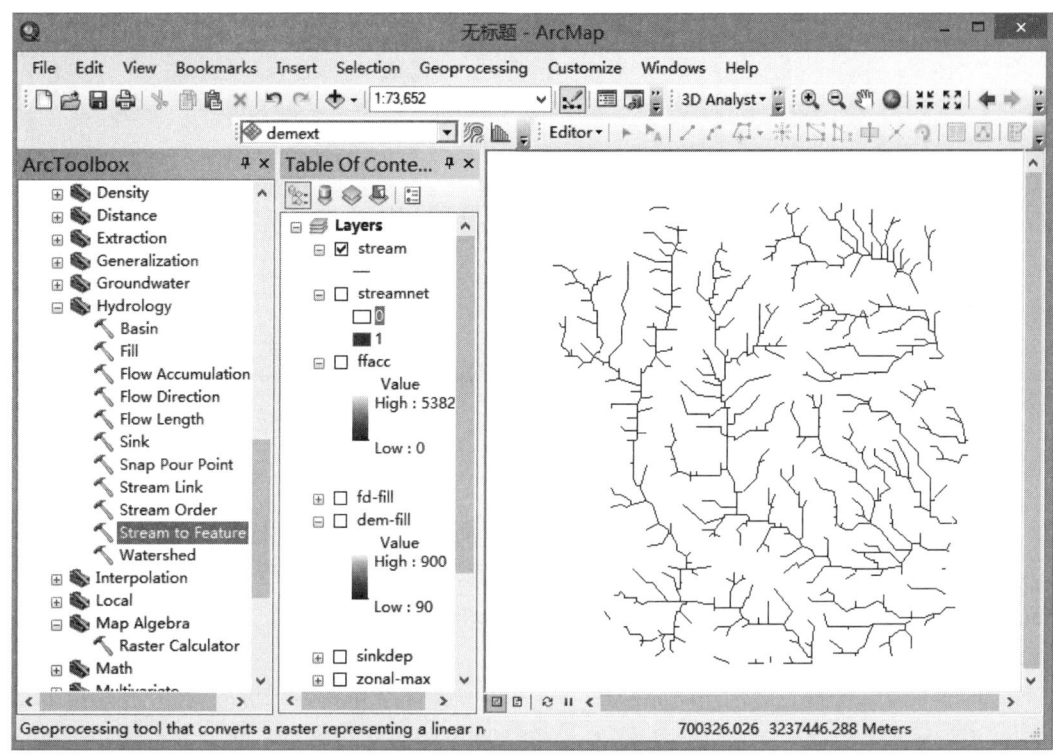

图 7.6　删除伪沟谷后的河网图层

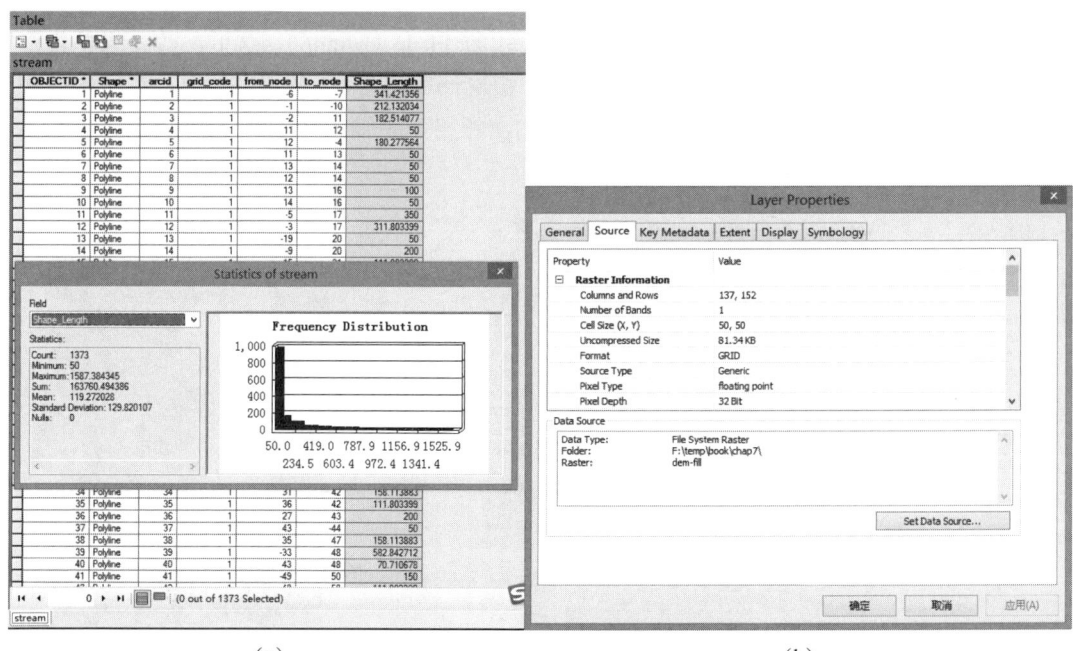

(a)　　　　　　　　　　　　　　　　(b)

图 7.7　河网属性表和图层属性对话框

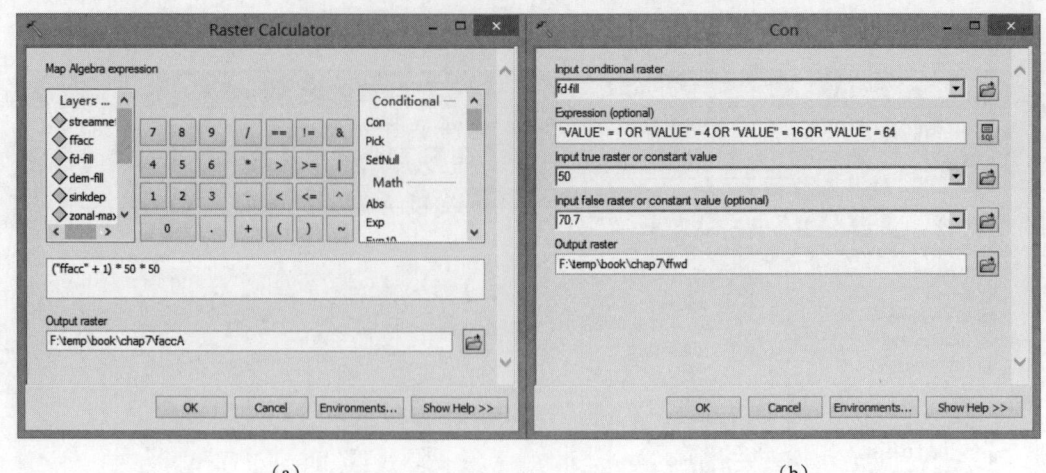

图 7.8 栅格计算器对话框和条件函数计算对话框

第三步，计算单位汇水面积。单位汇水面积为汇水面积除以流量宽度，即 SCA=faccA/ffwd；双击"地图代数"→"栅格计算器"，打开其对话框；在文本框中输入 "ffaccA"/"ffwd"；在"输出栅格"中输入 SCA；单击"确定"按钮，完成单位汇水面积的计算，即地形指数计算公式中的参数 α。

第四步，坡度计算。双击"空间分析工具"→"表面分析"→"坡度"，打开坡度对话框；在"输入栅格数据"文本框中输入 dem-fill；在"输出栅格数据"文本框中指定坡度栅格的输出名称和路径，为 slope；"输出坡度单位"为 Degree；"Z factor"为默认的 1；点击"确定"按钮，完成坡度计算。

第五步，地形指数计算。地形指数的计算公式为 TI=ln（α/tanβ），这里参数 α 为单位汇水面积，参数 β 为坡度；双击"地图代数"→"栅格计算器"，打开其对话框；在文本框中输入 Ln("SCA"/Tan("slope")*3.14/180))；在"输出栅格"中输入 TI；单击"确定"按钮，完成地形指数的计算，如图 7.9 所示。

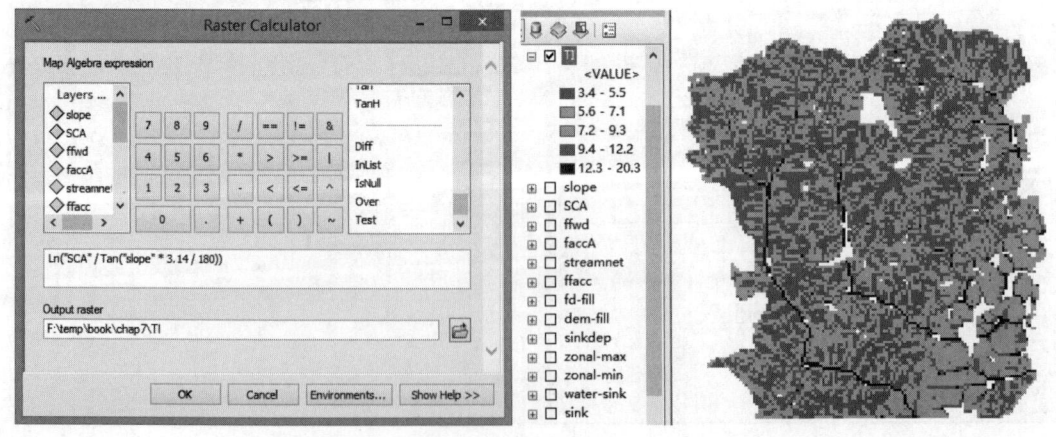

图 7.9 栅格计算器对话框和计算的地形指数结果图

由 DEM 和 TI 空间分布图可以明显看出，地形较高的山地对应的地形指数较低，而地形较低的河网沟谷地带对应的地形指数较高。地形指数结合河网密度对进行水文模拟、生态监测，了解地形特征，水土流失监测、土壤稳定性分析等都具有重要的意义。

7.3 土壤稳定性综合评价

（1）背景。在进行土地开发时，需要按照一定的原则、方法和标准对区域的土壤稳定性进行综合评价。应用 GIS 的空间分析模块能够快速有效的对影响土壤稳定性的因子进行分析研究、评估打分和综合评价，以期为水源地保护区土地平整规划设计、开发保护等提供辅助决策支持。

（2）目的和要求。实例分析的目的是了解基于栅格数据的空间分析技术的概念和基本方法，利用该技术进行土壤稳定性的综合评价。

要求掌握：① 如何利用空间分析地形子模块，基于 DEM 提取坡度和坡向地形因子，并在此基础上进行重新分类；② 如何利用转换工具进行土壤类型图和土地利用类型图的矢量到栅格图层的转换；③ 如何利用空间叠加分析功能将各影响因子进行加权总和及综合评估。

（3）数据。研究区域的数字高程模型 DEM 数据为 demext，土地利用类型矢量图 landuseext.shp，土壤类型矢量图 soilext.shp。

（4）操作步骤。

第一步，坡度提取。启动 ArcToolbox，双击"空间分析工具"→"表面分析"→"坡度"，打开坡度对话框。在"输入栅格"中选择 demext；在"输出栅格"设定坡度栅格的输出名称和路径为 slope；在"输出坡度单位"为可选，选择度；"Z factor"为可选，一般默认为 1。点击"确定"按钮，生成坡度图层。

第二步，坡度重分类。双击"空间分析工具"→"重分类"→"重分类"，打开其对话框。在"输入栅格"中选择 slope；在"重分类字段"中选择 value；点击右侧的"重分类"按钮，在其对话框中将其重新分为 6 类，返回重分类对话框；根据坡度越高、土壤的稳定性越弱的原则，在重分类文本框中修改新值，赋予坡度新的权重，具体见重分类文本框；在"输出栅格"设定坡度栅格的输出名称和路径为 slope_rec。点击"确定"按钮，生成坡度重分类图层，如图 7.10 所示。

第三步，坡向提取。双击"空间分析工具"→"表面分析"→"坡向"，打开坡向对话框。在"输入栅格"中选择 demext；在"输出栅格"设定坡向栅格的输出名称和路径为 aspect。点击"确定"按钮，生成坡向图层。

第四步，坡向重分类。双击"空间分析工具"→"重分类"→"重分类"，打开其对话框。在"输入栅格"中选择 aspect；在"重分类字段"中选择 value；点击右侧的"重分类"按钮，在其对话框中将其重新分为 8 类，返回重分类对话框；根据阴坡的稳定性大于阳坡的稳定性原则，分为阴坡、半阴坡、半阳坡、阳坡，分别赋予 10、7、5、3 新的权重，具体见重分类文本框；在"输出栅格"设定坡向栅格的输出名称和路径为 aspect_rec。点击"确定"按钮，生成坡向重分类图层，如图 7.11 所示。

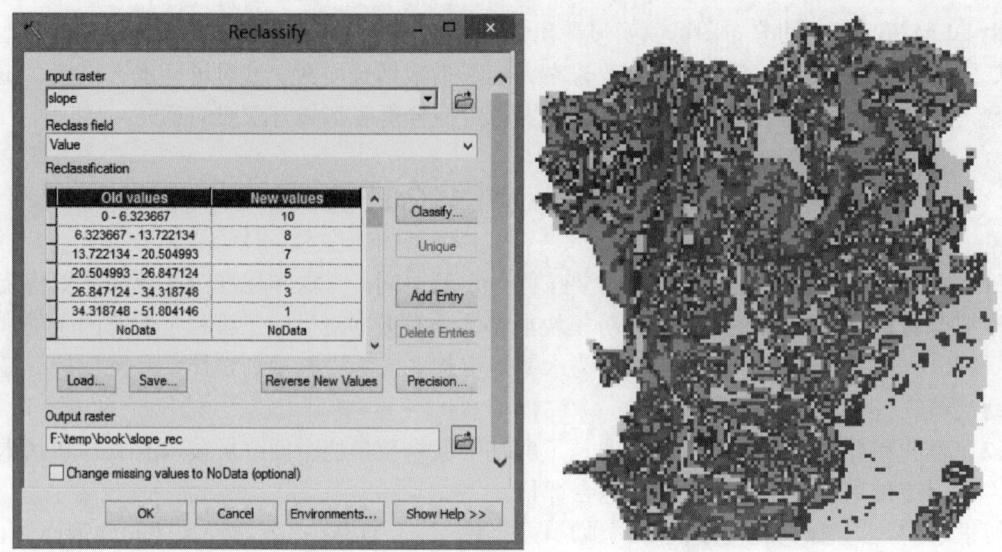

图 7.10 坡度重分类对话框和坡度分类结果图

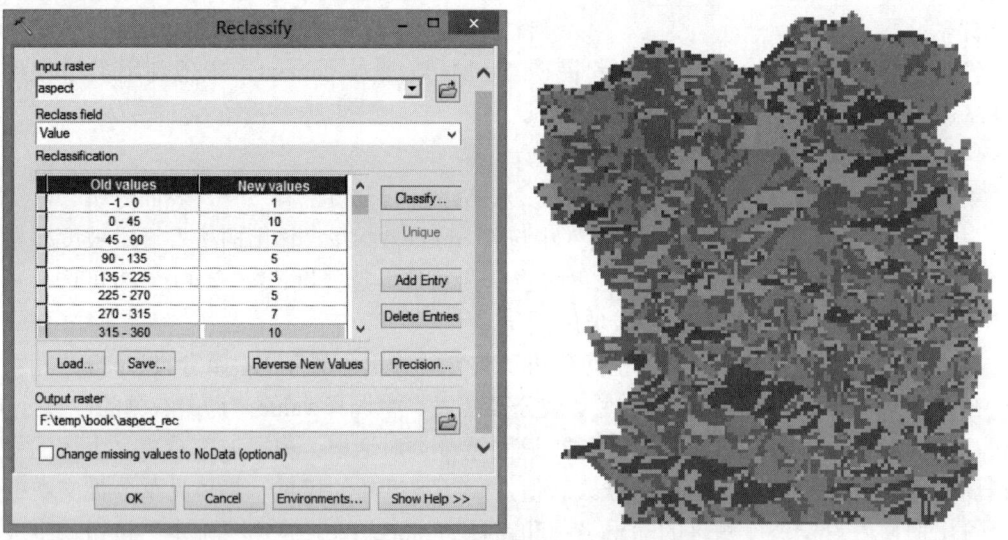

图 7.11 坡向重分类对话框和坡向分类结果图

第五步，土壤类型矢量图转换为栅格数据。双击"转换工具"→"转为栅格"→"面到栅格"，打开其对话框。在"输入要素"中选择 soilext；在"属性字段"中选择 TUZHONG_NA，即以土壤类型字段为标准进行转换；在"输出栅格数据"设定土壤栅格的输出名称和路径为 soil；根据需要设置其他参数；点击"确定"按钮，转换生成土壤栅格图层，如图 7.12 所示。

第六步，土壤类型栅格图层的重分类。打开"重分类"对话框，在"输入栅格"中选择 soil；在"重分类字段"中选择 TUZHONG_NA；根据水面、泥土、泥沙土、沙土的稳定性依次减弱的原则，分别赋予 10、8、6、4 新的权重，具体见重分类文本框；在"输出栅格"设定土壤类型栅格的输出名称和路径为 soil_rec；点击"确定"按钮，生成土壤类型重分类图层，如图 7.13 所示。

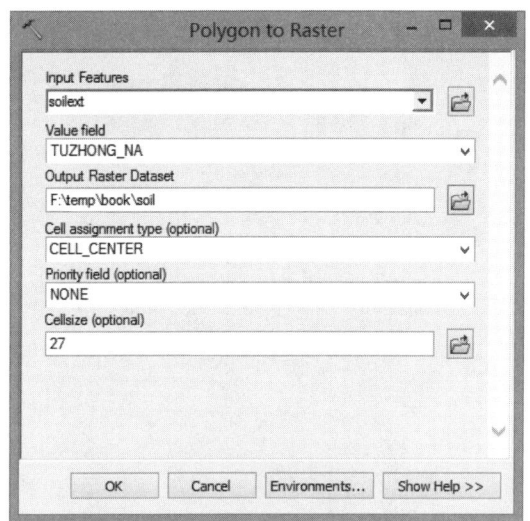 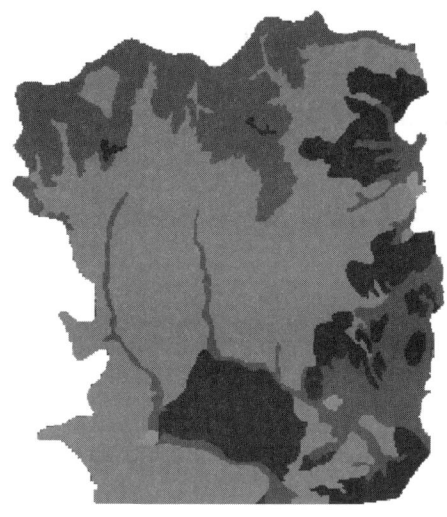

图 7.12　土壤类型矢量转栅格结果图

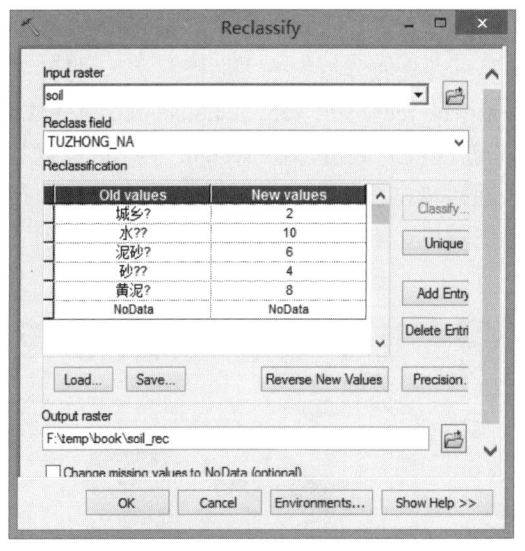 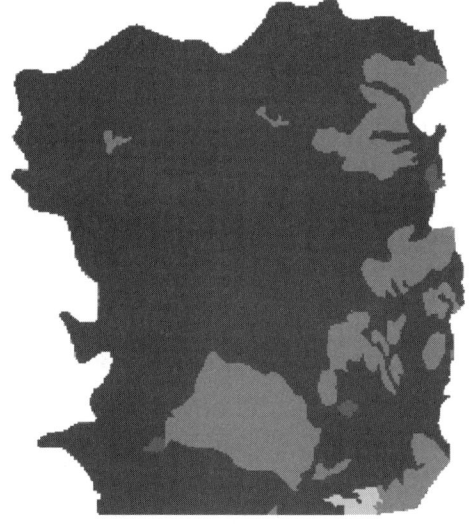

图 7.13　土壤类型重分类对话框和土壤类型重分类结果图

第七步，土地利用矢量转栅格。双击"转换工具"→"转为栅格"→"面到栅格"，打开其对话框。在"输入要素"中选择 landuseext；在"属性字段"中选择 LU_NAME，即以土地利用类型字段为标准进行转换；在"输出栅格数据"设定土地利用栅格的输出名称和路径为 landuse；根据需要设置其他参数；点击"确定"按钮，转换生成土地利用栅格图层。

第八步，土地利用栅格图层的重分类。打开"重分类"对话框，在"输入栅格"中选择 soil；在"重分类字段"中选择 LU_NAME；根据林地、水面、草地、田地、居民地和裸岩石砾的稳定性依次减弱的原则，分别赋予10、8、6、4、2、1新的权重，具体见重分类文本框；在"输出栅格"设定土地利用重分类栅格的输出名称和路径为landuse_rec。点击"确定"按钮，生成土地利用重分类图层，如图7.14所示。

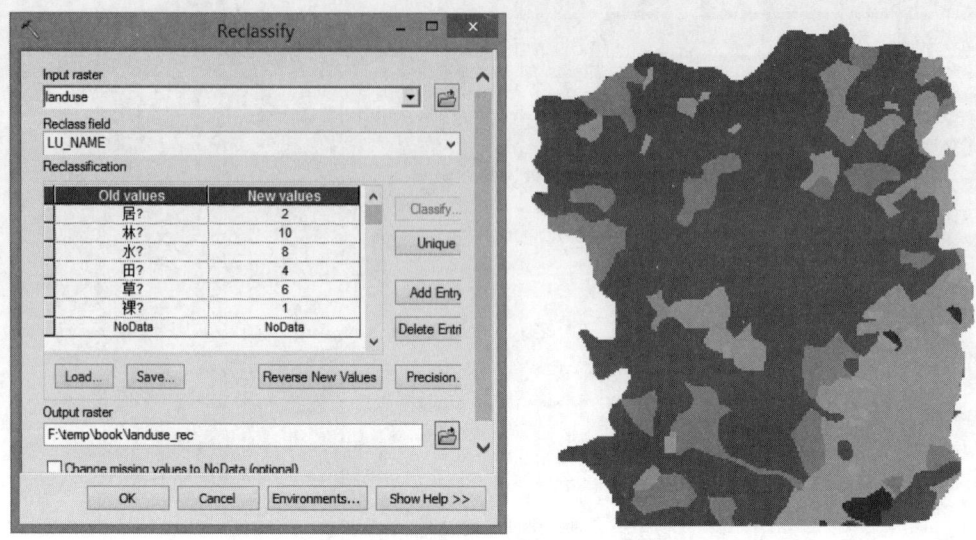

图 7.14　土地利用重分类对话框和土地利用重分类结果图

第九步，叠加分析。双击"空间分析工具"→"叠加分析"→"加权总和"，打开其对话框。在"输入栅格"中依次添加slope_rec、aspect_rec、soil_rec、landuse_rec栅格数据，各图层的字段均选择VALUE，即每个图层赋予新的权重数值，在Weight字段中设置各图层所占的权重，分别为0.2、0.2、0.3和0.3；在"输出栅格"设定栅格的输出名称和路径为soil_stab。点击"确定"按钮，生成综合考虑坡度、坡向、土壤类型和土地利用因子的叠加结果图，如图7.15所示。

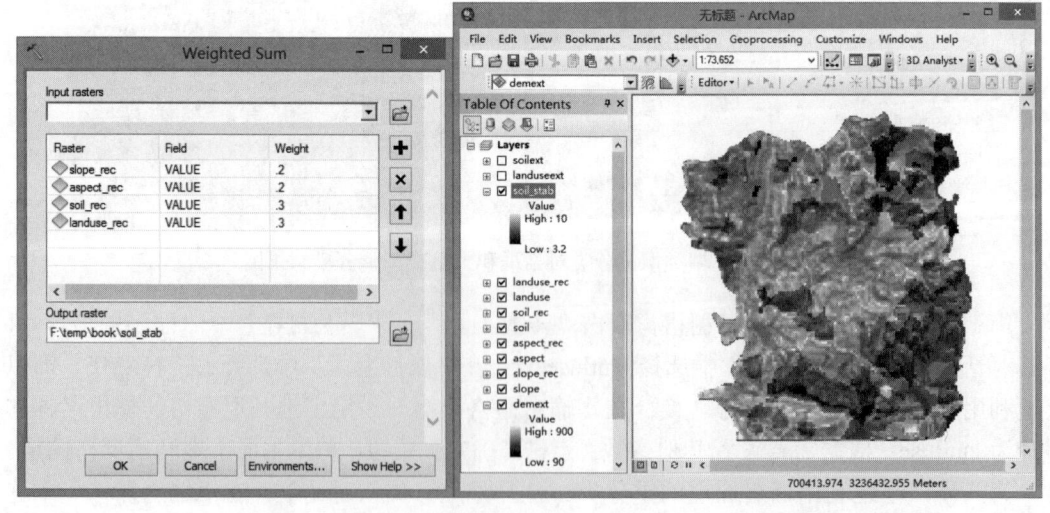

图 7.15　加权总和对话框和综合考虑各因子的叠加结果图

7.3 土壤稳定性综合评价

第十步，土壤稳定性图层的重分类综合评价。双击土壤稳定性图层（soil_stab），打开其属性对话框，切换到"符号系统"选项卡。在左侧显示（show）区域中选择"已分类"，点击右侧的分类按钮，打开分类设置对话框，设置为手动分类，类别为 3，右侧的中断值分别设置为 4、7 和 10，分别表示不稳定、较稳定和很稳定，如图 7.16 所示。

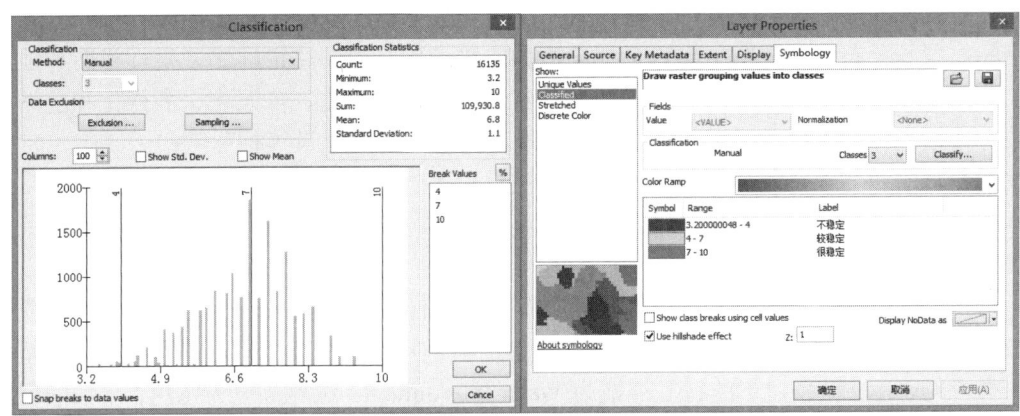

图 7.16　重分类设置对话框和图层属性对话框

由综合考虑了坡度、坡向、土壤类型和土地利用类型因子的土壤稳定性等级符号化结果图（图 7.17）可以看出：该区域的土壤稳定性总体是中等偏上的，即较稳定和很稳定。主要是因为：该研究区植被覆盖率很高，林地占到总面积的 2/3 左右，林地的水土保持能力较强，增加了土壤的稳定性；在土壤类型中以黄泥土占绝对优势，土壤的稳定性权重较高；综上所述，该区域的土壤稳定性为优良。

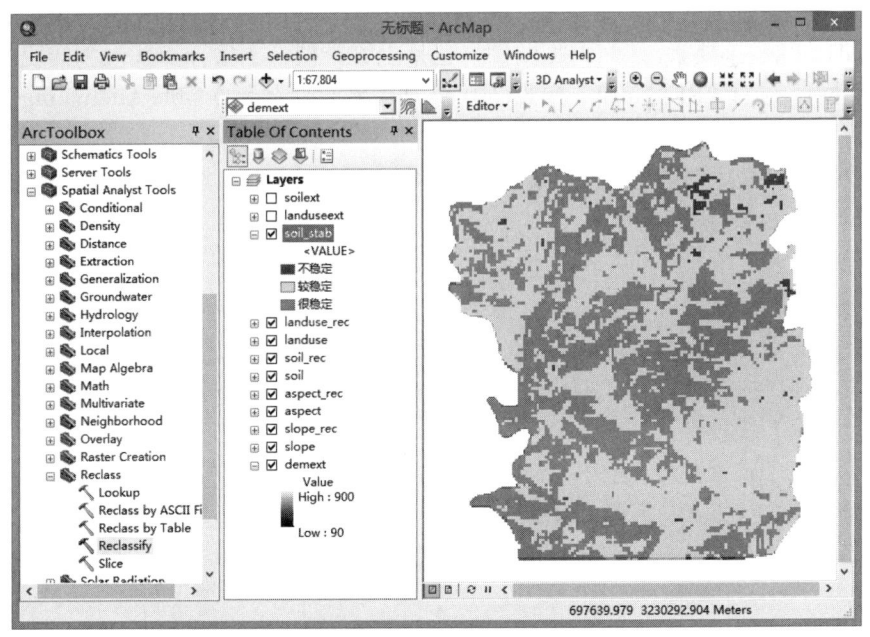

图 7.17　综合考虑各因子的土壤稳定性等级符号化结果图

7.4 土壤类型专题图制作

(1) 背景。专题地图突出而尽可能完善、详尽地表示制图区的一种或数种自然要素或社会经济现象的地图。土壤类型专题地图主要用以标明专题要素（土壤类型、样点、边界）的空间位置及分布。专题图主要包括地图数据的符号化、地图注记标注、坐标格网和地图辅助要素等。相比于普通地图，专题地图具有主题化、特殊化、多元化、多样化和前瞻化等独特特征，广泛应用于国民经济建设、教学、科研、国防建设等行业部门。

(2) 目的和要求。让读者了解符号化、注记标注、格网绘制及地图整饰的意义，掌握基本的符号化方法、标注及相关地图的整饰等操作，对专题图的制作有一个初步的认识。

要求掌握内容如下：

1) 数据的符号化显示。① 研究区样点符号化：样式为 Circle，大小为 18 号，颜色为 Mars Red；② 土壤类型符号化：研究区下垫面土壤一共有 5 种类型，对不同类型的下垫面用分类色彩表示；城乡建筑的符号样式为 Water Intermittent，边界颜色为蓝色；水面的背景填充色和边框线颜色为 Cretan Blue；泥砂土的背景填充色和边框线颜色为 Ginger Pink；砂土的背景填充色和边框线颜色为 Light Apple；黄泥土的背景填充色和边框线颜色为 Seville Orange；③ 研究区边界符号化：填充色为 hollow；框架宽度为 2.00；轮廓线颜色为 Medium Fuchsia。

2) 注记标注。对研究区域中的样点通过代码字段进行自动标注，字体为 Times New Roman，字号为 20，加粗显示，颜色为黑色。

3) 绘制格网。采用经纬格网，经度间隔为 0 度 2 分 0 秒，纬度间隔为 0 度 1 分 0 秒，绘制主要格网。

4) 添加地图整饰要素。① 添加图例，包括土壤类型、土壤样点代码和研究区边界；② 添加指北针，选择 ESRI North3 样式；③ 添加比例尺，选择 Double Alternating Scale Bar 1，单位为公里。

(3) 数据。研究区的图层主要包括样点图（Sample.shp）、土壤类型图（soilext.shp）和区域边界图（bound.shp）。

(4) 操作步骤。

1) 数据的符号化。

第一步，启动 ArcMap，添加样点、土壤类型和边界图层。

第二步，在"内容列表"中双击土壤类型（soilext）图层，打开"图层属性"对话框，进入"符号系统"选项卡，如图 7.18 所示。

第三步，在"显示"列表框中，选择"类别"→"唯一值"；在"属性字段"中选择类型名称（TUZHOGN_NA）字段；单击"添加所有属性值"按钮，即可把所有研究区所有土壤类型都添加进来；单击一致区"值"前面的"符号"，可对其符号的样式、颜色、大小等进行修改。

第四步，完成设置返回"图层属性"对话框，单击"确定"按钮，完成土壤类型的分类符号设置。

7.4 土壤类型专题图制作

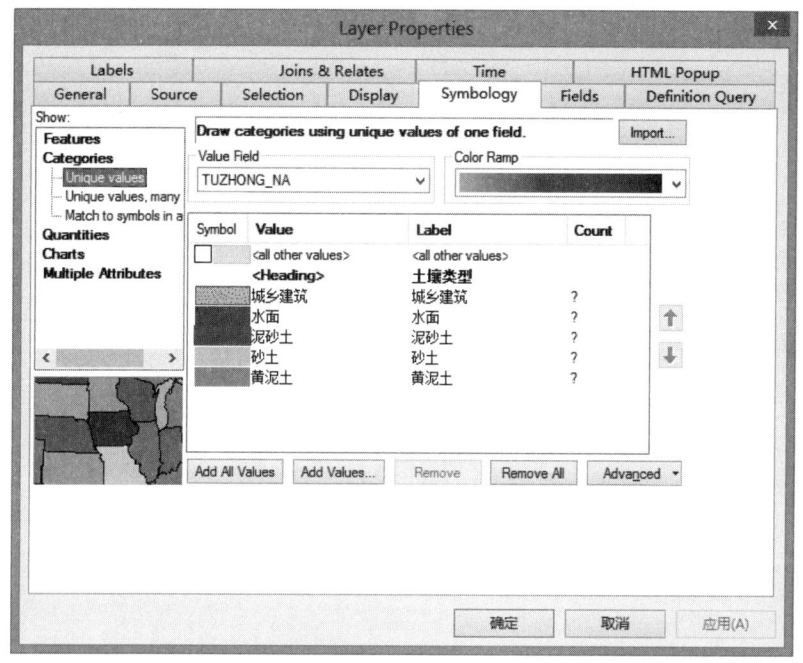

图 7.18 "符号系统"下"分类符号设置"对话框

第五步，打开样点图层（Sample）的"符号选择器"，设置点的样式为 Circle，大小为 18 号，颜色为 Mars Red。

第六步，打开研究区边界图层（bound）的"符号选择器"，设置边界的填充色为 hollow，框架宽度为 2.00，轮廓线颜色为 Medium Fuchsia。

2）注记标注。

第一步，双击站点图层打开其"属性"对话框，切换到"标注"选项卡，如图 7.19 所示。

第二步，选中"标注此图层的要素"，标注方法选择"以相同方式为所有要素加标注"；"标注字段"选择样点代码（code）；在"文本符号"中为标注设置字体为 Times New Roman、颜色为黑色加粗，字号为 20。

第三步，单击"确定"按钮，完成样点代码要素的标注。

3）绘制坐标格网。

第一步，双击"内容列表"→"数据框"，打开其属性对话框→切换到"格网"选项卡；单击"新建格网"按钮，打开"格网和经纬网向导"对话框。

第二步，在"格网和经纬网向导"对话框中，单击"经纬网"单选按钮，并在"Grid name"中输入格网名称→点击"下一步"按钮，打开"创建经纬网"对话框，选中"经纬网和标注"单选按钮，在"放置纬线和经线间隔"文本框中输入经线间隔 0 度 1 分 0 秒，纬线间隔为 0 度 2 分 0 秒→单击"下一步"按钮，打开"轴和标注"对话框，点击"长轴主刻度"复选按钮→单击"下一步"按钮，打开"创建经纬网"对话框，在"经纬网边框"区域中，选择"放置简单边框"；在"内图廓线"区域，选择在"格网外部放置边框"；在"经纬网属性"区域，选择"存储随数据框变化而更新的固定格网"按钮，单击"完成"按钮，完成经纬网参数的设置。

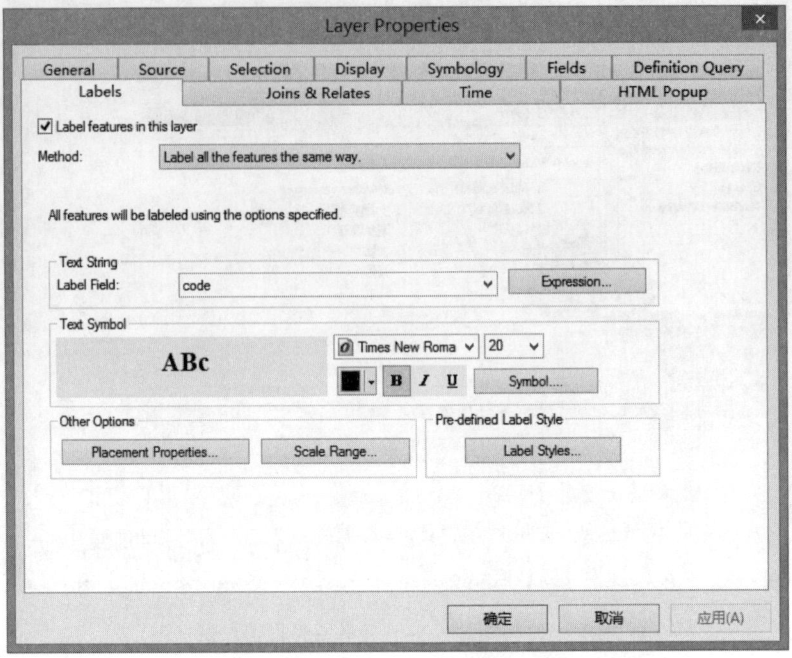

图 7.19 图层属性下对的"标注"对话框

第三步，单击"确定"按钮，经纬网将出现在布局视图中，在"格网"选项卡下，点击"样式"，打开"参考系统选择器"对话框，选择"Graticule with sub ticks"，点击"属性"按钮，打开其对话框→在"标注"选项卡下，字体为 Arial，字号为 20，颜色为蓝色；在"线"选项卡下，选择不显示线；在"间隔"选项卡下，选择经线间隔 0 度 1 分 0 秒，纬线间隔为 0 度 2 分 0 秒，其他设置为默认选项。

第四步，单击"确定"按钮，完成经纬格网的修改设置。

4）添加图幅整饰要素。

第一步，添加指北针。单击"插入"子菜单，选择"指北针"，打开"指北针选择器"对话框，选择 ESRI North3 样式，单击"确定"按钮，指北针被加载到布局视图中，将其拖动到合适的位置，完成指北针的添加和修改设置。

第二步，添加比例尺。单击"插入"子菜单，选择"比例尺"，打开"比例尺选择器"对话框；选择比例尺类型为 Double Alternating Scale Bar 1，单击"属性"按钮，打开"比例尺"对话框，切换到"比例和单位"选项卡；在"主刻度单位"和"标注位置"分别选择公里单位和右侧显示标注；单击"确定"按钮，比例尺被加载到布局视图中，将其拖动到合适的位置，完成比例尺的添加和相关参数的设置。

第三步，图例添加与设置。单击"插入"子菜单，选择"图例"，打开"图例向导"对话框→在"地图图层"列表框中选择并要包含在图例中的图层，单击"向右箭头"，添加到"图例项"列表框中→单击"下一步"按钮进入"图例标题"对话框，在"图例题目"文本框中输入"图例"，设置字体为黑体，字号为 28，颜色为黑色→单击"下一步"按钮进入

7.4 土壤类型专题图制作

"图例框架"对话框,边框、背景和下拉阴影都选择默认项→单击"下一步"按钮,图层的宽、高等选择默认项→单击"下一步"按钮,在"以下内容之间的间距"区域中,"标题与图例"、"图例"、"列"、"标题和类"、"标注和描述"、"面"、"面和标注"之间的距离都为默认项。单击"完成"按钮,图例被加载到布局视图中,将其拖动到合适的位置,完成图例的添加和相关参数的设置;如对图例不满意,可双击"图例属性",在其对话框中进行相关参数的修改设置。

第四步,将设置好的专题图保存为专题图制作.mxd,其空间分布图如图 7.20 所示。

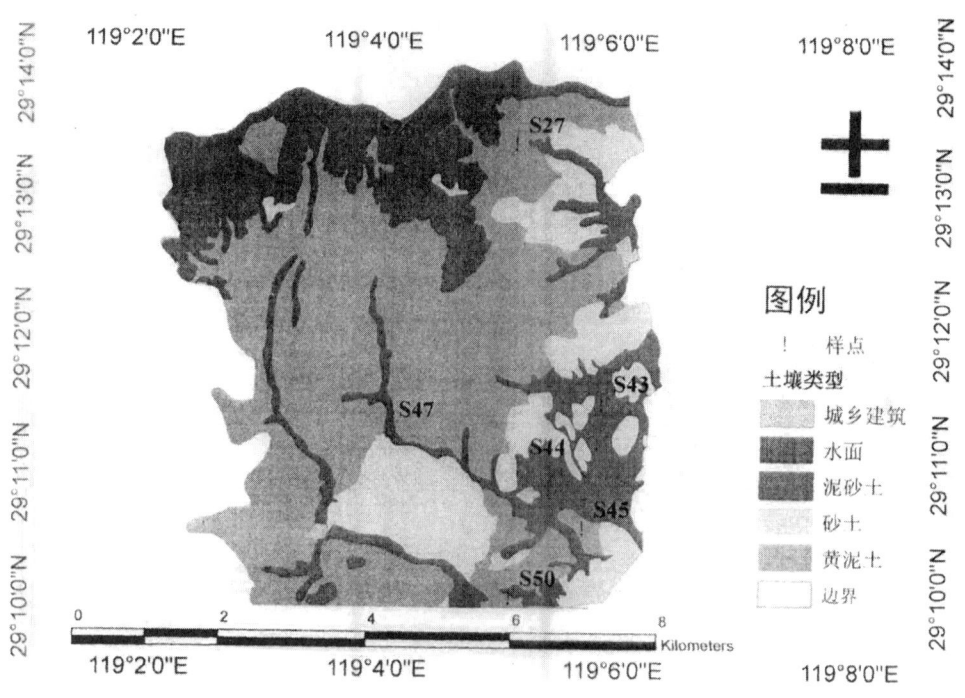

图 7.20 研究区土壤样点、类型和边界空间分布图

参 考 文 献

[1] 程先富. GIS 软件应用实习教程 [M]. 合肥：安徽人民出版社，2010.
[2] 程雄，王红. GIS 软件应用——ARC/INFO 软件操作与应用 [M]. 武汉：武汉大学出版社，2004.
[3] 党安荣，贾海峰，易善祯，等. ArcGIS 8 Desktop 地理信息系统应用指南 [M]. 北京：清华大学出版社，2003.
[4] 黄杏元，马劲松. 地理信息系统概论 [M]. 3 版. 北京：高等教育出版社，2008.
[5] 姜小三. 地理信息系统实验 [M]. 北京：国防工业出版社，2014.
[6] 刘明德，林杰斌. 地理信息系统 GIS 理论与实务 [M]. 北京：清华大学出版社，2006.
[7] 牟乃夏，刘文宝，王海银，等. ArcGIS 10 地理信息系统教程. 从初学到精通 [M]. 北京：测绘出版社，2012.
[8] 宋小冬，钮心毅. 地理信息系统实习教程——ArcGIS 10 for Desktop [M]. 3 版. 北京：科学出版社，2013.
[9] 汤国安，刘学军，闾国年，等. 地理信息系统教程 [M]. 北京：高等教育出版社，2007.
[10] 汤国安，杨昕. ArcGIS 地理信息系统空间分析实验教程 [M]. 2 版. 北京：科学出版社，2012.
[11] 王法辉. 基于 GIS 的数量方法与应用 [M]. 姜世国，滕骏华，译. 北京：商务印书馆出版，2009.
[12] 邬伦，刘瑜，张晶，等. 地理信息系统——原理、方法和应用 [M]. 北京：科学出版社，2001.
[13] 吴秀芹，张洪岩，李瑞改，等. 地理信息系统应用与实践 [M]. 北京：清华大学出版社，2007.
[14] 张超. 地理信息系统实习教程 [M]. 北京：高等教育出版社，2002.
[15] 赵军，刘勇. 地理信息系统 ArcGIS 实习教程 [M]. 北京：气象出版社，2009.